高 等 职 业 教 育 教 材

工业用水及污水水质分析

付 渊 陶柏秋 主编

李继萍 主审

U0196415

化学工业出版社

·北京·

内容简介

《工业用水及污水水质分析》全书将理论和实践融为一体，共六章内容。内容包括水分析基础知识，水样的采集、保存和预处理，水样的物理指标分析测定，金属化合物的分析测定，非金属无机物的测定，有机污染物的分析测定。

本书为了便于教学和学生学习，在每章开头按照知识目标、技能目标和素质目标三个层次提出了每章的学习目标。在每一章结尾增加了知识拓展，介绍相关知识和前沿动态，以开阔学生的视野，拓宽知识面。

本书可作为高等职业学校分析检验技术、环境检测、环境保护以及环境工程专业教学用书，也可作为相关专业的参考书。

图书在版编目（CIP）数据

工业用水及污水水质分析/付渊，陶柏秋主编 . —
北京：化学工业出版社，2024.8
ISBN 978-7-122-45689-2

Ⅰ.①工… Ⅱ.①付… ②陶… Ⅲ.①工业用水—污
水分析 Ⅳ.①TU991.31

中国国家版本馆 CIP 数据核字（2024）第 100613 号

责任编辑：周家羽 王文峡 装帧设计：韩 飞
责任校对：宋 玮

出版发行：化学工业出版社
　　　　　（北京市东城区青年湖南街 13 号 邮政编码 100011）
印　　装：北京盛通数码印刷有限公司
787mm×1092mm 1/16 印张 13½ 字数 331 千字
2024 年 8 月北京第 1 版第 1 次印刷

购书咨询：010-64518888 售后服务：010-64518899
网　　址：http://www.cip.com.cn
凡购买本书，如有缺损质量问题，本社销售中心负责调换。

定　　价：42.00 元 版权所有 违者必究

前言

水资源是人类不可缺少的资源之一。我国是水资源比较丰富的国家之一，淡水资源总量位居世界第五，然而由于人口的增长和工业发展对水资源的过度使用，我国的水资源面临短缺的情况。同时，工业废水中含有大量有害物质，如重金属、有机物和微生物等，如果不进行有效处理，将会给环境和人类健康带来不可估量的影响。因此，工业用水及污水水质分析处理显得尤为重要。

《工业用水及污水水质分析》是针对当前高职教育改革发展的新形势，为了满足社会对应用型人才的需求，在总结多年的教学改革和教学经验的基础上编写而成的。本教材立足课程改革和教材创新，遵循基础理论适度、技术应用能力强、拓宽知识面、提高综合素质的编写原则，注重实际岗位工作能力训练，进一步简化相关理论，体现现代职业教育特色。本书各章均采用"案例导入、案例分析、知识链接、拓展阅读、思考题、拓展实践"的形式来进行讲解，突出教材的实用性，在对每个案例进行分析的基础上，指出要完成该项目需具备的理论基础和技能基础，同时为了帮助学生学习，在每章前，均明确项目引导和知识储备要点以及完成每章学习后要达到的能力目标，每个项目后附有一定量的思考题或实践题，以方便教师的教学和帮助学习者检验学习成果。

本教材主要包括两方面的内容：一是水分析基础知识，包括水资源状况及水体污染，水分析方法，水分析测量的质量保证，水样的采集、保存和预处理等；二是水质分析检测的具体指标，如水样的物理指标分析、金属化合物的分析测定、非金属无机物的测定、有机污染物的分析测定等。

本教材由付渊（内蒙古化工职业学院）编写第一章、第二章和第五章项目一，陶柏秋（内蒙古化工职业学院）编写第三章项目一，白艳红（内蒙古化工职业学院）编写第三章项目二，白剑臣（内蒙古化工职业学院）编写第四章和第六章项目三，徐红颖（内蒙古化工职业学院）编写第五章项目二，李娜（内蒙古自治区环境监测总站）编写第六章项目一、项目二，李继萍主审。全书由付渊统稿。

感谢内蒙古化工职业学院各级领导和水质分析课程组全体教师、内蒙古自治区环境监测总站的领导和同事对本教材编写的关心和支持，感谢化学工业出版社各位领导和编辑老师对本教材编写的关心和指导。

本教材力争达到满足水质分析相关专业人才培养的需要，但由于编者水平有限，书中难免存在不当之处，恳请专家和读者批评指正。

编者

2023 年 11 月

➡ 目录

第三章　水样的物理指标分析测定　　　56

第四章　金属化合物的分析测定　　　81

第五章　非金属无机物的测定

第六章　有机污染物的分析测定

参考文献 **207**

第一章

水分析基础知识

知识目标

熟悉各类水分析方法；了解水分析及处理相关法律法规。

技能目标

能进行水分析测量数据的处理。

素质目标

通过了解水资源、水循环、水分类、水污染等知识培养可持续发展理念和质量意识。

项目一　水资源状况及水体污染

案例导入

严格防治水污染

目前，我国水资源承载的生产生活之重负在世界范围内相当罕见。一方面水量趋紧，人均淡水资源量只有$2100\,m^3$，仅为世界人均水平的28%左右。另一方面水质趋差。水污染防治必须依法有力实施，水资源利用亟待顶层科学设计，水生态安全需要系统全面保障。

若想改善上述状况，应当政府作用和市场机制并举，深化改革和法治保障并重，以水为先，逐步建立起符合中国国情的绿色GDP体系框架。应当建立水资源利用与污染防治的跨部门跨地域协调工作机制，将水、大气、土壤污染防治三项行动计划统筹实施。严格考核地方政府水资源保护责任落实情况，实施水体流域断面达标责任制，推行流域上下游生态补偿机制。现有行动计划工程性治水模式逐步向体制管理与法治保障方向过渡，贯彻执行《中华人民共和国水法》和《中华人民共和国水污染防治法》。以水为先，促进水环保产业新工艺、新设备、新材料的研发、应用和推广，逐步建立起符合中国国情的绿色GDP体系框架。

　　水污染有效防治是水安全保障的生命线。应当以预防为主，控好源头，确保水源涵养区与江河源头等重要水源地零污染，此举应以立法保障和严格执法为主要手段。严堵污染物入水口。加强严重污染水体治理，保持一般性水体不退化。

　　水资源科学合理利用是构筑水安全的基础防线。应当以水资源承载力来决定城市和产业发展规模、人口数量，严格划定水资源禁止开发和限制开发区域。强化水资源战略储备，科学调配水资源，切实用好南水北调工程，把好跨流域调水关。加强水资源开发和可持续利用，发展循环经济，利用科技创新将生活污水、工业废水变为可利用水，加大海水和雨洪水资源利用度。拧紧水龙头，大力发展节水型产业、节水工程，创建节水型社会，发挥市场机制，实现阶梯水价。

 案例分析

　　改革开放以来的高速发展，成就了中国经济腾飞的奇迹，长期积累的问题也日益凸显。受累于不合理的产业结构和粗放型的增长方式，环境污染及水体污染问题正受到越来越多关注。我国加强水体污染治理的步伐从未停止。水污染治理的前提是精准的水质分析监测，为了更好地进行水分析、监测和治理，首先来了解一些有关水的基本常识。

 知识链接

一、水资源状况

　　地球上的水资源，从广义上来说是指水圈内的水量总体。由于海水难以直接利用，人们所说的水资源主要指陆地上的淡水资源。通过水循环，陆地上的淡水得以不断更新、补充，满足人类生产、生活需要。

　　事实上，陆地上的淡水资源总量只占地球上水体总量的 2.53%，而且大部分是主要分布在南北两极地区的固体冰川。虽然科学家们正在研究冰川的利用方法，但在目前技术条件下还无法大规模实现。除此之外，地下水的淡水储量也很大，但绝大部分是深层地下水，开采利用得也很少。人类目前比较容易利用的淡水资源，主要是河流水、淡水湖泊水以及浅层地下水。这些淡水储量只占全部淡水的 0.3%，占全球总水量的十万分之七，即全球真正有效利用的淡水资源每年约有 9000 km^3。

　　陆地水体从运动更新的角度看，以河流水最为重要，其与人类的关系最密切。河流水具有更新快、循环周期短的特点。科学家们又据此把水资源分为静态水资源和动态水资源。静态水资源包括冰川、内陆湖泊、深层地下水，循环周期长，更新缓慢，一旦污染，短期内不易恢复。动态水资源包括河流水、浅层地下水，循环快，更新快，交替周期短，利用后短期即可恢复。

　　所以，人类开发水资源时，一定要根据水循环的规律，合理、充分地利用水资源。只有人人爱惜水资源，促进水资源的更新，才能可持续地利用水资源。

1. 世界水资源的状况——水资源分布不均，人类面临的大难题

　　地球上的水资源有 97% 被盐化，仅有 3% 可直接利用的淡水资源。在这些淡水中又有

2/3 为冰川和积雪，1/3 存在于含水层、潮湿的土壤和空气中。就是这有限的淡水，分布又极不均衡。世界每年约有 65% 的水资源集中在不到 10 个国家中，而占世界总人口 40% 的 80 个国家却严重缺水。水资源最丰富的地方是拉丁美洲和北美洲，而在非洲、亚洲、欧洲人均拥有的淡水资源就少得多。

经济的发展使水质污染也日趋严重。欧洲著名的莱茵河曾因工业污染使河中鱼类消失殆尽；伏尔加河沿岸 75% 的工业废水未经处理就排入河中；亚洲的大部分河流被污染，成了世界上退化最严重的河流。欧盟的一份报告中指出，在欧洲，农药对地下水的污染比预计的要严重得多，从现在起 50 年内，6 万 km^2 的含水层将受到污染。

水关卡是一种衡量缺水状况的人均标准。按照这一标准，每人每年应有可用淡水 $1000m^3$，低于这个标准，社会发展就会受到制约。用这个标准来衡量，目前许多国家都低于这个标准。如肯尼亚每人每年只有 $600m^3$，约旦仅有 $300m^3$，埃及仅有 $20m^3$。

2. 我国水资源的状况

我国的"水资源"存在两大主要问题：一是水资源短缺，二是存在水污染问题。有资料显示，我国是一个干旱缺水的国家。人均淡水资源仅为世界平均水平的 28%，是全球人均水资源最贫乏的国家之一。为缓解严峻的水形势，应当做到以下几点。一是节水优先。这主要体现在控制需求，创建节水型社会。在国家发展过程中，选择适当的发展项目，建立"有多少水办多少事"的理念，杜绝水资源浪费。同时需要采用良好的管理和技术手段，提高水资源利用率。积极发展节水的工业、农业技术，大力推广应用节水器具，发现并杜绝水的漏泄，包括用水器具及输水管网中的漏泄。二是治污为本。这要求我国的水污染防治战略应尽快调整，从末端治理转向源头控制和全过程控制。随着经济的发展，工业废水的排放量还要增长，污染物也会随着增加。如果大力推行清洁生产，实行污染物排放的源头控制和全过程控制，污染物排放会有较大幅度的削减，工业生产也可以做到增产不增污。三是多渠道开源。这主要指开发非传统水资源。为了提高供水能力，过去主要着眼于传统水资源的开发即当地的地表水和地下水开发，当发现地下水水位持续下降和地表水逐渐枯竭后又想到远距离调水。远距离调水除了需要十分昂贵的基建投资和运行费用外，还有施工、管理等各方面的困难，同时生态影响是近年来人们关心的又一重要问题。

现在世界各国纷纷转向非传统水资源的开发。非传统水资源包括：雨水、再生的污废水、海水、空中水资源。城市废水的再利用不仅减少了污染，还可以缓解水资源紧张的矛盾。

二、自然界中的水循环状况

水体是江河湖海、地下水、冰川等的总称，是被水覆盖地段的自然综合体。它不仅包括水，还包括水中的溶解物质、悬浮物、底泥、水生生物等。

水体可以按类型分区，也可按区域分区。按类型分区时可以分为海洋水体和陆地水体，陆地水体又可分成地表水体和地下水体。按区域划分的水体，是指某一具体的被水覆盖的地段，如太湖、洞庭湖、鄱阳湖是三个不同的水体，但按陆地水体类型划分，它们同属于湖泊；又如长江、黄河、珠江，按类型划分，它们同为河流，而按区域划分，则分属三条水系。

区分"水"和"水体"的概念十分重要。例如，金属污染物易于从水中转移到底泥中，生成沉淀或被吸附，因此仅从水的角度看，可能受污染程度较轻，但从整个水体来看，则很可能受到较严重的污染。重金属由水转向底泥的过程是水的自净作用，但从整个水体来看，沉淀在底泥中的重金属将成为该水体的一个长期次生污染源，很难治理，它们将逐渐向下游移动，扩大污染面。

水是自然界的基本要素，地球表面上水的覆盖面积约占 3/4。水是一切生命机体的组成物质，是人类生活、农业生产和动植物生长不可缺少的物质。水资源是可再生资源，但不是取之不尽的。全球淡水资源占地球上总储水量的 2.53%，而人类能直接利用的水资源仅占淡水中的 0.34%，即江河湖泊及浅层地下水，而南极、北极等冰雪约占了这些淡水的 70% 以上。自然界中的水在太阳照射和地心引力的作用下不停地转化和流动，通过降水、径流、渗透、蒸发等方式循环不止。人类社会为了满足生产生活需求，从多种天然水体中取用大量水。生活用水和工业用水在使用之后，就成为生活污水和工业废水。

三、水的分类及其所含杂质

水是生物生长和生活所必需的资源，人类生活离不开水。在工业生产中，也需要用到大量的水，主要用作溶剂、洗涤剂、冷却剂、辅助材料等。水的质量的好坏，对于人们的生活以及工业生产等都有直接的影响，必须经过分析检验。

水可分为天（自）然水、生活用水、工业用水三类。

1. 天（自）然水

自然界的水称为天然水。天然水有雨水、地表水（江、河、湖水）、地下水（井水、泉水）等，因为在自然界中存在，都或多或少地含有一些杂质，如气体、尘埃、可溶性无机盐等，如矿泉水中含有多种微量元素。

2. 生活用水

人们日常生活中所使用的水称为生活用水。主要是自来水，也有少量直接使用天然水的。对生活用水的要求，主要是不能影响人类的身体健康，因此应检验分析一些有害元素的含量，对其含量都有标准规定，不能超标。

如 F^- 的含量，正常情况下应为 $0.5 \sim 1.0 mg/L$；如果 F^- 含量为 $1.0 \sim 1.5 mg/L$，易得黄斑病；如果 F^- 含量为 $4.0 mg/L$，则易得氟骨病。

3. 工业用水

指工业生产所使用的水，要求为不影响产品质量，不损害设备、容器及管道，使用时也要经过分析检验，不合格的水要先经处理后才能使用。另外还有废水，特别是工业废水，易污染环境，必须符合一定的标准才允许排放。

4. 水中所含杂质

雨水：氧、氮、CO_2、尘埃、微生物以及其他成分。

地表水：可溶性盐、悬浮物、微生物、腐殖质等。

地下水：可溶性盐、氯化物、硫酸盐、硝酸盐、硅酸盐等。

水质分析主要是对水中的杂质进行测定。

四、工业废水

1. 工业废水的概念

目前，"废水"和"污水"两个术语的用法比较混乱。就科学概念而言，"废水"是指废弃外排的水；"污水"是指被脏物污染的水。不过，有相当数量的生产排水并不太脏（如冷却水等），因而用"废水"统称比较合适。只有在水质污浊不可取用的情况下，两个术语才可以通用。

工业废水是指工业生产过程中排放出来的废水，来自车间或矿场，包括工艺过程用水、机器设备冷却水、烟气洗涤水、设备和场地清洗水等。由于各种工厂的生产类别、工艺过程、使用的原料以及用水成分不同，工业废水的水质差异很大。

2. 工业废水的分类

工业废水是造成水体污染的主要污染源。工业废水的成分非常复杂，每一种工业废水都是多种杂质和若干项指标表征的综合体系，人们往往只能以起主导作用的一两项污染因素来对工业废水进行描述和分类。

按照污染程度的不同，可分为生产废水和生产污水两类。生产废水是指在使用过程中受到轻度污染或温度增高的水，如机器冷却水等。这部分水通常经过简单处理后可重复利用，或者直接排入水体。生产污水是指在使用过程中受到严重污染的水，多半具有严重的危害性。例如有的含有大量有机物，有的含有氰化物和重金属，有的还含有放射性物质，有的物理性状十分恶劣等，这类污水必须经过处理后才能排放。

如果按照生产过程中使用的原料和产品的不同，则可以分为三类。含无机物的废水，包括冶金、建材等工业的排水和无机酸制造、漂白粉制造等部分化工废水。主要含有机物的废水，包括食品工业、塑料工业、炼油和石油化工及皮毛工业废水等。含有大量有机物和无机物的综合废水，例如氮肥厂、制药厂、皮毛厂和皮革厂等排出的废水。

此外，按需氧和毒性两项重要污染指标，结合所含污染物本性加以分类，又可以分为无害无毒、无机有害、无机有毒、有机有毒、有机需氧五类。根据废水的酸碱性，也可以将废水分为酸性废水、碱性废水和中性废水。

一般情况下，工业废水都需要经过独立处理，处理程度可根据实际情况而有所不同，排放到自然水体和排放到城市排水道的处理程度也是不同的，国家对污水排放标准有明确规定。

3. 工业废水的主要特征

① 工业废水种类繁多，成分复杂，且各类工厂的水质相差悬殊。例如棉纺厂废水含悬浮物仅 $200\sim300mg/L$，而羊毛厂废水含悬浮物可达 $20g/L$。制碱厂废水的 BOD_5 有时仅 $30\sim100mg/L$，而合成橡胶厂废水可达 $20\sim30g/L$。

② 许多工业废水中含有有毒或有害物质。例如酚、氰、汞、铬等，可对水生生物以及人体健康造成直接的危害。

③ 污染物浓度往往较高，且生物降解性较差。有些有机废水可用生物法处理，而有些废水中含有难以生物降解的高分子有机物，采用生物处理难度高。对于以含无机物为主的废水，则不宜用生物法处理。

④ 废水的水温与 pH 值随生产工艺而异。有些工业废水（如电厂废水、化工废水）的水温较高，有些废水可能偏酸性或偏碱性。

由于工业废水成分复杂，为达到处理要求，涉及的处理方法与技术十分广泛，遍及物理法、化学法、物理化学法、生物法。诸如沉淀、过滤、混凝、中和、氧化还原、吸附、萃取、蒸发以及活性污泥法、生物膜法等。

目前对工业废水的命名还不统一，有时以行业来命名（如印染废水、电镀废水等），有时以产品来命名（如啤酒废水等），有时也以含量最多或毒性最大的某一成分来命名（如含汞废水、含酚废水等）。

4. 影响工业废水中所含污染物数量及种类的因素

工业废水是区别于生活污水而言的，含义很广。由于工业类型繁多，而每种工业又由多段工艺组成，每段工艺所产生的废水性质可能完全不同。影响工业废水所含污染物多少及其种类的因素主要有以下几方面。

① 生产中所用的原材料。
② 工业生产中的工艺过程。
③ 设备构造与操作条件。
④ 生产用水的水质和水量。

五、水体污染

水体污染是指一定量的污染物质进入水域，超出了水体的自净和纳污能力，从而导致水体及其底泥的物理、化学性质和生物群落组成发生不良变化，破坏了水中固有的生态系统和水体的功能，从而降低水体使用价值的现象。

造成水体污染的因素是多方面的，如向水体排放未经过妥善处理的城市生活污水和工业废水；施用的化肥、农药及城市地面的污染物，被雨水冲刷，随地面径流进入水体；随大气扩散的有毒物质通过重力沉降或降水过程而进入水体等。其中工业废水和城市生活污水的排放是水体污染的主要因素。随着工业生产的发展和社会经济的繁荣，水污染日益严重。

大量的无机、有机污染物进入水体，不仅破坏水生生态系统，而且危害到人体健康，造成水质性缺水，使工农业生产、生活受到影响。水污染的主要危害如下。

（1）危害人体健康　被污染的水体中含有农药、多氯联苯、多环芳烃、酚、多种重金属、氰、放射性元素、致病细菌等有害物质，它们具有很强的毒性，有的是致癌物质。这些物质可以通过饮用水和食物链等途径进入人体，并在人体内积累，造成危害，甚至可能通过遗传殃及后代。

（2）造成水体富营养化　当含有大量氮、磷等植物营养物质的生活污水、农田排水进入湖泊、水库、河流等缓流水体时，造成水中营养物质过剩，可发生富营养化现象，导致藻类大量繁殖，水的透明度降低，失去观赏价值。同时，由于藻类繁殖迅速，生长周期短，在短时间内大量死亡并被好氧微生物分解，消耗水中的溶解氧，使鱼类和其他水生生物因缺氧而大量死亡。死亡的藻类也可被厌氧微生物分解，产生硫化氢等有害物质。

（3）破坏水环境生态平衡　良好的水体内，各类水生生物之间及水生生物与其生存环境之间保持着既相互依存又相互制约的密切关系，处于良好的生态平衡状态。当水体受到污染时，水环境条件发生改变，由于不同的水生生物对环境的要求和适应能力不同而产生不同的反应，将导致种群发生变化，从而破坏水环境的生态平衡。

（4）其他影响 水污染还直接影响工农业生产。一些工厂因水质污染引起产品质量下降甚至停产，造成经济损失；水产品和农作物因水体污染而减产或无法食用，给渔业和农业生产带来很大损失；水体污染还破坏了宝贵的水资源，使本来就十分紧张的水资源更加短缺。

六、水环境容量

水环境容量也称纳污总量或纳污能力，是指水体环境在一定功能要求、设计水文条件和水质目标下，所能容纳的污染物总量。即在水环境功能不受破坏的条件下，水体所能受纳污染物的最大数量。

由于污染物进入水环境之后，会受到水体的稀释、迁移和同化作用，因此水环境容量实际由三部分组成：水环境对污染物的稀释容量、水环境对污染物的迁移容量和水环境对污染物的净化容量。

水环境对污染物的稀释容量是由水体对污染物的稀释作用所引起的，它与水的体积和污径比有关。水环境对污染物的迁移容量是由水体的流动引起的，它与流速、扩散等水力学特征有关。水环境对污染物的净化容量主要是通过一系列的生物或化学作用，使污染物降解而产生的，所以净化容量仅针对可降解污染物而言。水体对于难降解污染物只有稀释容量和迁移容量，而无净化容量；在不考虑水体的扩散作用时，也不存在迁移容量，水环境的总容量就等于稀释容量。

水环境容量是以环境目标和水体稀释自净规律为依据的。一切与环境目标和水体稀释自净规律有关的因素，如水环境质量标准，水体自然背景值，水量和水量随时间的变化，水环境的物理、化学、生物学及水力学特性，以及排污点的位置和方式等均能影响水环境容量。水质数学模型是这些因素相互关系的数学表达式。因此，水环境容量可以通过选择适当的水质数学模型进行计算求得。

七、评价水体污染的指标

评价水体污染状况及污染程度可以用一系列指标来表示，这些指标具体可分成两大类：一类是理化指标，另一类是有机污染综合指标。

1. 理化指标

（1）水温 水的物理化学性质与水温密切相关。水中溶解性气体（如氧、二氧化碳等）的溶解度、水中生物和微生物活动、非离子氨、盐度、pH 值以及其他溶质都受水温变化的影响。

（2）色度 纯水为无色透明的液体。清洁水在水层浅时应为无色，深层为浅蓝绿色。工业废水（如纺织、印染、造纸、有机合成废水）中常含有大量的染料、生物色素和有色悬浮微粒等，因此常常使环境水体带有颜色。

（3）嗅 无嗅无味的水虽不能保证不含污染物，但能增加使用者对水质的信任。水中产生嗅的物质，主要来源于生活污水和工业废水污染，以及天然物质分解或微生物、生物活动产生的有机物或无机物。

（4）浊度 是用来衡量水中含有泥沙、黏土、有机物、无机物、浮游生物和微生物等悬浮物质的指标，沉积速度慢或很难沉积。

（5）透明度　透明度是指水样的澄清程度，洁净的水是透明的，水中存在悬浮物质和胶体时，透明度会降低。通常地下水的透明度较高，由于供水和环境条件不同，其透明度可能不断变化。透明度与浊度相反，水中悬浮物越多，其透明度就越低。

（6）pH值　pH值是水中氢离子活度的负对数。天然水的pH值多在6~9的范围内，这也是我国污水排放标准中pH值的控制范围。

（7）残渣　残渣分为总残渣、可滤残渣和不可滤残渣三种，可滤残渣和不可滤残渣之和就是总残渣。

（8）酸度　酸度是指水中能与强碱发生中和作用的全部物质，即放出H^+或经过水解能产生H^+的物质的总量。

（9）碱度　碱度与酸度相反，是指水中能与强酸发生中和作用的全部物质，即能接受H^+的物质总量。水中的碱度来源较多，地表水的碱度基本上是碳酸盐、重碳酸盐及氢氧化物含量的函数，所以总碱度被当作这些成分浓度的总和。

（10）矿化度　矿化度是水中所含无机矿物成分的总量，经常饮用低矿化度的水会破坏人体内碱金属和碱土金属离子的平衡，产生病变，饮用水中矿化度过高会导致结石症。

（11）电导率　电导率是表示溶液传导电流能力的物理量。纯水电导率很小，当水中含无机酸、碱或盐时，电导率增加。

（12）氧化还原电位　一个水体中往往存在着多个氧化还原电对，是一个相当复杂的体系，其氧化还原电位则是多个氧化物质与还原物质发生氧化还原反应的综合结果。氧化还原电位对水环境中污染物的迁移转化具有重要意义。

（13）二氧化碳　二氧化碳在水中主要以溶解气体分子的形式存在，但也有很少一部分与水作用形成碳酸，可与岩石中的碱性物质发生反应，并能通过沉淀反应变为沉淀物而从水中除去。

2. 有机综合指标

（1）溶解氧　天然水的溶解氧含量取决于水体与大气中氧的平衡。溶解氧的饱和含量和空气中氧的分压、大气压力和水温有密切关系。清洁的地表水溶解氧一般接近饱和。如果藻类大量生长，溶解氧可能过饱和。当水体受有机、无机还原性物质污染时溶解氧降低，以至趋近于零，此时厌氧菌繁殖，水质恶化，导致鱼虾死亡。

（2）高锰酸盐指数　高锰酸盐指数指在酸性或碱性介质中，以高锰酸钾为氧化剂处理水样时所消耗的量。高锰酸盐指数常被称为地表水体受有机污染物和还原性无机物质污染程度的综合指标。

（3）化学需氧量　化学需氧量指在规定条件下，水样中能被氧化的物质完全氧化所需耗用氧化剂的量。氧化剂一般采用重铬酸钾。化学需氧量反映了水体受还原性物质污染的程度，水中还原性物质包括有机物、亚硝酸盐、亚铁盐、硫化物等。

（4）生化需氧量　生化需氧量是指在有溶解氧的条件下，好氧微生物在分解水中有机物的生物化学氧化过程中所消耗的溶解氧量。它是反映水体被有机物污染程度的综合指标，可用以研究废水的可生化降解性和生化处理效果，同时也是生化处理废水工艺设计和动力学研究中的重要参数。

（5）总有机碳　总有机碳是以碳的含量表示水体中有机物总量的综合指标。它的测定采用燃烧法，因此能将有机物全部氧化，它比生化需氧量或化学需氧量更能直接表示有机物的总量，因此常常被用来评价水体中有机物污染的程度。

(6) 总磷　磷化物是一种不可忽视的污染物。磷是生物生长必需的元素之一，但水体中总磷含量过高（如超过 0.2mg/L），可造成藻类的过度繁殖，引起水体富营养化，造成湖泊、河流透明度降低，水质变坏。总磷是评价水质的重要指标。

(7) 凯氏氮和有机氮　凯氏氮是指用凯氏法测得的含氮量。它包括了氨氮和在此条件下能被转化为铵盐而被测定的有机氮化合物。此类有机氮化合物主要是指蛋白质、氨基酸、核酸、尿素以及大量合成的氮为负三价的有机氮化合物，但不包括叠氮化合物、联氮、偶氮、腙、硝酸盐、亚硝酸盐、硝基、亚硝基、腈、肟和半卡巴腙类的含氮化合物。一般情况下，在测定凯氏氮和氨氮后，其差值即称为有机氮。

测定凯氏氮或有机氮，主要是为了了解水体受污染状况，尤其是在评价湖泊和水库的富营养化时，这是两个有重要意义的指标。

(8) 总氮　总氮包括有机氮和无机氮化合物。总氮含量的增加会导致水中生物和微生物的大量繁殖，消耗了水中溶解氧，使水体质量恶化。湖泊、水库中含有超标的氮、磷类物质时，会造成浮游植物繁殖旺盛，出现富营养化状态。因此，总氮是衡量水质的重要指标之一。

(9) 硝酸盐氮　水中硝酸盐氮是在有氧环境下含氮化合物中最稳定的一种，亦是含氮有机物经无机作用的最终分解产物。亚硝酸盐可经氧化生成硝酸盐，硝酸盐在无氧环境中亦可受微生物的作用而还原为亚硝酸盐。水中的硝酸盐氮含量相差悬殊，清洁的地下水中含量很低，受污染的水体，以及一些深层地下水中含量较高。制革废水、酸洗废水、某些生化处理设施的出水和农田排水可能含有大量的硝酸盐。

(10) 亚硝酸盐氮　亚硝酸盐氮是氮循环的中间产物，不稳定，根据水环境条件的不同，可被氧化成硝酸盐，也可被还原成氨。亚硝酸盐能将人体正常的血红蛋白（低铁血红蛋白）氧化成为高铁血红蛋白，使其失去在体内输送氧的能力，出现组织缺氧的症状。亚硝酸盐可与仲胺类物质反应生成具有致癌性的亚硝胺类物质，pH 值较低的酸性条件有利于亚硝胺类物质的形成。

(11) 氨氮　氨氮以游离氨或铵盐形式存在于水中，两者的组成比取决于水的 pH 值和水温。当 pH 值偏高时，游离氨的比例较高，反之，则铵盐的比例高。水中的氨氮来源主要为生活污水中含氮有机物受微生物作用的分解产物、某些工业废水（如焦化废水和合成氨化肥厂废水等）和农田排水。此外，在无氧环境中，水中存在的亚硝酸盐可受微生物作用还原为氨；在有氧环境中，水中氨亦可转变为亚硝酸盐，甚至继续转变为硝酸盐。

八、工业废水处理在我国的研究现状和发展趋势

近年来，国家加强了对工业污染源的控制，开展综合利用和废料回收资源化，开发清洁生产新工艺；对重点污染源限期达标排放，调整产品结构，采取"关、停、转"的有效措施，并对新建、扩建项目采取环保一票否决制，大大减少了污染物的排放量。这些措施促使工业企业改进废水处理设施，使不少水域水质得到改善。但因起步晚、积欠多、缺乏综合统筹、污染源没有进行切实的防治等原因，环境污染破坏尚未得到彻底控制，工业废水排放引起的污染仍然十分严重。

保护环境是我国的一项基本国策。我国实行的"预防为主、防治结合、综合治理"方针对防治水污染同样适用。近年来，由于坚持执行"三同时"和环境影响报告制度，防止新污

染源的发展，工业废水产生的不良环境影响得到了有效的控制；在污染限期达标排放的基础上，倡导组织相邻工厂建立联合废水处理设施；推广清洁生产工艺和研究无害化工艺替代品；鼓励"三废"综合利用，使其资源化，变废为宝。上述措施都有了可喜的收获。不过，在许多方面还有待完善与发展，尤其要结合高新技术的发展，不断提高废水治理技术水平，这将是最近几年我国工业废水治理的主要发展方向。

九、水资源可持续发展战略概述

1. 水资源可持续发展战略

可持续发展战略是指既能满足当代人的需求，又不对后代人满足其需求的能力构成威胁的发展战略。可持续发展战略的原则性标准有四个：

① 提高人类的生活质量；

② 保护地球生命力及多样性；

③ 对非再生资源的消耗要降到最低程度；

④ 保持在地球的承载力之内。

水作为一种可再生资源，在可持续发展战略中具有重要作用，上述四个原则中除第三项外都与水有直接关系。我国属于水资源比较贫乏的国家，水污染的严峻现实进一步加剧了水资源短缺的紧张局势，水资源危机迫在眉睫。水资源危机及其所衍生的水质和生态问题将束缚和制约我国经济发展战略目标的实现。因此，建立水资源可持续发展的战略刻不容缓。

水资源可持续发展战略的主要内容如下。

（1）人与洪水协调共处　洪水是一种自然现象，要完全消灭洪灾对人类来说是不可能的，人类只能适当控制洪水，协调人与洪水的关系，保证自身的持续发展。

（2）建设现代高效灌溉农业和现代旱地农业　我国农业用水占总用水量的 70%，长期以来，由于技术和管理水平落后、灌溉设施老化失修等原因，目前灌溉水利用率仅为 45% 左右，但这也意味着节水潜力很大。因此，要从传统的粗放型灌溉农业转变为节水高效的灌溉农业和现代旱地农业，以满足农产品的需求及水资源的可持续利用。

（3）节流为先、治污为本、多渠道开源　"节流为先"是降低供水投资、减少污水排放量、提高水资源利用效率的最合理选择。"治污为本"是保护供水水质、改善水环境的必然要求，也是实现城市水资源与水环境协调发展的根本出路。在加强节水治污的同时，开发水资源也不容忽视。"多渠道开源"是指除了开发地表水和地下水等传统水源之外，应大力提倡开发处理后的城市污水、雨水、海水、微咸水等非传统水资源。

（4）实行以源头控制为主的综合防污减灾战略　要大力提倡以清洁生产为主的污染预防战略，淘汰物耗高、用水量大、技术落后的产品和工艺，提高资源利用率，减少污染排放量。

（5）实施保障生态环境用水的水资源配置战略　生态环境是人类生存和发展的物质基础，在水资源合理配置中，应在保障生态环境用水的前提下合理规划和保障社会经济用水。

2. 实现我国水资源可持续发展的对策

（1）改革水资源管理体制　成立统一的水资源管理委员会，实行统一规划和统一管理，并相应地加强水资源立法和执法，修订原有的水资源规划。

（2）改革水资源投资体制　建立长期稳定、有正确导向、全面系统的水资源综合治理投资机制，在水资源的投资机制中应充分考虑污水治理的需要。

（3）改革水价政策　水价是水资源中的主要经济杠杆，对水资源的配置和管理起着重要的导向作用。因此，必须在国家水资源管理机构的统一领导下，根据国家确定的水资源战略，明确制定我国现阶段的相应水价政策和水价系统。

 拓展阅读1

淡水危机

随着全球人口的迅速增加和人均收入水平的提高，全球淡水资源紧缺的局面正在逐渐显现。如果不采取节水措施，2050 年全球淡水需求量将增长两倍，给淡水供应带来极大压力。

一、淡水危机现象

缺水是一个世界性的普遍现象。据统计，全世界有 100 多个国家存在着不同程度的缺水，世界上有 28 个国家被列为缺水国或严重缺水国。再过 30 年，缺水国将达 40～52 个，缺水人口将增加 8 倍多，达 28 亿至 33 亿。淡水严重缺少的国家和地区，人们的基本生存甚至受到影响。在邻接撒哈拉沙漠南部干旱的国家，因为缺水，农田荒废，几千万人挣扎在饥饿死亡线上，每年约有 20 万人饿死。目前发展中国家至少 3/4 的农村人口和 1/5 的城市人口常年不能获得安全卫生的饮用水，17 亿人没有足够的饮用水。有的国家已经靠买水过日子。德国从瑞士买水，美国从加拿大买水，阿尔及利亚也从其他国家进口水。阿拉伯联合酋长国从 1984 年起，每年从日本进口雨水 2000 万 m^3。

二、淡水危机的原因

淡水资源一般是指河湖中的水、高山冰雪以及能被开发的地下水等陆地淡水资源。人类居住的地球表面，约 71% 被海洋覆盖，淡水仅有 2.5% 左右，而在所有淡水中，有 87% 是人类难以利用的储存于两极的冰川、高山冰川和永冻地带的冰雪。因此，人类真正能利用的淡水是江河湖泊及地下水中的部分，约占淡水总量的 1%。而这少得可怜的 1% 里还有一些是已遭到污染的"脏水"。有人比喻说，在地球这个大水缸里可以用的水只有一汤匙。

1. 不均衡的分布状况

地球上淡水资源的时空分布极不均衡。世界上最大的 15 条河流拥有全球河流径流量的 1/3，仅亚马逊河的径流就占全球径流总量的 15%。淡水资源的人均分配也极不均匀。某些国家因人烟稀少，水资源相对比较丰富。冰岛人均占有水资源最多，每人达 68 万 m^3；中国与加拿大的年降水量和每公顷水量大致相等，但中国人口为加拿大的 40 倍，人均淡水资源仅为加拿大的 2.1%。

2. 人口增长与农田灌溉导致淡水危机

世界气象组织发表报告指出，世界人均淡水拥有量将由 1998 年的 $7100m^3$ 减少到 2025 年的 $4800m^3$，减少了 1/3。而人均年用水量已从 20 世纪 50 年代的约 $300m^3$ 增长到 20 世纪 90 年代末的约 $800m^3$，经济持续发展及大量农田灌溉用水也会导致淡水危机。农业灌溉是淡水的最大用户。全球有近 80% 的淡水被用来浇灌农田。由于各国的灌溉用水效率差异很大，水在使用过程中的巨大浪费是造成水危机的另一个主要原因。水污染日益严重，水资源亮起了"红灯"。

三、解决水资源危机的出路

1. 节水

发展节水型工农业，实行科学灌溉，减少农业用水是节约用水的重要措施。全世界用水的大部分为农业用水，改革灌溉方法是提高用水效率的最大潜力所在。有效节省城市居民生活用水也是重要的措施。

2. 海水淡化

缺少水源的地区，特别是高收入国家，人们日益求助于海水淡化来补充水源，沙特阿拉伯、伊朗等国目前已经具有较高的海水淡化能力。

3. 防污、治污

生产、生活排放的污水污染水体是发展中国家水资源减少的重要原因。因此必须切实有效地控制污水排放，加强对污水的处理来减轻对水资源的危害。目前主要采取严控工业污染排放、综合治理河流污染、加强城市生活污水处理等措施。

造成淡水危机的原因众多，但人类不良行为是主要的因素。因而全人类必须树立起淡水危机的紧迫感，注重节约用水，合理用水，并保护水资源不受破坏和污染。只有如此，方能化解"淡水危机"。

 拓展阅读2

全国生态日的设立及意义

2023 年 6 月 28 日，十四届全国人大常委会第三次会议决定：将 8 月 15 日设立为全国生态日。国家通过多种形式开展生态文明宣传教育活动。

习近平同志于 2005 年 8 月 15 日考察浙江省湖州市安吉县期间，首次提出"绿水青山就是金山银山"的科学理念。这是习近平生态文明思想的核心理念。将 8 月 15 日设立为全国生态日，比较符合确定纪念日、活动日时间的基本原则，能够充分体现首创性、标志性、独特性。

设立全国生态日，有利于更好学习宣传贯彻习近平生态文明思想，提高全社会生态文明意识，增强全民生态环境保护的思想自觉和行动自觉，以钉钉子精神推动生态文明建设不断取得新成效。

 思考题

请说一说对公益广告词"别让你的眼泪成为最后一滴水"的理解。

项目二　水分析方法

 案例导入

一种水质分析方法——有助于震后地区检测霍乱毒素

据世界卫生组织（WHO）的估算，全世界每年爆发 300 万至 500 万例霍乱感染病例，有10 万至 12 万人因此丧命。海地发生大地震后，当地爆发的霍乱疫情已经造成 3000 人死亡，世界卫生组织此前警告该地的疫情仍将持续加重。

据英国工程师网站报道，美国中佛罗里达大学的科学家日前研制出一种新技术，可使地震救援人员能够检测出那些可能被霍乱毒素污染的水源。

在检测中，研究人员将葡聚糖涂在氧化铁纳米粒子上，然后将其加入水样。如果水样中有霍乱毒素，霍乱毒素将会附着在葡聚糖上，因为葡聚糖的化学结构与死于霍乱的死者肠道细胞表面上发现的霍乱毒素受体（神经节苷脂GM1）很相似。

研究人员认为，此项技术可能比现有的检测方法便宜，而且能更快地得到检测结果，有助于救援人员限制人们接触那些受污染的水源，抑制疾病的蔓延。

该项目的首席研究员、中佛罗里达大学助理教授曼纽尔·佩雷兹说，"这真是太神奇了，这意味着我们掌握了一种更快速的诊断工具，而使用的则是简易并且相对便宜的葡聚糖与纳米粒子相结合的技术。"

研究人员表示，在那些卫生状况恶劣的国家，饮用水污染导致的疾病暴发往往是致命的。此外，生化恐怖活动或者食品污染也会带来致命的毒素。尽管还需要进行更多的研究证明该技术的可适用性，但是它已经显现出巨大的应用前景。

 案例分析

人们的日常生活及社会经济的发展都离不开水资源，而当前人类社会中的水资源危机问题已逐渐凸显。在对水资源质量的调查与把控中，水质分析发挥着重要的作用，随着科技的进步，水分析方法得到不断创新与应用。

 知识链接

化学分析法与仪器分析法是水质分析的两大类分析方法，其具体分类见图1-1。

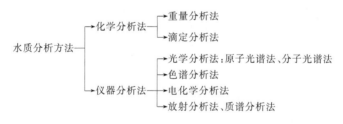

图1-1 水质分析方法分类

一、化学分析法

化学分析法是将水中被分析物质与另一种已知成分、性质和含量的物质发生化学反应，而产生具有特殊性质的新物质，由此确定水中被分析物质的存在以及它的组成、性质和含量。化学分析法通常用于测定相对含量在1%以上的常量组分，准确度相当高（一般情况下相对误差为0.1%～0.2%），所用天平、滴定管等仪器设备又很简单，是解决常量分析问题的有效手段。

化学分析法历史悠久，是分析化学的基础，又称为经典分析法，主要包括重量分析法和滴定分析法，以及试样的处理和一些分离、富集、掩蔽等手段。

（一）重量分析法

将水中被分析组分与其中的其他组分分离后，转化为一定的可称量形式，然后用称重方法计算该组分在水样中的含量。

在重量分析中，一般首先采用适当的方法，使被测组分以单质或化合物的形式从试样中与其他组分分离。重量分析的过程包括了分离和称量两个过程。根据分离的方法不同，重量分析法又可分为沉淀法、挥发法和萃取法等。

1. 沉淀法

沉淀法是重量分析法中的主要方法。这种方法是利用沉淀反应使待测组分以难溶化合物的形式沉淀出来再将沉淀过滤、洗涤、烘干或灼烧，最后称重并计算其含量。

2. 挥发法

是利用物质的挥发性质，通过加热或其他方法使被测组分从试样中挥发逸出。

3. 萃取法

是利用被测组分与其他组分在互不相溶的两种溶剂中的分配系数不同，使被测组分从试样中定量转移至提取剂中而与其他组分分离。

重量法属常量分析，准确度较高，但是操作复杂，对低含量组分的测定误差较大。

（二）滴定分析法

滴定分析法又称容量分析法，是将一已知准确浓度的试剂溶液和被分析物质的组分定量反应完全，根据反应完成时所消耗的试剂溶液的浓度和用量（体积），计算出被分析物质的含量的方法。

1. 特点

① 加入标准溶液物质的量与被测物质的量恰好是化学计量关系。
② 此法适于组分含量在1%以上各种物质的测定。
③ 该法快速、准确，仪器设备简单、操作简便。
④ 用途广泛。

2. 分类

根据标准溶液和待测组分间的反应类型的不同，分为四类：
① 酸碱滴定法——以质子传递反应为基础的一种滴定分析方法。
② 配位滴定法——以配位反应为基础的一种滴定分析方法。
③ 氧化还原滴定法——以氧化还原反应为基础的一种滴定分析方法。
④ 沉淀滴定法——以沉淀反应为基础的一种滴定分析方法。

3. 适合滴定分析的化学反应

① 反应必须按方程式定量地完成，通常要求在99.9%以上，这是定量计算的基础。
② 反应能够迅速地完成（有时可加热或用催化剂以加速反应）。
③ 共存物质不干扰主要反应，或用适当的方法消除其干扰。
④ 有比较简便的方法确定计量点（指示滴定终点）。

4. 分析方式

（1）直接滴定法　所谓直接滴定法，是用标准溶液直接滴定被测物质的一种方法。凡是能同时满足上述 4 个条件的化学反应，都可以采用直接滴定法。直接滴定法是滴定分析法中最常用、最基本的滴定方法。例如用 HCl 滴定 NaOH，用 $K_2Cr_2O_7$ 滴定 Fe^{2+} 等。

往往有些化学反应不能同时满足滴定分析的 4 点要求，这时可选用下列几种方法之一进行滴定。

（2）返滴定法　当遇到下列几种情况下，不能用直接滴定法。

第一，当试液中被测物质与滴定剂的反应慢，被测物质有水解作用时，如 Al^{3+} 与 EDTA 的反应。第二，用滴定剂直接滴定固体试样时，反应不能立即完成。如 HCl 滴定固体 $CaCO_3$。第三，某些反应没有合适的指示剂或被测物质对指示剂有封闭作用时，如在酸性溶液中用 $AgNO_3$ 滴定 Cl^- 缺乏合适的指示剂。

对上述这些问题，通常都采用返滴定法。返滴定法就是先准确地加入一定量过量的标准溶液，使其与试液中的被测物质或固体试样进行反应，待反应完成后，再用另一种标准溶液滴定剩余的标准溶液。

例如，对于上述 Al^{3+} 的滴定，先加入已知过量的 EDTA 标准溶液，待 Al^{3+} 与 EDTA 反应完成后，剩余的 EDTA 则利用标准 Zn^{2+}、Pb^{2+} 或 Cu^{2+} 溶液返滴定；对于固体 $CaCO_3$ 的滴定，先加入已知过量的 HCl 标准溶液，待反应完成后，可用标准 NaOH 溶液返滴定剩余的 HCl；对于酸性溶液中 Cl^- 的滴定，可先加入已知过量的 $AgNO_3$ 标准溶液使 Cl^- 沉淀完全后，再以三价铁盐作指示剂，用 NH_4SCN 标准溶液返滴定过量的 Ag^+，出现淡红色 $[Fe(SCN)]^{2+}$ 即为终点。

（3）置换滴定法　对于某些不能直接滴定的物质，也可以使它先与另一种物质反应，置换出一定量能被滴定的物质来，然后再用适当的滴定剂进行滴定。这种滴定方法称为置换滴定法。例如硫代硫酸钠不能用来直接滴定重铬酸钾和其他强氧化剂，这是因为在酸性溶液中氧化剂可将 $S_2O_3^{2-}$ 氧化为 $S_4O_6^{2-}$ 或 SO_4^{2-} 等混合物，没有一定的计量关系。但是，硫代硫酸钠却是一种很好的滴定碘的滴定剂。这样一来，如果在酸性重铬酸钾溶液中加入过量的碘化钾，用重铬酸钾置换出一定量的碘，然后用硫代硫酸钠标准溶液直接滴定碘，计量关系清晰易算。实际工作中，就是用这种方法以重铬酸钾标定硫代硫酸钠标准溶液浓度的。

（4）间接滴定法　有些物质虽然不能与滴定剂直接进行化学反应，但可以通过别的化学反应间接测定。

例如高锰酸钾法测定钙就属于间接滴定法。由于 Ca^{2+} 在溶液中没有可变价态，所以不能直接用氧化还原法滴定。但若先将 Ca^{2+} 沉淀为 CaC_2O_4，过滤洗涤后用 H_2SO_4 溶解，再用 $KMnO_4$ 标准溶液滴定与 Ca^{2+} 结合的 $C_2O_4^{2-}$，便可间接测定钙的含量。

显然，由于返滴定法、置换滴定法、间接滴定法的应用，大大扩展了滴定分析的应用范围。

5. 滴定液

滴定液是指已知准确浓度的溶液，它是用来滴定被测物质的。

（1）配制

① 直接法。根据所需滴定液的浓度，计算出基准物质的重量。准确称取并溶解后，置

于量瓶中稀释至一定的体积。

如配制滴定液的物质纯度高（基准物质），且有恒定的分子式，称取时及配制后性质稳定等，可直接配制，根据基准物质的重量和溶液体积，计算溶液的浓度，但在多数情况是不可能的。

② 间接法。根据所需滴定液的浓度，计算并称取一定重量试剂，溶解或稀释成一定体积，并进行标定，计算滴定液的浓度。

有些物质因吸湿性强、不稳定，常不能准确称量，只能先将物质配制近似浓度的溶液，再以基准物质标定，以求得准确浓度。

（2）标定　是指用间接法配制好的滴定液，必须由配制人进行滴定度测定。

（3）标定份数　是指同一操作者，在同一实验室，用同一测定方法对同一滴定液，在正常和正确的分析操作下进行测定的份数。标定份数不得少于 3 份。

（4）复标　是指滴定液经第一人标定后，必须由第二人进行再标定。其标定份数也不得少于 3 份。

（5）误差限度

① 标定和复标。标定和复标的相对偏差均不得超过 0.1%。

② 结果。以标定计算所得平均值和复标计算所得平均值为各自测得值，计算二者的相对偏差，不得超过 0.15%，否则应重新标定。

③ 结果计算。如果标定与复标结果满足误差限度的要求，则将二者的算术平均值作为结果。

（6）使用期限　滴定液必须规定使用期。除特殊情况另有规定外，一般规定为一至三个月，过期必须复标。出现异常情况必须重新标定。

（7）范围　滴定液浓度的标定值应与名义值相一致，若不一致时，其最大与最小标定值应在名义值的 ±5% 之间。

6. 滴定管的种类与使用方法

（1）酸式滴定管（玻塞滴定管）　酸式滴定管的玻璃活塞是固定配合该滴定管的，所以不能任意更换。要注意玻璃塞是否旋转自如，通常是取出活塞，拭干，在活塞两端沿圆周抹一薄层凡士林作润滑剂（或真空活塞油脂），然后将活塞插入，顶紧，旋转几下使凡士林分布均匀（几乎透明）即可，再在活塞尾端套一橡皮圈，使之固定。注意凡士林不要涂得太多，否则易使活塞中的小孔或滴定管下端管尖堵塞。在使用前应试漏。

一般的滴定液均可用酸式滴定管，但因碱性滴定液常使玻璃塞与玻孔粘合，以至难以转动，故碱性滴定液宜用碱式滴定管。但碱性滴定液只要使用时间不长，用毕后立即用水冲洗，亦可使用酸式滴定管。

（2）碱式滴定管　碱式滴定管的管端下部连有橡皮管，管内装一玻璃珠控制开关，一般用于碱性滴定液的滴定。其准确度不如酸式滴定管，这是由于橡皮管的弹性会造成液面的变动。具有氧化性的溶液或其他易与橡皮管起作用的溶液，如高锰酸钾、碘、硝酸银等不能使用碱式滴定管。在使用前，应检查橡皮管是否破裂或老化及玻璃珠大小是否合适，无渗漏后才可使用。

（3）使用前的准备

① 在装滴定液前，须将滴定管洗净，使水自然沥干（内壁应不挂水珠），先用少量滴定

液荡洗三次（每次约 5～10mL），除去残留在管壁和下端管尖内的水，以防装入的滴定液被水稀释。

② 滴定液装入滴定管应超过标线刻度零，这时滴定管尖端会有气泡，必须排除，否则将造成体积误差。如为酸式滴定管可转动活塞，使溶液的急流逐去气泡；如为碱式滴定管，则可将橡皮管弯曲向上，然后捏开玻璃珠，气泡即可被溶液排除。

③ 最后，再调整溶液的液面至刻度零处，即可进行滴定。

滴定管操作注意事项如下：

① 滴定管在装满滴定液后，管外壁的溶液要擦干，以免流下或溶液挥发而使管内溶液降温（在夏季影响尤大）。手持滴定管时，也要避免手心紧握装有溶液部分的管壁，以免手温高于室温（尤其在冬季）而使溶液的体积膨胀（特别是在非水溶液滴定时），造成读数误差。

② 使用酸式滴定管时，应将滴定管固定在滴定管夹上，活塞柄向右，左手从中间向右伸出，拇指在管前，食指及中指在管后，三指平行地轻轻拿住活塞柄，无名指及小指向手心弯曲，食指及中指由下向上顶住活塞柄一端，拇指在上面配合动作。在转动时，中指及食指不要伸直，应该微微弯曲，轻轻向左扣住，这样既容易操作，又可防止把活塞顶出。

③ 每次滴定须从刻度零开始，以使每次测定结果能抵消滴定管的刻度误差。

④ 在装满滴定液后，滴定前"初读"零点，应静置 1～2min 再读一次，如液面读数无改变，仍为零，才能滴定。滴定时不应太快，每秒钟放出 3～4 滴为宜，更不应成液柱流下，尤其在接近计量点时，更应一滴一滴逐滴加入（在计量点前可适当加快些滴定）。滴定至终点后，须等 1～2min，使附着在内壁的滴定液流下来以后再读数，如果放出滴定液速度相当慢时，等半分钟后读数亦可，"终读"也至少读两次。

⑤ 滴定管读数可垂直夹在滴定管架上或手持滴定管上端使操作人员自由地垂直读取刻度，读数时还应该注意眼睛的位置与液面处在同一水平面上，否则将会引起误差。读数应该在弯月面下缘最低点，但遇滴定液颜色太深，不能观察下缘时，可以读液面两侧最高点，"初读"与"终读"应用同一标准。

⑥ 为了协助读数，可在滴定管后面衬一"读数卡"（涂有一约 4cm×1.5cm 黑长方形的白纸）或用一张黑纸绕滴定管一圈，拉紧，置液面下刻度 1 分格（0.1mL）处使纸的上缘前后在一水平上；此时，由于反射完全消失，弯月面的液面呈黑色，明显地露出来，读此黑色弯月面下缘最低点。滴定液颜色深而需读两侧最高点时，就可用白纸为"读数卡"。若所用白背蓝线滴定管，其弯月面能使色条变形而成两个相遇于一点的尖点，可直接读取尖头所在处的刻度。

⑦ 滴定管有无色、棕色两种，一般需避光的滴定液（如硝酸银滴定液、碘滴定液、高锰酸钾滴定液、亚硝酸钠滴定液、溴滴定液等），需用棕色滴定管。

7. 容量瓶的使用方法

① 容量瓶具有细长的颈和磨口玻塞（亦有塑料塞）的瓶子，塞与瓶应编号配套或用绳子相连接，以免挑错，在瓶颈上有环状刻度。量瓶是用来精密配制一定体积的溶液的。

② 向容量瓶中加入溶液时，必须注意弯月面最低处要恰与瓶颈上的刻度相切，观察时眼睛位置也应与液面和刻度同水平面上，否则会引起测量体积不准确。量瓶有无色、棕色两种，应注意选用。

③ 容量瓶是用来精密配制一定体积的溶液的，配好后的溶液如需保存，应转移到试剂

瓶中，不要用于贮存溶液。量瓶不能在烘箱中烘烤。

8. 移液管的使用方法

移液管有各种形状，最普通的是中部呈圆柱形，圆柱形以上及以下为较细的管颈，下部的管颈拉尖，上部的管颈刻有一环状刻度。移液管为精密转移一定体积溶液时用的。

① 使用时，应先将移液管洗净，自然沥干，并用待量取的溶液少许荡洗 3 次。

② 然后以右手拇指及中指捏住管颈标线以上的地方，将移液管插入供试品溶液液面下约 1cm，不应伸入太多，以免管尖外壁粘有溶液过多，也不应伸入太少，以免液面下降后而吸空。这时，左手拿橡皮吸球（一般用 60mL 洗耳球）轻轻将溶液吸上，眼睛注意正在上升的液面位置，移液管应随容器内液面下降而下降，当液面上升到刻度标线以上约 1cm 时，迅速用右手食指堵住管口，取出移液管，用滤纸条拭干移液管下端外壁，并使之与地面垂直，稍微松开右手食指，使液面缓缓下降，此时视线应平视标线，直到弯月面与标线相切，立即按紧食指，使液体不再流出，并使出口尖端接触容器外壁，以除去尖端外残留溶液。

③ 再将移液管移入准备接受溶液的容器中，使其出口尖端接触器壁，使容器微倾斜，而使移液管直立，然后放松右手食指，使溶液自由地顺壁流下，待溶液停止流出后，一般等待 15 秒钟拿出。

④ 注意此时移液管尖端仍残留有一滴液体，不可吹出。

9. 容量仪器使用的注意事项

① 移液管及刻度吸管一定用橡皮吸球（洗耳球）吸取溶液，不可用嘴吸取。

② 滴定管、量瓶、移液管及刻度吸管均不可用毛刷或其他粗糙物品擦洗内壁，以免造成内壁划痕，容量不准而损坏。每次用毕应及时用自来水冲洗，再用洗衣粉水洗涤（不能用毛刷刷洗），用自来水冲洗干净，再用纯化水冲洗 3 次，倒挂，自然沥干，不能在烘箱中烘烤。如内壁挂水珠，先用自来水冲洗，沥干后，再用重铬酸钾洗液洗涤，用自来水冲洗干净，再用纯化水冲洗 3 次，倒挂，自然沥干。

③ 需精密量取 5、10、20、25、50mL 等整数体积的溶液，应选用相应大小的移液管，不能用两个或多个移液管分取相加的方法来精密量取整数体积的溶液。

④ 使用同一移液管量取不同浓度溶液时要充分注意荡洗（3 次），应先量取较稀的一份，然后量取较浓的。在吸取第一份溶液时，高于标线的距离最好不超过 1cm，这样吸取第二份不同浓度的溶液时，可以吸得再高一些荡洗管内壁，以消除第一份的影响。

⑤ 容量仪器（滴定管、量瓶、移液管及刻度吸管等）需校正后再使用，以确保测量体积的准确性。

10. 化学试剂等级

① 一级品，即优级纯，又称保证试剂（符号 G. R.），我国产品用绿色标签作为标志，这种试剂纯度很高，适用于精密分析，亦可作基准物质用。

② 二级品，即分析纯，又称分析试剂（符号 A. R.），我国产品用红色标签作为标志，纯度较一级品略差，适用于多数分析，如配制滴定液、用于鉴别及杂质检查等。

③ 三级品，即化学纯（符号 C. P.），我国产品用蓝色标签作为标志，纯度较二级品相差较多，适用于工矿日常生产分析。

④ 四级品，即实验试剂（符号 L. R.），杂质含量较高，纯度较低，在分析工作中常用

辅助试剂（如发生或吸收气体，配制洗液等）。

⑤ 基准试剂，它的纯度相当于或高于保证试剂，通常专用作容量分析的基准物质。称取一定量基准试剂稀释至一定体积，一般可直接得到滴定液，不需标定，基准品如标有实际含量，计算时应加以校正。

⑥ 光谱纯试剂（符号 S.P.），试剂中的杂质用光谱分析法测不出或杂质含量低于某一限度，这种试剂主要用于光谱分析中。

⑦ 色谱纯试剂，用于色谱分析。

⑧ 生物试剂，用于某些生物实验中。

⑨ 超纯试剂，又称高纯试剂。

二、仪器分析法

仪器分析是以成套的物理仪器为手段，对水样中的化学成分和含量进行测定的方法。其分析对象一般是半微量（$0.01\sim0.1g$）、微量（$0.1\sim10mg$）、超微量（$<0.1mg$）组分的分析，灵敏度高。

1. 主要特点

① 灵敏度高。大多数仪器分析法适用于微量、痕量分析。例如，原子吸收分光光度法测定某些元素的绝对灵敏度可达 $10^{-14}g$，电子光谱甚至可达 $10^{-18}g$，相对灵敏度可在 ng^{-1} 乃至更小。

② 取样量少。化学分析法需用 $10^{-1}\sim10^{-4}g$，仪器分析试样常在 $10^{-2}\sim10^{-8}g$。

③ 在低浓度下的分析准确度较高。含量在 $10^{-5}\%\sim10^{-9}\%$ 范围内的杂质测定，相对误差低达 $1\%\sim10\%$。

④ 快速。例如，发射光谱分析法在 1min 内可同时测定水中 48 个元素，灵敏度可达 ng^{-1} 级。

⑤ 可进行无损分析。有时可在不破坏试样的情况下进行测定，适于考古、文物等特殊领域的分析。有的方法还能进行表面或微区（直径为 μm 级）分析，或试样可回收。

⑥ 能进行多信息或特殊功能的分析。有时可同时作定性、定量分析，有时可同时测定材料的组分比和原子的价态。放射性分析法还可作痕量杂质分析。

⑦ 专一性强。例如，用单晶 X 衍射仪可专测晶体结构；用离子选择性电极可测指定离子的浓度等。

⑧ 便于遥测、遥控、自动化。可作即时、在线分析控制生产过程、环境自动监测与控制。

⑨ 操作较简便。省去了繁多化学操作过程。随自动化、程序化程度的提高操作将更趋于简化。

⑩ 仪器设备较复杂，价格较昂贵。

2. 常见分析方法

仪器分析大致可以分为：电化学分析法、核磁共振波谱法、原子发射光谱法、气相色谱法、原子吸收光谱法、高效液相色谱法、紫外—可见光谱法、质谱分析法、红外光谱法、其他仪器分析法等。

① 发射光谱法。依据物质被激发发光而形成的光谱来分析其化学成分。不同的激发源有不同名称的光谱法。如用高频电感耦合等离子体（ICP）作激发源，称高频电感耦合等离子体发射光谱法；如用激光作光源，称激光探针显微分析。

② 原子吸收光谱法。基于待测元素的特征光谱被蒸气中待测元素的气态原子所吸收，根据测量谱线强度减弱程度（吸收度）求出样品中待测元素含量。应用较广的有火焰原子吸收法和非火焰原子吸收法，后者的灵敏度较前者高 4~5 个数量级。

③ 原子荧光分光光度法。通过测量待测元素的原子蒸气在辐射能激发下所产生的荧光发射强度来测定待测元素。

④ 红外吸收光谱法。主要用于鉴定有机化合物的组成，确定化学基团及定量分析。红外傅里叶变换光谱法中，光信号以干涉图形式输入计算机进行傅里叶变换的数学处理，具有信噪比大、灵敏度高等特点。

⑤ 紫外可见分光光度法。适用于低含量组分测定，还可以进行多组分混合物的分析。利用催化反应可大大提高该法的灵敏度。

⑥ 核磁共振波谱法。利用有机分子的质子共振鉴定有机化合物和多组分混合物的组分以及无机成分的分子结构分析。

⑦ 极谱法。是利用阴极（或阳极）极化变化过程作为依据的一种方法。其特点是灵敏度高、试液用量少，可测定浓度极小的物质。

⑧ 离子选择电极法。是一种使用电位法来测量溶液中某一离子活度的指示电极，能快速、连续、无损地对溶液中的某些离子活度进行选择性地检测。

⑨ 库仑分析法。其中有控制电位库仑分析法和恒电流库仑滴定法。

⑩ 色谱法。是一种分离分析法，利用混合物中各组分在不同的两相中溶解、解析、吸附、脱附或其他亲和作用性能的差异，而使各组分互相分离。按流动相的物态，可分为气相色谱法和液相色谱法，按固定相使用形式，可分为柱色谱法、纸色谱法和薄层色谱法。

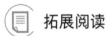 **拓展阅读**

光谱分析技术的发现

1802 年，有一位英国物理学家沃拉斯顿为了验证光的色散理论重做了牛顿的实验。这一次，他在三棱镜前加上了狭缝，使阳光先通过狭缝再经棱镜分解，他发现太阳光不仅被分解为牛顿所观测到的那种连续光谱，而且其中还有一些暗线。可惜的是他的报告没引起人们注意，知道的人很少。

1814 年，德国光学家夫琅禾费制成了第一台分光镜，它不仅有一个狭缝，一块棱镜，而且在棱镜前装上了准直透镜，使来自狭缝的光变成平行光，在棱镜后则装上了一架小望远镜以及精确测量光线偏折角度的装置。夫琅禾费点燃了一盏油灯，让灯光通过狭缝进入分光镜。他发现在暗黑的背景上，有着一条条像狭缝形状的明亮的谱线，这种光谱就是现在所称的明线光谱。在油灯的光谱中，其中有一对靠得很近的黄色谱线相当明显。夫琅禾费拿掉油灯，换上酒精灯，同样出现了这对黄线，他又把酒精灯拿掉，换上蜡烛，这对黄线依然存在，而且还在老位置上。

夫琅禾费想，灯光和烛光太暗了，太阳光很强，如果把太阳光引进来观测，那是很有意思的。于是他用了一面镜子，把太阳光反射进狭缝。他发现太阳的光谱和灯光的光谱截然不同，那里不是一条条的明线光谱，而是在红、橙、黄、绿、青、蓝、紫的连续彩带上有无数条暗线，在 1814 年到 1817 年这几年中,夫琅禾费共在太阳光谱中数出了五百多条暗线;其中有的较浓、较黑,有的则较为暗淡。夫琅禾费一一记录了这些谱线的位置。并从红到紫,依次用 A、B、C、D 等字母来命名那些最醒目的暗线。夫琅禾费还发现,在灯光和烛光中出现一对黄色明线的位置上,在太阳光谱中则恰恰出现了一对醒目的暗线,夫琅禾费把这对黄线称为 D 线。

为什么油灯、酒精灯和蜡烛的光是明线光谱,而太阳光谱却是在连续光谱的背景上有无数条暗线?为什么前者的光谱中有一对黄色明线而后者正巧在同一位置有一对暗线?这些问题,夫琅禾费无法作出解答。直到四十多年后,才由基尔霍夫解开了这个谜。

1858 年秋到 1859 年夏,德国化学家本生埋头在他的实验室里进行着一项有趣的实验,他发明了一种煤气灯(称本生灯),这种煤气灯的火焰几乎没有颜色,而且其温度可高达二千多度,他把含有钠、钾、锂、锶、钡等不同元素的物质放在火焰上燃烧,火焰立即产生了各种不同的颜色。本生想,也许从此以后他可以根据火焰的颜色来判别不同的元素了。可是,当他把几种元素按不同比例混合再放在火焰上燃烧时,含量较多元素的颜色十分醒目,含量较少元素的颜色却不见了。看来光凭颜色还无法作为判别的依据。

本生有一位好朋友是物理学家,叫基尔霍夫。他们俩经常在一起散步,讨论科学问题。有一天,本生把他在火焰实验中所遇到的困难讲给基尔霍夫听。这位物理学家对夫琅禾费关于太阳光谱的实验了解得很清楚,甚至在他的实验室里还保存有夫琅禾费亲手磨制的石英三棱镜。基尔霍夫听了本生的问题,想起了夫琅禾费的实验,于是他向本生提出了一个很好的建议,不要观察燃烧物的火焰颜色,而应该观察它的光谱。他们俩越谈越兴奋,最后决定合作来进行一项实验。

基尔霍夫在他的实验室中用狭缝、小望远镜和那个由夫琅禾费磨成的石英三棱镜装配成一台分光镜,并把它带到了本生的实验室。本生把含有钠、钾、锂、锶、钡等不同元素的物质放在本生灯上燃烧,基尔霍夫则用分光镜对准火焰观测其光谱。他们发现,不同物质燃烧时,产生各不相同的明线光谱。接着,他们又把几种物质的混合物放在火焰上燃烧,他们发现,这些不同物质的光谱线依然在光谱中同时呈现,彼此并不互相影响。于是,根据不同元素的光谱特征,仍能判别出混合物中有哪些物质,这种情况就像许多人在同一张照片上合影,每个人是谁依然可以分得一清二楚一样。就这样,基尔霍夫和本生找到了一种根据光谱来判别化学元素的方法——光谱分析术。

 思考题

请谈谈科技进步对化学分析的推动作用。

项目三 水分析测量的质量保证

 案例导入

环境监测数据审核技巧

一、结合具体分析方法进行审核

在水质监测中,不同监测方法适用于不同的水质类型,如果选用了不当的分析方法将会得出错误的监测结果。如碘量法和亚甲蓝分光光度法都适用于水质硫化物分析，但两种方法的检出限不同，碘量法一般适用于废水分析，亚甲蓝分光光度法一般适用于清洁水分析。因此，当审核监测数据时若发现使用了错误的分析方法，就应立即进行纠正。

二、结合以往监测数据及污染物分布规律进行审核

一般情况下，各排污单位的环保处理设施稳定运行后，常规监测项目浓度不会有太大的波动。因此，当出现某监测值明显异于以往监测结果，及污染物浓度时空分布出现反常现象时，比如污水处理设施监测处理后的排污口污染物浓度远高于处理前的污染物浓度等违反常规的现象时，就应对数据进行更加深入的分析，找出引起数据偏差的原因。

三、结合采样原始记录进行审核

审核监测数据时，要对照采样人员对各采样点样品的原始记录进行审核，比如样品的颜色、浑浊度等外观能初步判断该样品监测数据的大概范围，如果出现较大偏差时，则能及时发现。

四、利用污染物之间逻辑关系进行审核

同一样品的各项环境监测数据不是独立存在的，它们之间存在着一定的逻辑关系，如：化学需氧量、高锰酸盐指数、生化需氧量三者之间，总氮与氨氮、硝酸盐氮、亚硝酸盐氮之间，如果监测数据不符合它们之间的逻辑关系时，在审核时就要画一个问号，直至找出原因。

五、异常值的判断处理

对同一样品进行多次重复测定时，有时会发现某个测量值比其他值大或小，也就是说有离群值或可疑数据。发现离群值或可疑数据时不能随意舍去，应找原因，若已查明是由实验技术失误、实验条件改变、系统误差引起，则将该异常数据舍去。若无法判定由上述原因引起，则需进行统计检验来决定。一般有两种方法选择使用：Q 检验法，适用于 3～10 个数据的检验；Grubbs 检验法，适用于检验一组或多组测量值的一致性和舍去其中的可疑数据。

六、监测结果的完整性审核

在审核监测结果的完整性时，应从监测数据的有效数字、单位、分析方法、分析时间及报告的完整性等方面进行，如：方法的检出限、测试精度是否适用于监测项目，有效数字是否符合要求，分析人、填表人、审核人、审批人等人员的签名是否齐全，是否加盖了单位的公章，报告扉页的内容是否完整等。

 案例分析

数据审核是水质分析质量保证工作的一个重要环节，是整个质量保证体系中最后有效的质量控制手段。分析结果除了必须达到质量控制分析指标的要求外，记录、运算和报告中的有效数字以及数据之间的合理性关系问题是数据审核的重点。

 知识链接

一、准确度与精密度

1. 真值

客观存在的实际数值即为真值。一般来说，真值是未知的，但下列情况的真值可以认为是已知的。

① 理论真值。如某化合物的理论组成等。

② 计量学约定真值。如国际计量学大会上确定的长度、质量、物质的量单位。

③ 相对真值。认定精度高一个数量级的测定值作为低一级测量值的真值，这种真值是相对而言的。例如，厂矿实验室中标准试样及管理试样中组分的含量等可视为真值。

2. 准确度与误差

（1）准确度　是用一个特定的分析程序所获得的分析结果（单次测定值和重复测定值的均值）与假定的或公认的真值之间符合程度的度量。它是反映分析方法或测量系统存在的系统误差和随机误差两者的综合指标，并决定其分析结果的可靠性。

（2）绝对误差和相对误差　准确度用绝对误差和相对误差表示。

绝对误差：测量结果（X）与真值（X_T）之间的代数差。

$$E_a = X - X_T \tag{1-1}$$

相对误差：测量的绝对误差与被测量的真值之比，以百分数表示。

$$E_r = \frac{E_a}{X_T} \times 100\% \tag{1-2}$$

例如，测定某铝合金中铝的质量分数为 0.8118，已知其真实值为 0.8113，则

绝对误差为：　　　　　　$E_a = 0.8118 - 0.8113 = 0.0005$

相对误差为：　　　　　　$E_r = \frac{0.0005}{0.8113} \times 100\% = 0.062\%$

相对误差和绝对误差都有正值和负值之分。当误差为正值时，表示测定结果偏高；当误差为负值时，表示测定结果偏低。相对误差能反映误差在真实结果中所占的比例，使得各种情况下测量结果的准确度比较起来更为方便，因此最常用。但应注意，在说明一些仪器测量的准确度时，用绝对误差更清楚。例如分析天平的称量误差是 $\pm 0.0002g$，常量滴定管的读数误差是 $\pm 0.02mL$ 等，这些都是用绝对误差来说明的。

3. 精密度与偏差

（1）精密度　是指用一特定的分析程序在受控条件下重复分析均一样品所得测定值的一致程度，它反映分析方法或测量系统所存在随机误差的大小。极差、平均偏差、相对平均偏差、标准偏差和相对标准偏差都可用来表示精密度大小，较常用的是标准偏差。

（2）偏差　是指测定值（X）与几次测定结果平均值（X_p）之差。偏差小，说明测定结果精密度高；偏差大，说明测定结果精密度低，测定结果不可靠。与误差相似，偏差也有绝对偏差和相对偏差。设一组测量值为 X_1、X_2、$\cdots$、X_n，其算术平均值为 X_p，单次测量值为 X_i，其偏差可表示为

绝对偏差：　　　　　　$d_i = X_i - X_p$ 　　　　　(1-3)

相对偏差：　　　　　　$d_r = \frac{d_i}{X_p} \times 100\%$ 　　　　　(1-4)

由于在几次平行测定中各次测定的偏差有负有正，有些还可能是零，因此为了说明分析结果的精密度，通常以单次测量偏差绝对值的平均值，即平均偏差表示 d_p 表示其精密度。

$$d_p = \frac{|d_1| + |d_2| + \cdots + |d_n|}{n} \tag{1-5}$$

测量结果的相对平均偏差为：

$$d_{rp} = \frac{d_p}{x_p} \times 100\% \tag{1-6}$$

（3）标准偏差　标准偏差又称为方根偏差（S），其数学表达式为

$$S = \sqrt{\frac{\sum (X_i - X_p)^2}{n-1}} \tag{1-7}$$

标准偏差与算术平均值的绝对值之比称为相对标准偏差（RSD），又称为变异系数或变动系数（CV），通常以百分数表示。其计算式为

$$CV = \frac{S}{|X_p|} \times 100\% \tag{1-8}$$

用标准偏差表示精密度比用平均偏差表示更合理。因为单次测定值的偏差经平方以后，较大的偏差就能显著地被反映出来。所以在生产和科研的分析报告中，常用标准偏差表示分析结果的精密度。

4. 准确度和精密度两者之间的关系

在对一组平行测定结果进行评价时，要同时检测其准确度和精密度。例如，甲、乙、丙三人同时测定铁矿石中 Fe_2O_3 的含量（真实含量以质量分数表示为 0.5036），各分析四次，测定结果见表 1-1。

表 1-1　铁矿石中 Fe_2O_3 的质量分数测定结果

样品	1	2	3	4	平均值
甲	50.30%	50.30%	50.28%	50.29%	50.29%
乙	50.40%	50.30%	50.25%	50.23%	50.30%
丙	50.36%	50.35%	50.34%	50.33%	50.35%

由表 1-1 可看出，甲分析结果的精密度很好，但平均值与真实值相差较大，说明准确度低；乙分析结果的精密度不高，准确度也不高；只有丙分析结果的精密度和准确度都比较高。所以，精密度高的准确度不一定就高，但准确度高的精密度一定要高。如果一组数据的精密度很差，那么也就失去了衡量准确度的前提。

5. 极差

同一水样，几次平行测量数据中，最大值（X_{max}）与最小值（X_{min}）之差称为极差（或称允许差），用字母 R 表示。

$$R = X_{max} - X_{min} \tag{1-9}$$

二、分析结果的报告

不同的分析任务，对分析结果准确度的要求不同。平行测定的次数不同，分析结果的报告也不同。

1. 例行分析

在例行分析中，一般一个试样做两次平行测定。如果两次分析结果之差不超过双面公差（即公差的 2 倍），则取平均值报告分析结果；如果超过双面公差，则需再做一份分析，最后取两个差值小于双面公差的数据，以平均值报告分析结果。

2. 多次测量

对于多次测量，通常用两种方式报告分析结果：一种是采用测量值的算术平均值及算术平均偏差，另一种是采用测量值的算术平均值及标准偏差。

三、误差的来源及避免方法

在定量分析中，对于各种原因导致的误差，根据其性质的不同，可以将其区分为系统误差与随机误差两大类。

1. 系统误差

（1）仪器误差　仪器、器量不准（如移液管的刻度不准确、分析天平所用的砝码未经校正等）所引起的误差。

（2）试剂误差　所使用的试剂纯度不够（如试剂不纯、蒸馏水中含微量待测组分等）引起的误差。

（3）方法误差　分析方法本身的缺陷（如在称量分析中选择的沉淀形式，其溶解度较大或称量形式不稳定等）引起的误差。

（4）操作误差　操作者的主观因素（如滴定终点颜色的辨别经常偏深或过浅）造成的误差。

2. 随机误差

随机误差（又称为偶然误差）是由于测量过程中许多因素随机作用而形成的具有抵偿性的误差。例如，环境温度、压力、湿度、仪器的微小变化、分析人员对各份试样处理时的微小差别等，这些不确定的因素都会引起随机误差。随机误差是不可避免的，即使是优秀的分析人员，很仔细地对同一试样进行多次测定，也不可能得到完全一致的分析结果，而是有高有低。随机误差产生的确定原因不易被找出，似乎没有规律性，但如果进行多次测定，就会发现测定数据的分布符合一般的统计规律。

随机误差的大小决定分析结果的精密度。在消除了系统误差的前提下，如果严格操作，增加测定次数，分析结果的算术平均值就趋近于真实值。也就是说，采用"多次测定，取平均值"的方法可以减小随机误差。

在定量分析中，除系统误差和随机误差外，还有一类"过失"误差，即操作者粗心大意，不遵守操作规程所造成的差错。例如，溶液溅失、沉淀穿滤、加错试剂、读错刻度、记录和计算错误等，往往使分析结果有较大的误差。这种过失误差不能算作随机误差，若证实某测量结果是由过失引起的，则应弃去不用。

3. 误差的避免方法

（1）选择合适的分析方法　各种分析方法的准确度是不相同的。在选择分析方法时，主要根据组分含量对准确度的要求，在可能的条件下选择最佳的分析方法。

（2）增加平行测定次数　由于在消除系统误差的前提下，平行测定次数越多，平均值就越接近真实值，因此增加测定次数可以减小随机误差。但测定次数过多意义不大，一般分析测定，平行 4～6 次即可。

（3）消除测量过程中的系统误差　由于造成系统误差的原因是多方面的，因此根据具体情况，采用下述不同的方法来消除系统误差。

进行对照试验。对照试验是检验系统误差的有效方法。常用已知准确结果的标准试样与被测试样一起进行对照试验，或用其他可靠的分析方法进行对照试验，也可由不同人员、不同单位进行对照试验。

进行空白试验。对由试剂和器皿所带进的杂质造成的系统误差，一般可通过做空白试验来扣除。在不加试样的情况下，用与有试样时同样的操作进行的试验称为空白试验。空白试验所得结果称为空白值。从试样分析结果中扣除空白值后，即可以得到比较可靠的分析结果。

校准仪器。对于仪器不准确引起的系统误差，可以通过校准仪器来减小其影响。例如砝码、移液管和滴定管等，在精确的分析中必须进行校准，并在计算结果时采用校正值。在日常分析工作中，因为仪器出厂时已进行过校准，所以只要妥善保管，通常可以不再进行校准。

校正分析结果。分析过程中的系统误差，有时可采用适当的方法进行校正。例如，在用硫氰酸盐比色法测定钢铁中的钨时，钒的存在将引起正的系统误差。为了扣除钒的影响，可采用校正系数法。根据实验结果，质量分数为0.01的钒相当于质量分数为0.002的钨，即钒的校正系数为0.2（校正系数因实验条件不同而略有变化）。因此，在测得试样中钒的含量后，利用校正系数，即可由钨的测定结果中扣除钒的测定结果，从而得倒钨的正确结果。

四、有效数字及其运算规则

在分析检验中，为了得到准确的分析结果，不仅要准确地进行各种测量，而且还要正确地进行记录和计算。分析结果所表达的不仅仅是试样中待测组分的含量，而且还反映了测量的准确程度。因此，在实验数据的记录和结果的计算中，数据有效位数的保留不是任意的，而是要根据测量仪器、分析方法的准确度来决定，这就涉及有效数字的概念。

1. 有效数字

任何测量工作，不论仪器多么精密，操作多么严格、熟练，所得的也都是近似值。对于测量所得的近似值，只允许最后一位数字是可疑的、不可靠的，称为可疑数字。在一个测量值中，可疑数字只有一位，其位置在测量值的最后。测量值的有效数字是由多个准确值和一个可疑数值组成的。

在实际工作中，所有测量、记录、计算所得的数值，都应该是、必须是有效数字。或者说，该数值中的数字，除最末一位是可疑的外，其余的都应是准确的。例如，用分析天平称量物质，应测准并记录到万分之一克，如0.8105g、1.0000g；用50mL滴定管量取液体体积，应量准并记录到百分之一毫升，如27.16mL、15.00mL。有效数字的位数由所使用的仪器决定，不能任意增加或减少。下列是一组数据的有效数字位数：

2.1	1.0	两位有效数字
1.98	0.0382	三位有效数字
18.79%	0.7200	四位有效数字
43219	1.0008	五位有效数字
3600	100	有效数字位数不确定

在以上数据中，数字"0"具有不同的意义。在第一个非"0"数字前的所有"0"都不是有效数字，只起定位作用，与精度无关，例如0.0382；而第一个非"0"数字后的所有的"0"都是有效数字，例如：1.0008、0.7200。另外，像3600这样的数字，一般看成四位有效数字，但它可能是两位或三位有效数字。对于这样的情况，应该根据实际情况，分别写成3.6×10^3、3.60×10^3、3.600×10^3较好。

在相关计算中，常会遇到倍数、分数关系，如2、3、$\frac{1}{3}$、$\frac{1}{5}$等。由于其是非测量所得，可视为无限多位有效数字，而对于含有对数的有效数字，例如pH、pKa、lgK等，其位数取决于小数部分的位数，整数部分只说明该数值的方次。例如pH＝9.32为两位有效数字而不是三位。

2. 数值修约规则

按照GB/T 8170—2008《数值修约规则与极限数值的表示和判定》，简而言之就是采用"四舍六入五成双"的原则。

该标准规定：当尾数小于或等于4时则舍，尾数大于或等于6时则入；尾数等于5而后面的数都为0时，5前面为偶数则舍，5前面为奇数则入；尾数等于5而后面还有不为0的任何数字，无论5前面是奇或是偶都入。

例如，将下列数字修约为四位有效数字。

修约前	修约后	修约前	修约后
0.526647	0.5266	250.65000	250.6
0.36266112	0.3627	18.085002	18.09
10.23500	10.24	3517.46	3517

注意：修约数字时只允许一次修约，不能分次修约。如：13.4748→13.47

3. 有效数字运算规则

（1）加减法　先按小数点后位数最少的数据保留其他各数的位数，再进行加减计算，计算结果也使小数点后保留相同的位数。

例如，计算50.1＋1.45＋0.5812时可修约为50.1＋1.4＋0.6＝52.1，先修约，结果相同而计算简洁。

例如，计算12.43＋5.765＋132.812时可修约为12.43＋5.76＋132.81＝151.00。

注意：用计数器计算后，屏幕上显示的是151，但不能直接记录，否则会影响以后的修约；应在数值后添两个0，使小数点后有两位有效数字。

（2）乘除法　先按有效数字最少的数据保留其他各数，再进行乘除运算，计算结果仍保留相同有效数字。

例如，$0.0121 \times 25.64 \times 1.05782$计算后结果为0.3283456，结果仍保留为三位有效数字。记录为：$0.0121 \times 25.6 \times 1.06＝0.328$。

注意：用计算器计算结果后，要按照运算规则对结果进行修约。例：计算$2.5046 \times 2.005 \times 1.52$时计算器计算结果显示为7.6，只有两位有效数字，但抄写时应在数字后加一个0，保留三位有效数字，即$2.50 \times 2.00 \times 1.52＝7.60$。

（3）乘方和开方　一个数据乘方和开方的结果，其有效数字的位数与原数据的有效数字位数相同。如：$6.83^2＝46.6489$，修约为46.6。

（4）对数　在对数运算中，所得结果的小数点后位数（不包括首数）应与真数的有效数字位数相同。

（5）非测量值　常数（如 π、e 等）和系数、倍数等非测量值，可认为其有效数字位数是无限的。在运算中可根据需要取任意位数都可以，不影响运算结果。如：某质量的 2 倍，可写为 $0.124(g) \times 2 = 0.248(g)$，结果取三位有效数字。

求四个或四个以上测量数据的平均值时，其结果的有效数字的位数增加一位。误差和偏差的有效数字最多只取两位，但运算过程中先不修约，最后修约到要求的位数。

4. 有效数字的使用

有效数字的保留位数与测量方法及仪器的准确度有关。使用有效数字时，应注意以下几点。

① 记录测量所得数据时，应当也只允许保留一位可疑数字，即不允许增加位数，也不允许减少位数。例如，化验中称量质量和测量体积，获得如下数字，其意义是有所不同的。11.5000g，是六位有效数字，这不仅表明试样的质量为 11.5000g，还表示称量误差在 ±0.0001g，是用分析天平称量的。如将其记录成 11.50g 则表示该试样是在台秤上称量的，其称量误差 ±0.01g。

② 有效数字位数确定以后，应按数字修约规则进行修约。

③ 几个数相加减时，以绝对误差最大的数为标准，使所得数只有一位可疑数字。几个数相乘时，一般以有效数字位数最少的数为标准，弃去过多的位数，然后进行乘除。在计算过程中，为了提高计算结果的可靠性，可以暂时多保留一位数字。但是，在得到最后结果时，一定要注意弃去多余的位数。

④ 对于高含量组分（质量分数＞0.1），一般要求分析结果保留四位有效数字；对于中含量组分（质量分数为 0.01～0.1），一般要求分析结果保留三位有效数字；对于微量组分（质量分数＜0.01），一般要求保留两位有效数字。通常以此为标准，报告分析结果。

⑤ 在分析化学的许多计算中，当涉及各种常数时，一般视为准确的、不考虑其有效数字的位数。对于各种误差的计算，一般只要求保留两位有效数字。对于各种化学平衡的计算，可根据具体情况，保留两位或三位有效数字。

五、水分析报告

1. 一般溶液浓度的表示方法

（1）物质的量浓度　1m³ 溶液中含有溶质物质的量。常用单位为 mol/L。

$c(NaOH) = 1mol/L$，即每升含 40gNaOH。

$c\left(\frac{1}{2}H_2SO_4\right) = 1mol/L$，即每升含 49gH$_2SO_4$。

$c(H_2SO_4) = 1mol/L$，即每升含 98gH$_2$SO$_4$。

（2）质量分数　即溶质质量占溶液质量的百分数。

5 克高锰酸钾溶液，即把 5g 高锰酸钾溶解在 95g 水中。

5％高锰酸钾溶液，即把 5g 高锰酸钾溶于水，稀至 100mL。

（3）体积分数　100 分体积溶液中所含溶质的体积分数。

36％醋酸，即量取 36mL 醋酸，加水稀至 100mL 即成。

（4）体积比例表示法 常用 a＋b 或 a∶b 表示。a 为溶质，b 为溶剂。

（1＋5）盐酸表示 1 份体积的盐酸溶于 5 份体积的水中。

（5）质量比例表示法 6∶4 的碳酸钠与碳酸钾的混合试剂，是由 6g 碳酸钠和 4g 碳酸钾混合而成。

（6）滴定度表示法 用每毫升溶液所滴定被测物质的质量（g）表示（符号为 T）。

2. 校准曲线

校准曲线包括标准曲线和工作曲线，前者用标准溶液直接测量，没有经过水样的预处理过程，后者所使用的标准溶液经过了与水样相同的消解、净化、测量等过程。

（1）校准曲线的绘制

① 标准溶液一般可直接测定，但如试样的预处理复杂致使污染或损失不可忽略时，应和试样同样处理后测定。

② 校准曲线的斜率常随环境温度、试剂和贮藏时间等实验条件的改变而变动。在测定试样时绘制校准曲线最为理想。

（2）校准曲线的检验

① 线性检验：即检验校准曲线的精密度。对 4～6 个浓度单位所获得的测量信号值绘制的校准曲线，分光光度法一般要求其相关系数 $R^2 \geq 0.9990$，否则应找出原因重新绘制。

② 截距检验：即检验曲线的准确度，在线性检验合格的基础上，对其进行线性回归，得出方程 $Y=bx+a$ 然后将所得的截距 a 与 0 作 t 检验，当取 95％置信水平，检验无显著性差异时，a 可作 0 处理，方程简化为 $y=bx$，移项得 $x=y/b$。

当 a 与 0 有显著差异时，表示校准曲线回归方程的准确度不高，应找出原因予以校正。

③ 斜率检验：即检验分析方法的灵敏度，方法的灵敏度是随实验条件而改变的。在完全相同的条件下，仅由于随机操作误差所导致的斜率变化不应超出一定的允许范围。

六、纯水和特殊要求的水

1. 实验室纯水的质量要求

配制试剂、分析操作、洗涤仪器、稀释水样以及做空白试验所使用的试剂水，根据 GB/T 6682—2008 规定，实验室分析用水分为三个等级。

一级试剂水。质量要求：电导率（25℃）小于 $0.1\mu S/cm$，高锰酸钾试验合格。制备要点：蒸馏水→阴、阳离子交换复床→阴、阳离子交换混合床。根据要求，还可以加接一个深度再生阳床或阴床交换柱。

二级试剂水。质量要求：电导率（25℃）小于 $1\mu S/cm$，高锰酸钾试验合格。制备要点：蒸馏水→阴、阳离子交换复床。

三级试剂水。质量要求：电导率（25℃）小于 $5\mu S/cm$，高锰酸钾试验合格。制备要点：蒸馏水→再次蒸馏。

高锰酸钾试验按如下方法进行：取 500mL 试剂水，加 0.002mol/L 高锰酸钾 0.2mL，加硫酸溶液（1＋1）2mL 混匀，放置 1h 以上不褪色即为合格。若溶液中含有微量有机物不影响测定，高锰酸钾不褪色时间可缩短为 10min 即为合格。

一级试剂水供微量成分（即 b 级）测定使用。一级试剂水不可贮存，仅可在使用前制备。二、三级试剂水供一般分析测定使用。规程中有特殊要求者不在此限。

2. 影响纯水质量的因素

在实验室中制取的纯水，不难达到纯度指标。一经放置，特别是接触空气，电导率会迅速下降。例如用钼酸铵法测磷或纳氏试剂测氨氮，无论是蒸馏水还是离子交换水，只要新制取的纯水都适用。一旦放置，空白便显著增高，这主要来自空气和容器的污染。

玻璃容器盛装纯水可导致某些金属或硅酸盐溶出，有机物较少。聚乙烯容器所溶出的无机物较少，但有机物多。

3. 特殊要求的用水

无氨水：向水中加入硫酸调节至 pH 小于 2，使水中各种形态的氨或胺最终转变成不挥发的盐类，蒸馏，收集馏出液即得。

无二氧化碳水：将蒸馏水或去离子水煮沸至少 10min，使水量蒸发 10% 以上，加盖放冷即可。

七、常用术语

滴定法中的标准溶液的标定，除特别说明外，一般需符合下列要求：平行进行三份标定，取三次标定结果的平均值；若极差值超过 0.1mL 时，应重新标定。

重量法中"称量恒重"一语，是指先后两次烘干或灼烧后称量之差正负不超过 0.4mg。

方法中未注明含量的酸或氨水，即指市售分析纯浓酸或浓氨水。如"盐酸"是指市售分析纯浓盐酸（$\rho = 1.19\text{g/mL}$）。

方法中的"过滤"，除特别说明外，是指用中速定性滤纸进行过滤。

分析所用试剂，除特别注明者外，均为"分析纯"。

试剂加入量一般以 mL 表示。如以滴数表示者，其加入量应按在常温下每 20 滴相当于 1mL 计算。

重复性的定性定义：用相同的方法，同一试验材料，在相同的条件下获得的一系列结果之间的一致程度。相同的条件指同一操作者、同一设备、同一实验室和短暂的时间间隔。定量定义：指一个数值，在上述条件下得到的两次试验结果之差的绝对值以某个指定的概率低于这个数值。除非另外指出，一般指定的概率为 0.95（ISO 定义）。

再现性的定性定义：用相同的方法，同一试验材料，在不同的条件下获得的单个结果之间的一致程度。不同的条件指不同操作者、不同设备、不同实验室、不同或相同的时间。

定量定义：指一个数值，用相同的方法，同一试验材料，在上述的不同条件下得到的两次试验结果之差的绝对值以某个指定的概率低于这个数值。除非另外指出，一般指定的概率为 0.95（ISO 定义）。

标准室温，是指温度为 13℃±1℃。常温，是指温度为 15℃。热水，是指温度在 60℃以上的水。温水，是指温度在 40～60℃的水。冷水，是指温度在 15℃以下的水。

 拓展阅读

工业用水的水质要求

工业用水的水质应满足生产用途的需要，保证产品的质量，同时不会产生副作用，造成生

产故障，损害技术设备，所以不同的工业用水对水质提出多方面的要求，规定出一定的水质指标。

规定往往不是由国家部门正式颁发的规范，而只是一些参考性质的技术数据，结合具体情况在使用中予以限制。

1. 原料用水

主要指饮料、食品制造工业、电解水、医药、药剂制造工业等。

饮料、食品制造工业的水质要求基本与生活饮用水相同，也有特殊要求。

酿酒工业：考虑微生物对发酵过程的影响，钙镁作为营养料应有一定量，Cl^- 促进糖化作用，其含量为 50mg/L 左右，NO_2^- 的含量在 0.2mg/L 以下，NO_3^- 的含量在 5～25mg/L。

电解水、医药、药剂制造工业要求水中含盐量低，铁锰尽量低，最好是纯水。

2. 产品工艺用水

轻工业和化学工业：制糖、造纸、纺织、染色、人造纤维、有机合成等工业的生产过程中，水本身并不进入最终产物，但其所含成分可能进入产品影响产品质量。

制糖用水要求尽量少含有机物、含氮化合物、细菌等；精制糖常用纯水；造纸用水对不同级别的纸有不同的水质要求，浑浊度、色度、铁锰及钙镁含量会影响纸的光洁度和颜色，氯化物和含盐量影响纸的吸湿性；纺织染色工业对硬度和含铁量要求较高，生成的沉积物会减弱纤维的强度，使染料分解变质，色泽鲜明度降低。

3. 生产过程用水

不直接进入产品，只是一般接触或清洗表面，大多对产品质量影响不大。这类用水没有共同的水质要求，视具体用途提出不同标准。

油田注水：无沉积物，不致堵塞油层。

电镀清洗用水：在金属表面没有沉积生成斑点，要求硬度、金属离子含量、固体盐类含量尽量低。

4. 锅炉动力用水

按锅炉的压力和温度提出不同的要求。对硬度要求较高，否则易生成水垢；水中的溶解氧会造成设备腐蚀；油脂会产生泡沫和促进沉垢；水中的游离 CO_2、pH、含盐量、碱度、Cl^-、SiO_2 等与结垢、腐蚀、泡沫等有关。

锅炉用水通常包括天然水、澄清水、软化水、离子交换水、除盐水、锅炉给水等。

工业锅炉：以蒸汽作热源或一般动力，多为中低压锅炉，对水质要求较低。

电站锅炉：以蒸汽驱动汽轮机，多为高压甚至超高压，同时要考虑蒸汽对汽轮机的沉积结垢和腐蚀问题，对水质要求十分严格。

5. 冷却用水

基本要求：水温尽可能低，不随气候剧烈变化；不产生水垢、泥垢等堵塞管路；对金属无腐蚀性；不繁殖微生物和生物等。

无统一的标准，一般应考虑藻类、微生物、悬浮物、硬度、盐类、溶解气体、有机物、酸、油脂等项目。

6. 纯水和超纯水

纯水是指进行一定深度除盐处理的水，一般包括除盐水、纯水和超纯水。

纯水又称去离子水或深度除盐水，含盐量降到 1.0mg/L 以下，电导率降低到 $0.1～1\mu\Omega/cm$；超纯水或高纯水，是在进一步除盐外，还把水中的气体、胶体、有机物、细菌等各种杂质都去除到最低限度，含盐量降到 0.1mg/L 以下，电导率降低到 $0.1\mu\Omega/cm$ 以下。

思考题

各行业对水质的要求，你知道吗？

 拓展实践

1. 简述工业废水概念及其主要特征。

2. 简述评价水体污染的指标。

3. 水质分析方法的分类是什么？

4. 解释下列名词：

真值、准确度、精密度、误差、偏差、系统误差、随机误差。

5. 指出下列数据的有效数字的位数：

1.8904、3.500、0.004583、0.8700、4.98×10⁴、pH＝4.56

6. 下列情况各引起什么误差？如果是系统误差，则如何消除？

(1) 砝码被腐蚀。

(2) 称量时，试样吸收了空气中的水。

(3) 天平零点稍有变动。

(4) 读取滴定管读数时，最后一位数字估测不准。

(5) 用分析纯碳酸钠作为基准物标定盐酸溶液。

(6) 试剂中含有被测物质。

第二章

水样的采集、保存和预处理

知识目标

了解水样的类型；熟悉各类水样的采集；熟悉水样运输注意事项；了解引起水样变化的原因。

技能目标

能独立进行水样的保存；能进行常规水样的预处理。

素质目标

培养高度的社会责任感和终身学习的能力。

项目一　水样的采集

案例导入

2023 年 6 月武汉市城区和县级集中式生活饮用水水源水质状况报告

一、监测情况

2023 年 6 月，我市对 9 处地级以上城市集中式生活饮用水水源地和 9 处县级集中式生活饮用水水源地开展了一次水质手工监测。

（一）监测点位

18 处集中式生活饮用水水源地均为河流型地表水水源地，在水厂取水口上游 100 米附近处设置监测断面，采样深度为水面下 0.5 米处。

（二）监测项目

地级以上城市集中式生活饮用水水源地水质监测项目为《地表水环境质量标准》（GB 3838—2002）中 33 项优选项目共 61 项指标，并统计取水量。

县级集中式生活饮用水水源地水质监测项目为《地表水环境质量标准》（GB 3838—2002）共 28 项指标，并统计取水量。

二、评价标准及方法

评价标准执行《地表水环境质量标准》（GB 3838—2002）表中Ⅲ类标准限值。按照《地表水环境质量评价办法（试行）》（环办〔2011〕22 号）进行水质类别评价。

三、评价结果

本月监测结果显示，18 处集中式生活饮用水水源地水质均达标（达到或优于Ⅲ类标准），达标率为 100%。除汉江宗关水厂、汉江琴断口水厂、汉江白鹤嘴水厂、长江堤角水厂、滠水前川水厂和举水长源自来水公司水源地水质为Ⅲ类之外，其余 12 个水源地水质均达到Ⅱ类标准。

 案例分析

水质分析的一般过程包括采集水样、预处理、依次分析、结果计算与整理、分析结果的质量审查。显然，水样的采集直接关系到水质分析结果的可靠性。

 知识链接

一、水样的类型

1. 瞬时水样

瞬时水样是指在某一时间和地点从水体中随机采集的分散水样。当水体水质稳定，或其组分在相当长的时间或相当大的空间范围内变化不大时，瞬时水样具有很好的代表性；当水体组分及含量随时间和空间变化时，就应隔时、多点采集瞬时水样，分别进行分析，摸清水质的变化规律。

2. 混合水样

等时混合水样：指在某一时段内，在同一采样点于不同时间所采集的瞬时水样的混合水样，有时称"时间混合水样"，以与其他混合水样相区别。这种水样在观察平均浓度时非常有用，但不适用于被测组分在贮存过程中发生明显变化的水样。

等比例混合水样：指在某一时段内，在同一采样点所采水样量随时间或流量成比例的混合水样。可使用专用流量比例采样器采集这种水样。

3. 综合水样

把不同采样点同时采集的各个瞬时水样混合后所得到的样品称为综合水样。这种水样在某些情况下更具有实际意义。例如，当为几条排污河、渠建立综合处理厂时，以综合水样取得的水质参数作为设计的依据更为合理。

4. 平均水样

对于周期性差别很大的水体，按一定的时间间隔分别采样。对于性质稳定的待测项目，可对分别采集到的样品进行混合后一次测定；对于不稳定的待测项目，可在分别采样、分别测定后，取结果平均值为代表。

5. 其他水样

例如水污染事故的调查等。采集这类水样时，需根据污染物进入水体的位置和扩散方向布点采集瞬时水样。

二、采样方案

采样方案包括采样单元数、样品量、时间、地点、具体位置、频次、方法、步骤、使用的工具、水样容器的洗涤、样品保存方法等。有现场测定项目任务时，还应了解有关现场测定技术。同时还要考虑采样人员和分工、交通工具及安全保证的措施等。

三、采样器材与现场测定仪器的准备

1. 容器的准备

通常使用的容器有聚乙烯塑料容器和硬质玻璃容器。塑料容器常用于金属和无机物的分析项目，玻璃容器常用于有机物和生物等的分析项目，惰性材料常用于特殊分析项目。目的是避免引入干扰成分，因为各类材质与水样发生如下作用。

① 容器材质可溶于水样，如从塑料容器溶解下来的有机质和从玻璃容器溶解下来的钠、硅和硼。

② 容器材质可吸附水样中某些成分，如玻璃吸附痕量金属，塑料吸附有机质和痕量金属。

③ 水样与容器直接发生化学反应，如水样中的氟化物与玻璃容器间的反应等。

容器在使用前必须经过洗涤。盛装测金属类水样的容器，先用洗涤剂清洗，自来水冲洗，再用 10％的盐酸或硝酸浸泡 8h，用自来水冲洗，最后用蒸馏水清洗干净。

2. 采样器的准备

采样器由于与水接触，其材质常采用聚乙烯塑料、有机玻璃、硬质玻璃和金属铜、铁等。清洗时，先用自来水冲去灰尘等杂物，用洗涤剂去除油污，经自来水冲洗后，再用 10％的盐酸或硝酸洗刷，再用自来水冲洗干净备用。

采样器的一般洗涤方法及所需水样保存方法和保存时间见表 2-1。水样装入采样器后，应立即按表 2-1 的要求加入保存剂并保存。需要带到现场测定的仪器，要做好防震、防潮包装，玻璃器皿要做好防破碎包装，标准溶液、去离子水、电极等辅助用品要备足。采样人员对带到现场的测定仪器应熟悉操作规程并能独立操作。

表 2-1　水样保存方法和保存时间、采样器的材质及洗涤

测定项目	容器材质	保存方法	保存期	容器洗涤
浊度*	P 或 G	4℃,暗处	24h	I
色度*	P 或 G	4℃	48h	I
pH*	P 或 G	4℃	12h	I
电导*	P 或 G	4℃	24h	I
悬浮物	P 或 G	4℃,避光	7d	I
碱度	P 或 G	4℃	24h	I
酸度	P 或 G	4℃	24h	I
高锰酸盐指数	G	加 H_2SO_4,使 pH<2,4℃	48h	I
COD	G	加 H_2SO_4,使 pH<2,4℃	48h	I

测定项目	容器材质	保存方法	保存期	容器洗涤
BOD$_5$	G	4℃,避光	6h	Ⅰ
DO*	G	加 MnSO$_4$、碱性 KI-NaN$_3$ 溶液固定,4℃,暗处	24h	Ⅰ
TOC	G	加硫酸,使 pH<2,4℃	7d	Ⅰ
氟化物	P	4℃,避光	14d	Ⅰ
氯化物	P 或 G	同上	30d	Ⅰ
氰化物	P	加 NaOH,使 pH>12,4℃,暗处	24h	Ⅰ
硫化物	P 或 G	加 NaOH 和 Zn(Ac)$_2$ 溶液固定,避光	24h	Ⅰ
硫酸盐	P 或 G	4℃,避光	7d	Ⅰ
正磷酸盐	P 或 G	4℃	24h	Ⅳ
总磷	P 或 G	加 H$_2$SO$_4$,使 pH≤2	24h	Ⅳ
氨氮	P 或 G	加 H$_2$SO$_4$,使 pH<2,4℃	24h	Ⅰ
亚硝酸盐	P 或 G	4℃,避光	24h	Ⅰ
硝酸盐	P 或 G	4℃,避光	24h	Ⅰ
总氮	P 或 G	加 H$_2$SO$_4$,使 pH<2,4℃	24h	Ⅰ
铍	P 或 G	加 HNO$_3$,使 pH<2;污水加至 1%	14d	Ⅲ
铜、锌、铅、镉	P 或 G	加 HNO$_3$,使 pH<2;污水加至 1%	14d	Ⅲ
铬(六价)	P 或 G	加 NaOH 溶液,使 pH 为 8~9	24h	Ⅲ
砷	P 或 G	加 H$_2$SO$_4$,使 pH<2;污水加至 1%	14d	Ⅰ
汞	P 或 G	加 HNO$_3$,使 pH≤1;污水加至 1%	14d	Ⅲ
硒	P 或 G	4℃	24h	Ⅲ
油类	G	加 HCl,使 pH<2,4℃	7d	Ⅱ
挥发性有机物	G	加 HCl,使 pH<2,4℃,避光	24h	Ⅰ
酚类	G	加 H$_3$PO$_4$,使 pH<2,加抗坏血酸,4℃,避光	24h	Ⅰ
硝基苯类	G	加 H$_2$SO$_4$,使 pH 为 1~2,4℃	24h	Ⅰ
农药类	G	加抗坏血酸除余氯,4℃,避光	24h	Ⅰ
除草剂类	G	加抗坏血酸除余氯,4℃,避光	24h	Ⅰ
阴离子表面活剂	P 或 G	4℃,避光	24h	Ⅳ
微生物	G	加 Na$_2$S$_2$O$_3$ 溶液除余氯,4℃	12h	Ⅰ
生物	G	加甲醛固定,4℃	12h	Ⅰ

注:① G 为硬质玻璃瓶,P 为聚乙烯瓶(桶)。

② *表示应尽量作现场测定。

③ Ⅰ、Ⅱ、Ⅲ、Ⅳ表示四种洗涤方法,如下。

Ⅰ:洗涤剂洗一次,自来水洗三次,蒸馏水洗一次;

Ⅱ:洗涤剂洗一次,自来水洗两次,(1+3) HNO$_3$ 荡洗一次,自来水洗三次,蒸馏水洗一次;

Ⅲ:洗涤剂洗一次,自来水洗两次,(1+3) HNO$_3$ 荡洗一次,自来水洗三次,去离子水洗一次;

Ⅳ:铬酸洗液洗一次,自来水洗三次,蒸馏水洗一次。

如果采集污水样品可省去用蒸馏水、去离子水清洗的步骤。

④ 经160℃干热灭菌2h的微生物、生物采样容器,必须在两周内使用,否则应重新灭菌;经121℃高压蒸汽灭菌15min的采样容器,如不立即使用,应于60℃将瓶内冷凝水烘干,两周内使用。细菌监测项目采样时不能用水样冲洗采样容器,不能采混合水样,应单独采样后2h内送实验室分析。

3. 药品、试剂管理规则

① 将药品根据实验项目或同种盐类(如钾盐、钠盐、铵盐等)进行分类整理,做好记录。

② 药品最好放在阴面通风的房间里，属于一般要求避光的，装在棕色瓶里即可；属于必须避光的，外层黑纸不要去掉。

③ 剧毒或致癌物质（如汞盐、氰化钾、氧化砷、叠氮化合物等）及腐蚀性药品要放在保险柜内，非实验人员不得取用。

④ 易燃或易挥发的溶剂不准用明火加热，可用水浴加热；不准在敞口容器中加热或蒸发；溶剂存放或使用地点距明火至少 3 米。

⑤ 某些强氧化剂如硝酸钾、硝酸铵、高氯酸（也属强腐蚀剂）、高氯酸钾（钠）、过硫酸盐等严禁与还原性物质如有机酸、木屑、硫化物、糖类等接触。

⑥ 药品取用要坚持"只出不进"的原则，以免污染药品。药品用完后放回原处，以便下次使用。

⑦ 药品选用要根据用途，在分析监测中，除特殊规定外，一般选用分析纯。

⑧ 试剂规格如下：

优级纯，G.R.，绿色，适用于精确分析和研究；

分析纯，A.R.，红色，适用于一般分析和科研；

化学纯，C.P.，蓝色，适用于工业分析；

医用试剂，L.R.，蓝棕色，适用于一般化学实验；

生物试剂，B.R. 或 C.R.，黄色，适用于生物化学检验；

基准试剂，E.P.，适用于标定标准溶液。

⑨ 试液配制要根据用途，按照实验要求选用不同规格的药品，以保证试液质量。

⑩ 试液标签都应标明试液名称、浓度、配制日期、保存期限等。如发现试液有变色、沉淀、分解等现象，则应弃去重配。

⑪ 试剂瓶的磨口塞必须与瓶口密合，以防杂质侵入和溶剂挥发。

⑫ 碱性和浓盐类溶液勿贮于磨口塞玻璃瓶中，以免瓶塞与瓶口固结而不易打开，最好放在聚乙烯瓶中保存。遇光易变质的溶液应贮于棕色瓶中，暗处保存。

4. 玻璃器皿的洗涤

（1）常规洗涤法　对于一般玻璃仪器，用自来水冲洗后，用毛刷蘸取去污粉仔细刷净内外表面，尤其注意磨砂部分，然后用自来水冲洗 3～5 次，再用蒸馏水冲洗 3 次。洗净的玻璃仪器表面不挂水珠。

刷洗的玻璃仪器，可根据污垢的性质选择不同的洗液进行浸泡或共煮，再用水洗净。

（2）特殊的清洁要求　在某些实验中对玻璃仪器有特殊的清洁要求，如分光光度计上的比色皿，在用于测定有机物后，应以有机溶剂洗涤，必要时可用硝酸浸洗。

（3）洗涤液的配制

① 强酸性氧化剂洗液：将 20g 重铬酸钾（化学纯）溶于 40mL 热水中，冷却后，边搅拌边缓缓加入 360mL 浓硫酸（注意不能将重铬酸钾加入浓硫酸中）。冷却后，倒入磨口瓶中保存。溶液变绿时，不宜再用。

② 碱性乙醇洗液：将 25g 氢氧化钾溶于少量水中，再用乙醇稀释至 1L。此溶液也适于洗涤玻璃器皿上的油污。

③ 纯酸洗液：1＋1 的盐酸（硫酸、硝酸）对玻璃仪器进行浸泡。

（4）实验室中常用的洗涤用品　有肥皂、洗衣粉、去污粉等。

四、地表水样的采集

1. 采样前的准备

采样前，要根据监测项目的性质和采样方法的要求，选择适宜材质的盛水容器和采样器，并清洗干净。此外，还需准备好交通工具。交通工具常使用船只。对采样器具的材质要求化学性能稳定，大小和形状适宜，不吸附待测组分，容易清洗并可反复使用。

2. 采样方法和采样器（或采水器）

在河流、湖泊、水库、海洋中采样，常乘监测船或采样船、手划船等交通工具到采样点采集，也可涉水和在桥上采集。

采集表层水水样时，可用适当的容器如塑料桶等直接采取。

采集深层水水样时，可用简易采水器、深层采水器、采水泵、自动采水器等。

图2-1为一种简易采水器，将其沉降至所需深度（可从提绳上的标度看出），上提提绳打开瓶塞，待水充满采样瓶后提出。图2-2是一种用于急流水的采水器，它是将一根长钢管固定在铁框上，管内装一根橡胶管，胶管上部用夹子夹紧，下部与瓶塞上的短玻璃管相连，瓶塞上另有一长玻璃管通至采样瓶近底处。采样前塞紧橡胶塞，然后沿船身垂直伸入要求水深处，打开上部橡胶管夹，水样即沿长玻璃管流入样品瓶中，瓶内空气由短玻璃管沿橡胶管排出。这样采集的水样也可用于测定水中溶解性气体，因为它是与空气隔绝的。还有各种深层采水器和自动采水器，如HGM-2型有机玻璃采水器，778型、806型自动采水器。图2-3是一种机械（泵）式采水器，它借助泵通过采水管抽吸预定水层的水样。

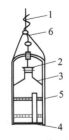 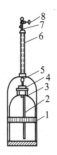

图2-1　简易采水器　　　　　　　　　　　　图2-2　急流采水器

1—绳子；2—带有软绳的橡胶塞；3—采样瓶；　　　1—铁框；2—长玻璃管；3—采样瓶；4—橡胶塞；
　　4—铅锤；5—铁框；6—挂钩　　　　　　　　5—短玻璃管；6—钢管；7—橡胶管；8—夹子

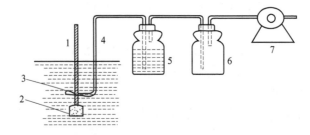

图2-3　机械（泵）式采水器

1—细绳；2—重锤；3—采样头；4—采样管；5—采样瓶；6—安全瓶；7—泵

3. 分析监测断面和采样点的设置

（1）基础资料的收集 在设置分析监测断面之前，应尽可能完备地收集待监测水体及所在区域的有关资料，主要有：

① 水体的水文、气候、地质和地貌资料。如水位、水量、流速及流向的变化，降雨量、蒸发量及历史上的水情，河流的宽度、深度、河床结构及地质状况，湖泊沉积物的特性、间温层分布、等深线等。

② 水体沿岸城市分布、工业布局、污染源及其排污情况、城市给排水情况等。

③ 水体沿岸的资源现状和水资源的用途，饮用水源分布和重点水源保护区，水体流域土地功能及近期使用计划等。

④ 历年水质监测资料。

（2）设置原则

① 在对调查研究结果和有关资料进行综合分析的基础上，根据水体尺度范围，考虑代表性、可控性及经济性等因素，确定断面类型和采样点数量，并不断优化。

② 有大量废（污）水排入江河的主要居民区、工业区的上游和下游，支流与干流汇合处，入海河流河口及受潮汐影响河段，国际河流出入国境线出入口，湖泊、水库出入口，应设置监测断面。

③ 饮用水源地和流经主要风景游览区、自然保护区、与水质有关的地方病发病区、严重水土流失区及地球化学异常区的水域或河段，应设置监测断面。

④ 监测断面位置避开死水区、回水区、排污口处，尽量选择水流动平稳、水面宽阔、无浅滩的顺直河段。

⑤ 监测断面应尽可能与水文测量断面一致，要求有明显岸边标志。

（3）河流分析监测断面的布设 为评价完整江河水系的水质，需要设置背景断面、对照断面、控制断面和削减断面；对于某一河段，只需设置对照、控制和削减（或过境）三种断面。

① 背景断面：设在基本上未受人类活动影响的河段，用于评价一完整水系的污染程度。

② 对照断面：为了解流入监测河段前的水体水质状况而设置。这种断面应设在河流进入城市或工业区以前的地方，避开各种废水、污水流入或回流处。一个河段一般只设一个对照断面。有主要支流时可酌情增加。

③ 控制断面：为评价监测河段两岸污染源对水体水质影响而设置。控制断面的数目应根据城市的工业布局和排污口分布情况而定，设在排污区（口）下游，污水与河水基本混匀处。在流经特殊要求地区（如饮用水源地、风景游览区等）的河段上也应设置控制断面。

④ 削减断面：是指河流受纳废水和污水后，经稀释扩散和自净作用，使污染物浓度显著降低的断面，通常设在城市或工业区最后一个排污口下游 1500m 以外的河段上。

另外，有时为特定的环境管理需要，如定量化考核、监视饮用水源和流域污染源限期达标排放等，还要设管理断面。

（4）湖泊、水库监测垂线（或断面）的布设 湖泊、水库通常只设监测垂线，当水体复杂时，可参照河流的有关规定设置监测断面。

① 在湖（库）的不同水域，如进水区、出水区、深水区、湖心区、岸边区、按照水体类别和功能设置监测垂线。

② 湖（库）区若无明显功能区别，可用网格法均匀设置监测垂线，其垂线数根据湖（库）面积、湖内形成环流的水团数及入湖（库）河流数等因素酌情确定。

（5）海洋监测垂线（或断面）的布设 根据污染物在较大面积海域分布的不均匀性和局部海域的相对均匀性的时空特征，在调查研究的基础上，运用统计方法将监测海域划分为污染区、过渡区和对照区，在三类区域分别设置适量监测断面和采样垂线。

（6）采样点位的确定 设置监测断面后，应根据水面的宽度确定断面上的采样垂线，再根据采样垂线处水深确定采样点的数目和位置。

对于江、河水系，当水面宽小于或等于 50m 时，只设一条中泓垂线；水面宽 50～100m 时，在左右近岸有明显水流处各设一条垂线；水面宽大于 100m 时，设左、中、右三条垂线（中泓及左、右近岸有明显水流处），如证明断面水质均匀时，可仅设中泓垂线。

在一条垂线上，当水深小于或等于 5m 时，只在水面下 0.5m 处设一个采样点；水深不足 1m 时，在 $\frac{1}{2}$ 水深处设采样点；水深 5～10m 时，在水面下 0.5m 处和水底以上 0.5m 处各设一个采样点；水深大于 10m 时，设三个采样点，即水面下 0.5m 处、水底以上 0.5m 处及 $\frac{1}{2}$ 水深处各设一个采样点。

湖泊、水库监测垂线上采样点的布设与河流相同，但如果存在温度分层现象，应先测定不同水深处的水温、溶解氧等参数，确定分层情况后，再决定垂线上的采样点位和数目，一般除在水面下 0.5m 处和水底以上 0.5m 处设点外，还要在每一斜温分层 $\frac{1}{2}$ 处设点。

海域的采样点也根据水深分层设置，如水深 50～100m，在表层、10m 层、50m 层和底层设采样点。

监测断面和采样点位确定后，其所在位置应有固定的天然标志物；如果没有天然标志物，则应设置人工标志物，或采样时用定位仪（GPS）定位，使每次采集的样品都取自同一位置，保证其代表性和可比性。

4. 采样时间和采样频率的确定

为使采集的水样能够反映水质在时间和空间上的变化规律，必须合理地安排采样时间和采样频率，我国水质监测规范要求如下：

① 饮用水源地全年采样监测 12 次，采样时间根据具体情况选定。

② 对于较大水系干流和中、小河流，全年采样监测次数不少于 6 次。采样时间为丰水期、枯水期和平水期，每期采样 2 次。流经城市或工业区，污染较重的河流，游览水域，全年采样监测不少于 12 次。采样时间为每月 1 次或视具体情况选定。底质每年枯水期采样监测 1 次。

③ 潮汐河流全年在丰、枯、平水期采样监测，每期采样两天，分别在大潮期和小潮期进行，每次应采集当天涨、退潮水样分别测定。

④ 设有专门监测站的湖泊、水库、每月采样监测 1 次，全年不少于 12 次。其他湖、库全年采样监测 2 次，枯、丰水期各 1 次。有废（污）水排入，污染较重的湖、库应酌情增加采样次数。

⑤ 背景断面每年采样监测 1 次，在污染可能较重的季节进行。

⑥ 排污渠每年采样监测不少于 3 次。

⑦ 海水水质常规监测，每年按丰、平、枯水期或季度采样监测 2～4 次。

五、地下水样的采集

储存在土壤和岩石空隙（孔隙、裂隙、溶隙）中的水统称地下水。地下水埋藏在地层的不同深度，相对地表水而言，其流动性和水质参数的变化比较缓慢。地下水质监测分析方案的制订过程与地表水基本相同。

1. 调查研究和收集资料

① 收集、汇总监测区域的水文、地质、气象等方面的有关资料和以往的监测资料。例如，地质图、剖面图、测绘图、水井的成套参数、含水层、地下水补给、径流和流向，以及温度、湿度、降水量等。

② 调查监测区域内城市发展、工业分布、资源开发和土地利用情况，尤其是地下工程规模、应用等；了解化肥和农药的施用面积和施用量；查清污水灌溉、排污、纳污和地表水污染现状。

③ 测量或查知水位、水深，以确定采水器和泵的类型，所需费用和采样程序。

④ 在完成以上调查的基础上，确定主要污染源和污染物，并根据地区特点与地下水的主要类型把地下水分成若干个水文地质单元。

2. 采样点的布设

由于地质结构复杂，使地下水采样点的布设也变得复杂。地下水一般呈分层流动，侵入地下水的污染物、渗滤液等可沿垂直方向运动，也可沿水平方向运动；同时，各深层地下水（也称承压水）之间也会发生串流现象。因此，布点时不但要掌握污染源分布、类型和污染物扩散条件，还要弄清地下水的分层和流向等情况。通常布设两类采样点，即对照监测井和控制监测井群。监测井可以是新打的，也可利用已有的水井。

对照监测井设在地下水流向的上游不受监测地区污染源影响的地方。

控制监测井设在污染源周围不同位置，特别是地下水流向的下游方向。渗坑、渗井和堆渣区的污染物，在含水层渗透性较大的地方易造成带状污染，此时可沿地下水流向及其垂直方向分别设采样点；在含水层渗透小的地方易造成点状污染，监测井宜设在近污染源处。污灌区等面状污染源易造成块状污染，可采用网格法均匀布点。排污沟等线状污染源，可在其流向两岸适当地段布点。

3. 采样时间和采样频率的确定

对于常规性监测，要求在丰水期和枯水期分别采样测定；有条件的地区根据地方特点，可按四季采样测定；已建立长期观测点的地方可按月采样测定。一般每一采样期至少采样监测一次；对饮用水源监测点，每一采样期应监测两次，其间隔至少 10 天；对于有异常情况的监测井，应酌情增加采样监测次数。

4. 井水

从监测井中采集水样常利用抽水机设备。启动后，先放水数分钟，将积留在管道内的陈旧水排出，然后用采样容器（已预先洗净）接取水样。对于无抽水设备的水井，可选择适合的采水器采集水样，如深层采水器、自动采水器等。

5. 泉水、自来水

对于自喷泉水，在涌水口处直接采样。对于不自喷泉水，用采集井水水样的方法采样。

对于自来水，先将水龙头完全打开，将积存在管道中的陈旧水排出后再采样。

地下水的水质比较稳定，一般采集瞬时水样即能有较好的代表性。

六、工业用水给水水样的采集

给水包括饮用水、河水、井水。由于水源不同，水质也有所不同，但在一定的时间内，它们的组成是均质的。这些水通过普通的管道系统进入工厂，没有特殊的采样情况，要用适当的标志加以区分，以避免搞错采样点。

七、锅炉系统水样的采集

采样装置和采样点的布置应根据锅炉的类型、参数、水质监督的要求（或试验要求）进行设计、制造、安装和布置，以保证采集的水样有充分的代表性。

通常的采样系统用不锈钢制成。采样系统要有完善的结构，能经受住所承受的运转压力和温度。采集除氧水、给水、锅水和疏水等高温水样的取样装置，必须安装冷却器，取样冷却器应有足够的冷却面积，并接在能连续供给足够冷却水量的水源上，以保证水样流量在 $500 \sim 700 \mathrm{mL/min}$。

测定水中某些不稳定成分（如溶解氧、游离二氧化碳等）时，应在现场取样测定，采集方法应按各测定方法中的规定进行。

对于某些分析，如痕量金属，它们可能部分或全部地以颗粒形式存在，在这种情况下应该使用等动力采样探头。

采集有取样冷却器的水样时，应调节冷却水的取样阀门，使水样流量在 $500 \sim 700 \mathrm{mL/min}$，温度在 $30 \sim 40 \mathrm{℃}$ 的范围内，且流速稳定。

八、管道中常温水样的采集

此类水采样点的选择，要根据项目的分析目的及设备运行工艺条件综合考虑确定。采水样时，应先放水数分钟，充分冲洗采样管道，必要时采用变流量冲洗，使积留在水管中的杂质及陈旧水排出，然后再将水样流速调至约 $700 \mathrm{mL/min}$ 取样。采集水样前，应先用水样洗涤采样容器、盛样瓶及塞子 $1 \sim 3$ 次（油类除外）。

九、菌类水样的采集

用于采集菌类水样的采样瓶，要求在灭菌和样品存放期间，其材质不应产生和释放出抑制细菌生存能力或促进繁殖的化学物质。采样瓶在洗涤后，要确保瓶内不得含有任何一种重金属或铬酸盐的残留物。

采样瓶在使用前要灭菌处理。洗涤干净的采样瓶，瓶口用牛皮纸等防潮纸包好，瓶顶和瓶颈处都要包裹好，然后按检验要求进行灭菌处理。

从水龙头采集样品时，不要选用漏水的龙头，水龙头不应有附件，材质要根据实验项目要求进行选择。如铜管可能导致水中铜离子的增加而降低了细菌计数。采水前先将水龙头用酒精灯火焰灼烧灭菌或用 70％ 的酒精溶液消毒水龙头及采样瓶口，然后打开水龙头，放水 3min 以除去水管中的滞留杂质。采样时控制水流速度，容器应放在水龙头的下面对准水龙头（但不能与之接触），小心接入瓶内。

采集池内表面水样时，可握住瓶子底部直接将采样瓶插入水中，距水面约 10～15cm 处，瓶口朝水流方向，使水样灌入瓶内。如果没有水流，可握住瓶子水平前推，直至充满水样为止，采好水样后，迅速盖上瓶盖和包装纸。

采集一定深度的水样时，可使用单层采水器或深层采水器。采样时，将采水器下沉一定深度，扯动挂绳，打开瓶塞，待水灌满后，迅速提出水面，弃去上层水样，盖好瓶盖，并同步测定水深。

在同一采样点进行分层采样时，应自上而下进行，以免不同层次的搅扰，同一采样点与理化监测项目同时采样时，应先采集细菌学检验样品。

十、废（污）水水样的采集

1. 浅层废（污）水

从浅埋排水管、沟道中采样，用采样容器直接采集，也可用长把塑料勺采集。

2. 深层废（污）水

对埋层较深的排水管、沟道，可用深层采水器或固定在负重架内的采样容器，沉入检测井内采样。

3. 自动采样

采用自动采水器可自动采集瞬时水样和混合水样。当废（污）水排放量和水质较稳定时，可采集瞬时水样；当排放量较稳定，水质不稳定时，可采集时间等比例水样；当二者都不稳定时，必须采集流量等比例水样。

十一、水样采集量及标签记载事项

采集水样的数量应满足试验和复核需要。供全分析用的水样不应少于 5L，若水样浑浊时应分装两瓶。供单向分析用的水样采集量见表 2-2。

表 2-2　水样采集量参考表

单位：mL

分析项目	水样采集量	分析项目	水样采集量	分析项目	水样采集量
悬浮物	100	氨氮	400	溴化物	100
色度	50	BOD_5	1000	碘化物	100
嗅	200	油	1000	氰化物	500
浊度	100	有机氯农药	2000	硫酸盐	50
pH	50	酚	1000	硫化物	250
电导率	100	凯氏氮	500	COD	100
金属	1000	硝酸盐氮	100	苯胺类	200
铬	100	亚硝酸盐氮	50	硝基苯	100
硬度	100	硝酸盐	50	砷	100
酸度、碱度	100	氟化物	300	显影剂类	100
溶解氧	300	氯化物	50		

现场采集供分析用的水样，应粘贴标签，注明水样名称、取样方法、取样地点、气候条件、取样人姓名、取样时间、温度及其他注意事项，若采集供控制试验的水样时，应使用明显标记的固定取样瓶。

十二、流量的测量

为计算地表水污染负荷是否超过环境容量和评价污染控制效果，掌握废（污）水源排放污染物总量和排水量，采样时需要同步测量水的流量。

1. 地表水流量测量

对于流量较大的河流，水利部门都设有水文测量断面，应尽可能利用此断面。若监测河段无水文测量断面，应选择一个水文参数比较稳定、流量有代表性的断面作为测量断面。下面介绍两种常用的流量测量方法。

（1）流速-面积法 该方法首先将测量断面分成若干小块，测出每小块的面积和流速，计算出相应的流量，再将各小断面的流量累加，即为断面上的水流量，用下式计算：

$$Q = F_1 \bar{v}_1 + F_2 \bar{v}_2 + \cdots + F_n \bar{v}$$

式中　　　Q——水流量，m^3/s；

$\bar{v}_1, \cdots, \bar{v}_n$——各小断面上水的平均流速，$m/s$；

$F_1, \cdots, F_n$——各小断面面积，m^2。

一般用流速仪测量流速。流速仪有多种规格，如国产 LS25-1 型旋桨式流速仪，测速范围为 $0.06 \sim 2.5$、$0.20 \sim 5 m/s$；LS68-2 型旋杯式流速仪，测速范围为 $0.02 \sim 3 m/s$；XKZ10-1 型自控直读流速仪，测速范围为 $0.1 \sim 3.0 m/s$。测量时将仪器放到规定的水深处，按照仪器说明书要求操作。

（2）浮标法 浮标法是一种粗略测量小型河、渠中水流速的简易方法。测量时，选择一平直河段，测量该河段 2m 间距内起点、中点和终点三个过水横断面面积，求出平均横断面面积。在上游投入浮标，测量浮标流经确定河段（L）所需时间，重复测量几次，求出所需时间的平均值（t），即可计算出流速（m/s），再按下式计算流量：

$$Q = K \bar{v} S$$

式中　Q——水流量，m^3/s；

　　　$\bar{v}$——浮标平均流速，m/s；

　　　S——过水横断面面积，m^2；

　　　K——浮标系数，与空气阻力、断面上流速分布的均匀性有关，一般需用流速仪对照标定，其范围为 $0.84 \sim 0.90$。

2. 废（污）水流量测量

（1）流量计法 有多种商品污水流量计，按照它们的使用场合，可分为测量具有自由水面的敞开水路用流量计和测量充满水的管道用流量计两类。第一类如堰式流量计、水槽流量计等，是依据堰板上游水位或截流形成临界射流状态时的水位与水流量有一定的关系，通过用超声波式、静电式、测压式等水位计测量水位而得知流量。第二类如电磁流量计、压差式流量计等，是依据污水流经磁场所产生的感应电势大小或插入管道中的节流板前后流体的压力差与水流量有一定关系，通过测量感应电势或流体的压力差得知流量。

（2）容积法　将污水导入已知容积的容器或污水池中，测量流满容器或污水池的时间，然后用其除以受纳容器或池体的容积，即可求知流量。该方法简单易行，适用于测量污水流量较小的连续或间歇排放的污水。

（3）溢流堰法　这种方法适用于不规则的污水沟、污水渠中水流量的测量。该方法是用三角形或矩形、梯形堰板拦住水流，形成溢流堰，测量堰板前后水头和水位，计算流量。如果安装液位计，可连续自动测量液位。

十三、注意事项

① 采样时要确保安全、及时，采样点的位置要准确。采样时不可搅动水底部的沉积物。采集的水样要有代表性。

② 如采样现场水体很不均匀，无法采到有代表性的样品，则应详细记录不均匀的情况，供使用该数据者参考，并将此现场情况向相关部门反映。

③ 有些特定成分测定，应遵守有关标准的规定。如测定悬浮物、pH、溶解氧、生化需氧量、油类、硫化物、余氯、放射性、微生物等项目需要单独采样；测定溶解氧、生化需氧量和有机污染物等项目的水样必须充满容器；pH、电导率、溶解氧等项目宜在现场测定。另外，采样时还需同步测量水文参数和气象参数。

④ 当水中存在悬浮固体时，取样之前应将采样管彻底清洗。取样管道应定期冲洗（至少每周一次）。

⑤ 如果用长采样管采集高温、高压锅炉给水，为防止冬季冻堵冻裂，要对采样管采取保温措施。

⑥ 取样冷却器应定期检修和清除水垢。锅炉大修时，应安排检修取样器和所属阀门。

⑦ 测定溶解氧的除氧水和气机凝结水，其取样阀的盘根和管道应严密不漏空气。

⑧ 在污染源监测中，水面的杂物、漂浮物应除去，但随废水流动的悬浮物或固体颗粒，应看成是废水样的一个组成部分，不应在分析前滤除。油、有机物和金属离子等，可能被悬浮物吸附，有的悬浮物中就含有被测定的物质，如选矿、冶炼废水中的重金属。所以，分析前必须摇匀取样。

⑨ 在下水道、污水池、污水井、污水处理厂、污水管道和污水泵站等部位采样时，必须注意：

a. 污水管道系统中可能含有易燃易爆气体，有引起燃烧爆炸的危险。

b. 有毒性气体，如硫化氢、一氧化碳、聚集的有毒有害气体等引起中毒的危险。

c. 由缺氧引起的窒息危险。

d. 由致病微生物引起的染病危险。

e. 掉物砸伤的危险。

针对上述危险，采取预防措施，配置相应的设备，安排人员监护，避免危险的发生。

⑩ 认真填写"水质采样记录表"，用签字笔或硬质铅笔在现场记录，字迹应端正、清晰，项目完整。采样结束前，核对采样计划、记录与水样，如有错误或遗漏，立即改正。

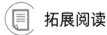 拓展阅读

烈日下的坚守，诠释着责任与担当

连日来，甘肃省临夏州进入了酷热难耐的三伏季节，然而就是在这炎炎烈日下、滚滚热浪中，为及时完成临夏州地表水环境质量例行监测工作，更好地为环境管理提供数据依据，2023年8月1日至8月2日，临夏监测中心现场监测人员不惧烈日，坚守在地表水及饮用水源地采样现场，默默无闻用汗水诠释着责任与担当，持续做好地表水水质采样监测工作。

临夏州境内有40个水质断面，每组采样人员一天需要采4～5个河流断面水样，按照监测技术规范，水样采集后要对水温、pH值等五项参数进行现场监测，水样根据浊度最少要静置30min后，才能装瓶、加保存剂、填写记录、装箱。这期间监测人员就要暴晒在烈日下，与在地面上采水样相比，更艰辛的是在库区采集水样。由于船体空间有限，监测人员需要捂着厚厚的救生衣，进行混合水样加固定剂等操作，一天库区14个点位监测下来个个晒得皮肤黝黑，浑身湿透，像洗了个桑拿。

在这烈日下，中心监测人员依然坚守在监测一线，默默奉献，用实际行动践行"三抓三促"行动，抓执行促落实，用实际行动展现环保铁军的责任与担当，为派驻地管理部门提供科学、翔实、准确的数据支撑，为建设美丽甘肃做出一份贡献。

 思考题

社会上的每一个人都有自己的责任，对每一个人来说都是必须要肩负责任的，请同学们谈谈当前自己的责任。

项目二　水样的运输、保存与预处理

 案例导入

某品牌桶装水细菌超标，回应称是水站运输及储放条件造成

2014年12月5日，国家食品药品监督管理总局公布了第二阶段19类食品及食品添加剂监督抽检信息。抽检结果显示，饮用纯净水、天然矿泉水、其他瓶（桶）装饮用水样不合格品种达到775种，几个知名品牌悉数上榜，被检出霉菌、酵母及菌落总数超标等问题。

某品牌发表声明称，不合格原因是被抽样水站的运输及储放条件造成。

广东一家大型水企业负责质量管控的总监对《每日经济新闻》记者表示，目前大型水企的桶装水均采用先进技术、设备进行机械化生产，出现菌落总数超标的概率不大。经验上来看，大部分大品牌桶装水微生物超标均发生在流通运输环节。

"桶装水的盖子在搬运过程中容易松动，一旦漏气就会受空气污染。还有一种情况就是在装车、卸货再到水店存储的物流运输过程中，一些经销商为了节约成本不按规范操作。"总监说，有些经销商把桶身置于阳光下暴晒造成热胀冷缩，或是在运输过程中发生碰撞，都有可能出现

因为撞裂引起菌落总数超标的现象。在生产环节，生产设备和桶身消毒不完全、灌装车间空气清洁程度不达标都会为桶装水的质量安全埋下隐患。

"桶装水的生产、消毒工序比瓶装水要复杂得多。"总监坦言，由于重复利用，桶装水的消毒要经过十几道工序，其中一个环节稍有疏忽就存有质量隐患。此外，巨大的成本投入也迫使一些不良商家使用不合格的 PC 饮用水桶。

据了解，每只合格的 PC 饮用水桶寿命一般在两至三年。如果一个供水站每月出售 1000 桶纯净水，那么整个生产、流通环节中至少需要投入 1 万只水桶作为周转存量。周萍说，现在工厂每天都有水桶报废，但一些小厂就存在偷工减料的可能，选择质量得不到保证的廉价 PC 饮用水桶。

 案例分析

合理的水样保存和预处理方法，是保证检测结果能正确地反映被检测对象特征的重要环节，要想获得真实可靠的水质化验结果，必须使用正确的水样保存和预处理方法，并及时分析化验，如果在这个过程中有一个环节没有做好，那么即使分析化验操作严格细致、准确无误，其检测结果也会失去代表性。

 知识链接

一、水样的运输

水样采集后，必须尽快送回实验室。根据采样点的地理位置和测定项目最长可保存时间，选用适当的运输方式，并做到以下两点：

① 为避免水样在运输过程中因震动、碰撞导致损失或被污染，将其装箱，并用泡沫塑料或纸条挤紧，在箱顶贴上标记。

② 需冷藏的样品，应采取制冷保存措施；冬季应采取保温措施，以免冻裂样品瓶。

二、引起水样变化的原因

1. 物理作用

光照，温度，静置或震动，敞露或密封等保存条件及容器材质都会影响水样的性质。如温度升高或强震动会使得一些物质如氧、氰化物及汞等挥发，长期静置会使 $Al(OH)_3$、$CaCO_3$、$Mg_3(PO_4)_2$ 等沉淀。某些容器的内壁能不可逆地吸附或吸收一些有机物或金属化合物等。

2. 化学作用

水样及水样各组分可能发生化学反应，从而改变某些组分的含量与性质。例如空气中的氧能使二价铁、硫化物等氧化，聚合物解聚，单体化合物聚合等。

3. 生物作用

细菌、藻类及其他生物体的新陈代谢会消耗水样中的某些组分，产生一些新组分，改变一些组分的性质，生物作用会对样品中待测的一些项目如溶解氧、二氧化碳、含氮化合物、磷及硅等的含量及浓度产生影响。

水样在贮存期内发生变化的程度主要取决于水样的类型及水样的化学性质和生物学性质。也取决于保存条件、容器材质、运输条件及气候变化等因素。这些变化往往是非常快的，常在很短的时间里就发生了明显变化，因此必须采取必要的保护措施，并尽快地进行分析。

三、水样的保存方法

各种水质的水样，从采集到分析测定这段时间内，由于环境条件的改变、微生物新陈代谢活动和化学作用的影响，会引起水样某些物理参数及化学组分的变化，不能及时运输或尽快分析时，则应根据不同监测项目的要求，放在性能稳定的材料制作的容器中，并采取适宜的保存措施。水样采集后，原则上应及时化验。化验经过存放或运送的水样，应在报告中注明存放的时间和温度等项目。

水样的保存期限与多种因素有关，如组分的稳定性、浓度、水样的污染程度等。

1. 保存水样的基本要求

① 减缓生物作用；

② 减缓化合物或络合物的水解及氧化还原作用；

③ 减少组分的挥发和吸附损失。

2. 保存措施

（1）冷藏或冷冻法　冷藏或冷冻的作用是抑制微生物活动，减缓物理挥发和化学反应速率。

（2）加入化学试剂保存法

① 加入生物抑制剂：如在测定氨氮、硝酸盐氮、化学需氧量的水样中加入 $HgCl_2$，可抑制生物的氧化还原作用；对测定酚的水样，用 H_3PO_4 调至 pH 为 4 时，加入适量 $CuSO_4$，即可抑制苯酚菌的分解活动。

② 调节 pH 值：测定金属离子的水样常用 HNO_3 酸化至 pH 为 1～2，既可防止重金属离子水解沉淀，又可避免金属被器壁吸附；测定氰化物或挥发性酚的水样可加入 NaOH 调至 pH 为 12，使之生成稳定的酚盐等。

③ 加入氧化剂或还原剂：如测定汞的水样需加入 HNO_3（至 pH<1）和 $K_2Cr_2O_7$（0.05％），使汞保持高价态；测定硫化物的水样，加入抗坏血酸，可以防止被氧化；测定溶解氧的水样则需加入少量硫酸锰和碘化钾固定溶解氧（还原）等。

应当注意，加入的保存剂不能干扰以后的测定；保存剂的纯度最好是优级纯；还应作相应的空白试验，对测定结果进行校正。

四、水样的过滤或离心分离

如欲测定水样中某组分的含量，采样后立即加入保存剂，分析测定时充分摇匀后再取样。如果测定可滤（溶解）态组分含量，所采水样应用 $0.45\mu m$ 微孔滤膜过滤，除去藻类和细菌，提高水样的稳定性，有利于保存。如果测定不可过滤的金属时，应保留过滤水样用的滤膜备用。对于泥沙型水样，可用离心方法处理。对含有机质多的水样，可用滤纸或砂芯漏斗过滤。自然沉降后取上清液测定可滤态组分是不恰当的。

五、水样的预处理

待测水样所含组分复杂，并且多数污染组分含量低，形态各异，所以在分析测定之前，往往需要进行预处理，以得到待测组分适合测定方法要求的形态、浓度和消除共存组分干扰的试样体系。在预处理过程中，常因挥发、吸附、污染等原因，造成待测组分含量的变化，故应对预处理方法进行回收率考核。下面介绍常用的预处理方法。

（一）水样的消解

当测定含有机物水样中的无机元素时，需进行消解处理。消解处理的目的是破坏有机物，溶解悬浮性固体，将各种价态的待测元素氧化成单一高价态或转变成易于分离的无机化合物。消解后的水样应清澈、透明、无沉淀。消解水样的方法有湿式消解法和干灰化法。

1. 湿式消解法

（1）硝酸消解法　对于较清洁的水样，可用硝酸消解。其方法要点是：取混匀的水样 $50\sim200\text{mL}$ 于烧杯中，加入 $5\sim10\text{mL}$ 浓硝酸，在电热板上加热煮沸，蒸发至约剩 3mL 时，试液应清澈透明，呈浅色或无色，否则，应补加硝酸继续消解。蒸至近干，取下烧杯，稍冷后加 $2\%\text{HNO}_3$（或 HCl）20mL，温热溶解可溶盐。若有沉淀，应过滤，待滤液冷却至室温后于 50mL 容量瓶中定容，备用。

（2）硝酸-高氯酸消解法　两种酸都是强氧化性酸，联合使用可消解含难氧化有机物的水样。方法要点是：取适量水样于烧杯或锥形瓶中，加 $5\sim10\text{mL}$ 硝酸，在电热板上加热、消解至大部分有机物被分解。取下烧杯，稍冷却后，加 $2\sim5\text{mL}$ 高氯酸，继续加热至开始冒白烟，若试液呈深色，再补加硝酸，继续加热至冒浓厚白烟将尽（不可蒸至干涸）。取下烧杯冷却，用 $2\%\text{HNO}_3$ 溶解，如有沉淀应过滤，滤液冷却至室温定容备用。因为高氯酸能与羟基化合物反应生成不稳定的高氯酸酯，有发生爆炸的危险，故先加入硝酸，氧化水样中的羟基化合物，稍冷却后再加高氯酸处理。

（3）硝酸-硫酸消解法　两种酸都有较强的氧化能力，其中硝酸沸点低，而硫酸沸点高，二者结合使用，可提高消解温度和消解效果。常用的硝酸与硫酸的配比为 $5+2$。消解时，先将硝酸加入水样中，加热蒸发至小体积，稍冷却后，再加入硫酸、硝酸，继续加热蒸发至冒大量白烟，冷却，加适量水，温热溶解可溶盐，若有沉淀应过滤。为提高消解效果，常加入少量过氧化氢。

（4）硫酸-磷酸消解法　两种酸的沸点都比较高，其中硫酸氧化性较强，磷酸能与一些金属离子如 Fe^{3+} 等络合，故二者结合消解水样，有利于测定时消除 Fe^{3+} 等离子的干扰。

（5）硫酸-高锰酸钾消解法　该方法常用于消解测定含汞的水样。高锰酸钾是强氧化剂，在中性、碱性、酸性条件下都可以氧化有机物，其氧化产物多为草酸根，但在酸性介质中还可继续氧化。消解要点是：取适量水样，加适量硫酸和 5% 高锰酸钾，混匀后加热煮沸，冷却，滴加盐酸羟胺溶液与过量的高锰酸钾反应。

（6）多元消解法　为提高消解效果，在某些情况下需要采用三元以上酸或氧化剂的消解体系。例如，处理测总铬的水样时，用硫酸、磷酸和高锰酸钾消解。

（7）碱分解法　当用酸体系消解水样造成易挥发组分损失时，可改用碱分解法，即在水样中加入氢氧化钠和过氧化氢溶液，或者氨水和过氧化氢溶液，加热煮沸至近干，用水或稀碱溶液温热溶解。

2. 干灰化法

干灰化法又称高温分解法。其处理过程是：取适量水样于白瓷或石英蒸发皿中，置于水浴上或用红外灯蒸干，移入马弗炉内，于 450~550℃ 灼烧到残渣呈灰白色，使有机物完全分解除去。取出蒸发皿，冷却，用适量 2% HNO_3（或 HCl）溶解样品灰分，过滤，滤液定容后供测定。

本方法不适用于测定易挥发组分（如砷、汞、镉、硒、锡等）的水样。

（二）富集与分离

当水样中的待测组分含量低于测定方法的测定下限时，就必须进行富集或浓集；当有共存的干扰组分时，就必须采取分离或掩蔽措施。富集和分离过程往往是同时进行的，常用的方法有过滤、气提、顶空、蒸馏、挥发、溶剂萃取、离子交换、吸附、共沉淀、层析等，要根据具体情况选择使用。

1. 挥发

挥发分离法是利用某些待测组分挥发性大，或者将待测组分转变成易挥发物质，然后用惰性气体带出体系而达到分离的目的。例如，用冷原子荧光法测定水样中的汞时，先将汞离子用氯化亚锡还原为原子态汞，再利用汞易挥发的性质，通入惰性气体将其吹出并送入仪器测定；用分光光度法测定水中的硫化物时，先使之在磷酸介质中生成硫化氢，再用惰性气体载入乙酸锌-乙酸钠溶液吸收，达到与母液分离和富集的目的，其分离装置如图 2-4。测定水中的砷时，将其转变成 AsH_3 气体，吸收液吸收后用分光光度法测定。

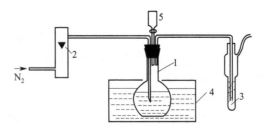

图 2-4　测定硫化物的吹气分离装置示意

1—500mL 平底烧瓶（内装水样）；2—流量计；3—吸收管；4—50~60℃恒温水浴；5—分液漏斗

2. 蒸馏

蒸馏法是利用水样中各组分具有不同的沸点而使其彼此分离的方法，分为常压蒸馏、减压蒸馏、水蒸气蒸馏、分馏等。测定水样中的挥发酚、氰化物、氟化物时，均在酸性介质中进行常压蒸馏分离；测定水样中的氨氮时，在微碱性介质中常压蒸馏分离。蒸馏具有消解、分离和富集三种作用。图 2-5 为挥发酚和氰化物的蒸馏装置；图 2-6 为氟化物水蒸气的蒸馏装置。

3. 溶剂萃取

溶剂萃取的原理是：利用物质在不同的溶剂相中分配系数不同，而达到组分的分离与富集的目的。常用于水中有机化合物的预处理。根据相似相溶原理，用一种与水不相溶的有机溶剂与水样一起混合振荡，然后分层放置，此时有一种或几种组分进入到有机溶剂中，另一些组分仍留在试液中，从而达到分离、富集的目的。该方法常用于常量元素的分离，痕量元素的分离与富集，若萃取组分是有色化合物可直接比色（称萃取比色法）。萃取有以下两种类型。

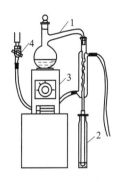

图 2-5　挥发酚和氰化物的蒸馏装置示意

1—500mL 全玻璃蒸馏器；2—接收瓶；

3—电炉；4—冷凝水入口

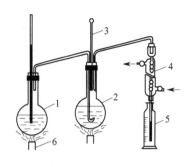

图 2-6　氰化物水蒸气蒸馏装置示意

1—水蒸气发生瓶；2—烧瓶；3—温度计；

4—冷凝管；5—接收瓶；6—热源

（1）有机物的萃取　分散在水相中的有机物质易被有机溶剂萃取，这是由于有机物质相比水更容易溶解在有机溶剂中，利用此原理可以富集分散在水样中的有机污染物质。例如，用 4-氨基安替比林光度法测水中挥发酚时，当酚含量低于 0.05mg/L 时，则水样经蒸馏分离后需再用三氯甲烷进行萃取浓缩；用紫外分光光度法测定水中的油和用气相色谱法测定有机农药（如六六六、DDT）时，需先用石油醚萃取等。

（2）无机物的萃取　由于有机溶剂只能萃取水相中以非离子状态存在的物质（主要是有机物质），而多数无机物质在水相中以水合离子状态存在，故无法用有机溶剂直接萃取。为实现有机溶剂萃取，需先加入一种试剂，使其与水相中的离子态组分相结合，生成一种不带电、易溶于有机溶剂的物质，即将其由亲水性变为疏水性。该试剂与有机相、水相共同构成萃取体系。根据生成可萃取物类型的不同，可分为螯合物萃取体系、离子缔合物萃取体系、三元配合物萃取体系和协同萃取体系等。在水质分析中，螯合物萃取体系应用较多。螯合物萃取体系是指在水相中加入螯合剂，通过与被测金属离子生成易溶于有机溶剂的中性螯合物，从而被有机相萃取出来。例如，用分光光度法测 Hg^{2+}、Pb^{2+} 等时加入双硫腙，后用三氯甲烷（或四氯化碳）萃取，构成双硫腙-三氯甲烷-水萃取体系。

4. 吸附法

吸附法是利用多孔性的固体吸附剂将水样中一种或数种组分吸附于其表面，再用适宜溶剂、加热或吹气等方法将待测组分解吸，达到分离和富集的目的。

按照吸附机理分为物理吸附和化学吸附。物理吸附的吸附力是范德华引力；化学吸附是在吸附过程中发生了化学反应，如氧化、还原、化合、络合等反应。常用于水样预处理的吸附剂有活性炭、氧化铝、多孔高分子聚合物和巯基棉等。

活性炭可用于吸附金属离子或有机物。例如，对含微量 Cu^{2+}、Cd^{2+}、Pb^{2+}、Fe^{3+} 的水样，将其 pH 值调节到 4.0～5.5，加入适量活性炭，置于振荡器上振荡一定时间后过滤，取下炭层滤纸，在 60℃下烘干，再将其放入烧杯用少量浓热硝酸处理，蒸干后加入稀硝酸，使被测金属溶解，所得悬浮液进行离心分离，上清液供原子吸收光谱测定。试验结果表明，该方法的回收率可达 93% 以上。

多孔高分子聚合物吸附剂大多是具有多孔且孔径均一的网状结构树脂，如 GDX（高分子多孔小球）、Tenax（聚 2.6-二苯基对苯醚）、PorapaK（多孔性聚合物微球）、XAD（大孔树脂）等。这类吸附剂主要用于吸附有机物。例如，对测定痕量三卤代甲烷等多种卤代烃的水样作预处理时，先用气提法将水样中的卤代烃吹出，送入内装 Tenax 的吸附柱进行富集。之后，将吸附柱加热，使被吸附的卤代烃解吸，并用氦气吹出，经冷冻浓集柱后，转入气相色谱-质谱（GC-MS）分析系统。

巯基棉是一种含有巯基的纤维素，由巯基乙酸与棉纤维素羟基在微酸性介质中发生酯化反应制得，巯基棉的巯基官能团对许多元素具有很强的吸附力，可用于分离富集水样中的烷基汞、汞、铍、铜、铅、镉、砷、硒、碲等组分。对烷基汞（甲基汞、乙基汞）的吸附反应式如下：

$$CH_3HgCl + H\text{-}SR \rightarrow CH_3Hg\text{-}SR + HCl$$

水样预处理过程是：将 pH 调至 3～4 的水样以一定流速通过巯基棉管，待吸附完毕，加入适量氯化钠-盐酸解吸液，把富集在巯基棉上的烷基汞解吸下来，并收集在离心管内。向离心管中加入甲苯，振荡提取后静置分层，离心分离，所得有机相供色谱测定。

5. 离子交换

该方法是利用离子交换剂与溶液中的离子发生交换反应进行分离的方法。离子交换剂分为无机离子交换剂和有机离子交换剂两大类，广泛应用的是有机离子交换剂，即离子交换树脂。

离子交换树脂是一种具有渗透性的三维网状高分子聚合物小球，在网状结构的骨架上含有可电离的活性基团，与水样中的离子发生交换反应。根据官能团不同，分为阳离子交换树脂、阴离子交换树脂和特殊离子交换树脂。其中，阳离子交换树脂按照所含活性基团酸性强弱，又分为强酸型和弱酸型阳离子交换树脂；阴离子交换树脂按其所含活性基团碱性强弱，又分为强碱型和弱碱型阴离子交换树脂。在水样预处理中，最常用的是强酸型阳离子交换树脂和强碱型阴离子交换树脂。

强酸型阳离子交换树脂含有—SO_3H、—SO_3Na 等活性基团，一般用于富集金属阳离子。强碱型阴离子交换树脂含有—$N(CH_3)_3{}^+X^-$ 基团，其中 X 为 OH^-、Cl^-、$NO_3{}^-$ 等，能在酸性、碱性和中性溶液中与强酸或弱酸阴离子交换。特殊离子交换树脂含有具有螯合、氧化还原等反应能力的活性基团，能与水样中的离子发生螯合或氧化、还原反应，具有良好的选择性吸附能力。

用离子交换树脂进行分离的操作程序如下：

（1）交换柱的制备　如分离阳离子，则选择强酸型阳离子交换树脂。首先将其在稀盐酸中浸泡，以除去杂质并使之溶胀和完全转变成 H 式，然后用蒸馏水洗至中性，装入充满蒸馏水的交换柱中；注意防止气泡进入树脂层。需要其他类型的树脂，均可用相应的溶液处理。如用 NaCl 溶液处理强酸型树脂，可转变成 Na 型；用 NaOH 溶液处理强碱型树脂，可转变成 OH 型等。

（2）交换　将试液以适宜的流速倾入交换柱，则待分离离子从上到下一层层地进行交换过程。交换完毕，用蒸馏水洗涤，洗下残留在溶液及交换过程中形成的酸、碱或盐类等。

（3）洗脱　将洗脱溶液以适宜速度倾入洗净的交换柱，洗下交换在树脂上的离子，达到分离的目的。对阳离子交换树脂，常用盐酸溶液作洗脱液；对阴离子交换树脂，常用盐酸溶液、氯化钠或氢氧化钠溶液作洗脱液；对于分配系数相近的离子，可用含有机络合剂或有机溶剂的洗脱液，以提高洗脱过程的选择性。

离子交换技术在富集和分离微量或痕量元素方面得到较广泛的应用。例如，测定天然水中 K^+、Na^+、Ca^{2+}、Mg^{2+}、SO_4^{2-}、Cl^- 等组分，可取数升水样，让其流过阳离子交换柱，再流过阴离子交换柱，则各组分交换在树脂上。用几十至一百毫升稀盐酸溶液洗脱阳离子，用稀氨液洗脱阴离子，这些组分的浓度能增加数十倍至百倍。又如，废水中的 Cr^{3+} 以阳离子形式存在，Cr^{6+} 以阴离子形式（CrO_4^{2-} 或 $Cr_2O_7^{2-}$）存在，用阳离子交换树脂分离 Cr^{3+}，而 Cr^{6+} 不能进行交换，留在流出液中，由此可测定不同价态的铬。欲分离 Ni^{2+}、Mn^{2+}、Co^{2+}、Cu^{2+}、Fe^{3+}、Zn^{2+}，可加入盐酸将它们转变为络阴离子，让其通过强碱型阴离子交换树脂，则被交换在树脂上，用不同浓度的盐酸溶液洗脱，可达到彼此分离的目的。Ni^{2+} 不生成络阴离子，不发生交换，在用 12mol/L HCl 溶液洗脱时，最先流出；接着用 6mol/L HCl 溶液洗脱 Mn^{2+}；用 4mol/L HCl 溶液洗脱 Co^{2+}；用 2.5mol/L HCl 溶液洗脱 Cu^{2+}；用 0.5mol/L HCl 溶液洗脱 Fe^{3+}；最后，用 0.05mol/L HCl 溶液洗脱 Zn^{2+}。

6. 共沉淀法

共沉淀法是指溶液中一种难溶化合物在形成沉淀（载体）过程中，将共存的某些的痕量组分一起载带沉淀出来的现象。共沉淀现象在常量分离和分析中是需要尽可能避免的，但却是一种分离富集痕量组分的手段。

共沉淀的机理基于表面吸附、包藏、形成混晶和异电荷胶态物质相互作用等。

（1）利用吸附作用的共沉淀分离　该方法常用的载体有 $Fe(OH)_3$、$Al(OH)_3$、$MnO(OH)_2$ 及硫化物等。由于它们是表面积大、吸附力强的非晶形胶体沉淀，故富集效率高。例如，分离含铜溶液中的微量铝，仅加氨水不能使铝以 $Al(OH)_3$ 的形式沉淀析出，若加入适量 Fe^{3+} 和氨水，则利用生成的 $Fe(OH)_3$ 作载体，将 $Al(OH)_3$ 载带沉淀出来，达到与母液中铜分离的目的。

（2）利用生成混晶的共沉淀分离　当待分离微量组分及沉淀剂组分生成沉淀时，若具有相似的晶格，就可能生成混晶共同析出。例如，硫酸铅和硫酸锶的晶形相同，如分离水样中的痕量 Pb^{2+}，可加入适量 Sr^{2+} 和过量可溶性硫酸盐，则生成 $PbSO_4$-$SrSO_4$ 的混晶，从而将 Pb^{2+} 共沉淀出来。有资料介绍，以 $SrSO_4$ 作载体，可以富集海水中 $10^{-8}mol/L$ 的 Cd^{2+}。

（3）用有机共沉淀剂进行共沉淀分离　有机共沉淀剂的选择性较无机沉淀剂高，得到的沉淀也较纯净，并且通过灼烧可除去，留下待测元素。例如，在含痕量 Zn^{2+} 的弱酸性溶液中，加入硫氰酸铵和甲基紫，由于甲基紫在溶液中电离成带正电荷的大阳离子 B^+，它们之间发生如下共沉淀反应：

$$Zn^{2+} + 4SCN^- \Longrightarrow Zn(SCN)_4^{2-}$$
$$2B^+ + Zn(SCN)_4^{2-} \Longrightarrow B_2Zn(SCN)_4（形成缔合物）$$
$$B^+ + SCN^- \Longrightarrow BSCN\downarrow（形成载体）$$

$B_2Zn(SCN)_4$ 与 BSCN 发生共沉淀，因而将痕量 Zn^{2+} 富集于沉淀之中。

又如，痕量 Ni^{2+} 与丁二酮肟生成螯合物，分散在溶液中，若加入丁二酮肟二烷酯（难溶于水）的乙醇溶液，则析出固相的丁二酮肟二烷酯，将丁二酮肟镍螯合物共沉淀出来。丁二酮肟二烷酯只起载体作用，称为惰性共沉淀剂。

六、注意事项

① 盛装水样的容器不能引起新的污染。贮存水样时，硬质玻璃磨口瓶是常用的水样容器之一。但不宜存放测定痕量硅、钠、钾、硼等成分的水样。在测定这些项目时应避免使用玻璃容器。

② 盛装水样的容器壁不应吸收或吸附某些待测成分。一般的玻璃容器吸附金属，聚乙烯等塑料吸附有机物质、磷酸盐类和油类。在选择容器材质时应予以考虑。

③ 容器不应与某些待测成分发生反应。如测氟的水样不能贮于玻璃瓶中，因为玻璃与氟化物发生反应。

④ 必须注意，保存样品的某些保护剂是有毒有害的，如氯化汞、三氯甲烷及酸等，在使用及保管时一定要重视安全防护。

⑤ 水样运送与存放时，应注意检查水样瓶是否封闭严密，并应防冻、防晒、防破裂，经过存放或运送的水样，应在报告中注明存放时间或温度等条件。

 拓展阅读

比技能强本领！衡水市生态环境系统开展水质监测分析大比武

为提升全市生态环境监测技术能力和管理水平，打造衡水市生态环保铁军先锋队，在全市生态环境系统监测人员中掀起学习环境监测理论和钻研环境监测技术的热潮，营造监测专业技术人员扎实学习专业理论、刻苦钻研实验技术的良好氛围，弘扬精益求精的工匠精神，厚植"严、真、细、实、快"的工作作风，2022年8月25日，衡水市生态环境局开展了监测系统水质监测分析大比武活动，来自全市各县市区分局监控中心的58名优秀选手在理论考试与现场操作中奋勇拼搏。

其中，笔试理论考试重点对水质环境监测技术分析及现场采样内容进行了考核。现场操作为监测断面的水质监测，重点考核参赛人员掌握理论知识的灵活性、现场操作规范性及综合分析能力。

此次参加活动的选手最大的57岁，最小的20岁，各位选手在比赛中顶烈日、洒汗水、奋勇拼搏的表现展现了监测队伍良好的精神风貌。

衡水市下一步还将以擂台比赛、现场观摩学习等多种形式持续考核、提升监测人员技术水平。

 思考题

以赛促学展风采，以学促用提技能。请说一说你大学期间参加的比赛及收获。

拓展实践

1. 以河流为例，说明如何设置监测断面和采样点。

2. 对于工业废水排放源，怎样布设采样点和确定采样类型？

3. 水样有哪几种保存方法？试举几个实例说明怎样根据被测物质的性质选用不同的保存方法。

4. 水样在分析测定之前，为什么进行预处理？预处理包括哪些内容？

5. 现有一废水样品，经初步分析，含有微量汞、铜、铅和痕量酚，欲测定这些组分的含量，试设计一个预处理方案。

6. 怎样用萃取法从水样中分离富集待测有机污染物质和无机污染物质？各举一实例。

7. 简要说明用离子交换法分离和富集水样中阳离子和阴离子的原理，各举一实例。

第三章

水样的物理指标分析测定

📚 知识目标

熟悉水温、臭味、色度、浊度和透明度的分析检验；了解矿化度和氧化还原电位的分析检验。

技能目标

能够使用相应仪器测定水样的残渣和电导率。

素质目标

培养环保安全理念和家国情怀。

项目一　水样的物理指标

➡️ 案例导入

督察曝光：污水直排、水体黑臭，淮安水环境问题突出

位于江苏省中北部的淮安，坐落于古淮河与京杭大运河交汇点，域内河湖交错、水网纵横。我国五大淡水湖之一的洪泽湖，大部分就位于淮安境内。相传，大禹曾在这里治水，"淮水安澜，淮水永安"，淮安市名即源于此。可以说，水是这座城市的灵魂，却没想到如今淮安会因为水环境问题备受困扰。

早年一则"淮安居民现场跪求环保局长治理河道污染"的新闻曾刷屏社交媒体。淮安市清江浦区柴米河为区域内主要排涝河道，河道两边住着大量居民，但河道黑水横流，臭气熏天，常年散发阵阵怪味。

2022年3月，当地有关部门对国省考断面上游10公里范围内排涝泵站和涵闸拦蓄水体监测显示，76个采样点位中Ⅴ类、劣Ⅴ类占比达21%。汛期大量污水随雨水下河，会严重影响下游水质。

日前，淮安市生态环境局相关负责人告诉中国新闻周刊，典型案例曝光后，他们已着手研究编制整改方案，部署整改工作。

 案例分析

淮安市柴米河水中出现的臭味问题是水分析物理指标项目之一，由于致臭物质复杂且含量很少，不容易检测分析，如何定量和定性测定臭味成为目前研究的热点。

水分析化学是研究水及其杂质、污染物的组成、性质、含量和他们的分析方法的一门学科。它是研究水中杂质及其变化的重要方法，在国民经济各个领域肩负着重要使命，水分析化学在种类繁多，先从水样的物理指标分析谈起。

 知识链接

一、水温

水的许多物理化学性质与水温有密切关系，如密度、黏度、盐度、pH 值、气体的溶解度、化学和生物化学反应速率以及生物活动等都受水温变化的影响。水温的测量对水体自净、热污染判断及水处理过程的运转控制等都具有重要的意义。

水的温度因水源不同而有很大差异。地下水的温度比较稳定，通常为 $8\sim12℃$；地表水温度随季节和气候变化较大，变化范围通常为 $0\sim30℃$；工业废水的温度因工业类型、生产工艺不同有很大差别。

水温测量应在现场进行。常用的测量仪器有水温计、颠倒温度计和热敏电阻温度计。各种温度计应定期校核。

1. 水温计法

水温计是安装于金属半圆槽壳内的水银温度表，下端连接一金属贮水杯，温度表水银球部悬于杯中，其顶端的槽壳带一圆环，拴以一定长度的绳子，如图 3-1(a)。测温范围通常为 $-6\sim41℃$，最小分度为 $0.2℃$。测量时将其插入预定深度的水中，放置 5min 后，迅速提出水面并读数。

(a) 水温计

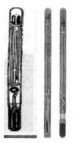
(b) 颠倒温度计

图 3-1 温度计

2. 颠倒温度计法

颠倒温度计（闭式）用于测量深层水温度，一般装在采水器上使用。它由主温表和辅温表在厚壁玻璃套管内组装构成。主温表是双端式水银温度计，用于测量水温；辅温表为普通水银温度计，用于校正因环境温度改变而引起的主温表读数变化。测量时，将装有这种温度计的颠倒采水器沉入预定深度处，感温 10min 使采水器完成颠倒动作，提出水面，立即读取主、辅温度表的读数，经校正后获得实际水温。

二、臭和味

清洁的地表水、地下水和生活饮用水都要求不得有异臭、异味，而被污染的水往往会有异臭、异味。水中异臭和异味主要来源于工业废水和生活污水中的污染物、天然物质的分解或与之有关的微生物活动等。

（一）臭和味的分析测定

无臭无味的水虽然不能够证明不含污染物，但可提升使用者对水质的信任，也是人类对水评价的感官指标。其主要测定方法有定性描述法和臭阈值法。

1. 定性描述法

（1）臭的检验方法　取 100mL 水样于 250mL 锥形瓶中，检验人员依靠自己的嗅觉，分别在 20℃ 和煮沸稍冷却后闻其气味，用适当的词语描述臭特征，如芳香、氯气、硫化氢、泥土、霉烂等气味或没有任何气味，并按表 3-1 划分的等级报告臭强度。

表 3-1　臭强度等级

等　级	强　度	说　明
0	无	无任何气味
1	微弱	一般人难以察觉，嗅觉灵敏者可以察觉
2	弱	一般人刚能察觉
3	明显	已能明显察觉
4	强	有显著的臭味
5	很强	有强烈的恶臭或异味

（2）味的检验方法　只有清洁的水或已确认经口接触对人体健康无害的水样才能进行味的检验。其检验方法是分别取少量 20℃ 和煮沸冷却后的水样放入口中，尝其味道，用适当词语（酸、甜、咸、苦、涩等）描述，并参照表 3-2 等级记录味的强度。

表 3-2　四种味觉及代表物质

味觉种类	显味物质	味阈浓度／%	味觉种类	显味物质	味阈浓度／%
甜味	蔗糖	0.7	苦味	番木鳖碱	0.001
	糖精	0.001		奎宁	0.0005
酸味	盐酸	0.045	咸味	氯化钠	0.055

2. 臭阈值法

用无臭水稀释水样，当稀释到刚能闻出臭味时的稀释倍数称为"臭阈值"，即

$$臭阈值（TON）=\frac{水样体积＋无臭水体积}{水样体积}$$

检验操作要点：用水样和无臭水在具塞锥形瓶中配制系列稀释水样，在水浴上加热至（60±1）℃；取下锥形瓶，振荡 2～3 次，去塞，闻其气味，与无臭水比较，确定刚好闻出臭味的稀释水样，计算臭阈值。如水样含余氯，应在脱氯前后各检验一次。

由于不同检验人员对臭和味的敏感程度有差异，检验结果会不一致，因此，一般选择 5 名以上嗅觉灵敏的检验人员同时检验，取其检验结果的几何平均值作为代表值。此外，要求检臭人员在检臭前避免外来气味的刺激。

一般用颗粒状活性炭吸附自来水制取无臭水；自来水中含余氯时，用硫代硫酸钠溶液滴定脱除。也可将蒸馏水煮沸除臭后做无臭水。

（二）脱臭的方法

脱臭方法从最初采用的水洗法，逐步发展到效果较好的微生物脱臭法。常见的方法有水清洗和药液清洗法、活性炭吸附法、臭氧氧化法、土壤脱臭法、填充式微生物脱臭法、燃烧法等。

1. 水清洗和药液清洗法

水清洗是利用臭气中的某些物质能溶于水的特性，使臭气中的氨气、硫化氢气体和水接触并溶解于水中，达到脱臭的目的。

药液清洗是利用臭气中的某些物质和药液产生中和反应的特性达到脱臭的目的。如利用呈碱性的苛性钠和次氯酸钠溶液，去除臭气中硫化氢等酸性物质；利用盐酸等酸性溶液，去除臭气中的氨气等碱性物质。

与活性炭吸附法相比较，清洗法必须配备较多的附属设施，如药液储存装置、输送装置、排出装置等，运行管理较为复杂，与药液不反应的臭气较难去除，效率较低。

2. 活性炭吸附法

活性炭吸附法是利用活性炭能吸附臭气中致臭物质的原理，达到脱臭的目的。为了有效脱臭，通常利用各种不同性质的活性炭，在吸附塔内设置吸附酸性物质的活性炭、吸附碱性物质的活性炭和吸附中性物质的活性炭，臭气和各种活性炭接触后，产生臭味的物质被吸附，干净气体排出吸附塔。该法与水清洗和药液清洗法相比较，具有较高的效率，但活性炭有一定的饱和期限，超过这一期限，就必须更换活性炭。这种方法常用于低浓度臭气处理和脱臭的后处理。

3. 臭氧氧化法

臭氧氧化法是利用臭氧这一强氧化剂，氧化臭气中的化学成分，达到脱臭目的。臭氧氧化法有气相和液相之分，由于臭氧发生化学反应较慢，一般先通过药液清洗法，去除大部分致臭物质，然后再进行臭氧氧化。

4. 土壤脱臭法

土壤脱臭法是利用土壤中微生物分解臭气中的化学成分，达到脱臭目的的，属于生物脱臭法的范畴。与前几种方法相比，此法不需要附属设施，运行管理费用较低，但需要有宽阔的场地，定时进行场地修整，设置散水装置，以保持较好的运行状态。但其处理效果不够稳定，总体效率较低。

5. 填充式微生物脱臭法

生物脱臭法自 1840 年由德国科学家发明以来，经不断开发、研究，已取得一定的成果。随着人们对脱臭必要性的逐步认识，在土壤脱臭法的基础上，逐步开发了新型、高效的生物脱臭技术。由于多孔材质的生物载体的开发，使填充式微生物脱臭法得以广泛应用，该法的原理主要有 3 个：①臭气中的某些成分溶解于水；②臭气中的某些成分能被微生物吸附；③吸附后的臭气能被微生物分解。

6. 燃烧法

燃烧法有直接燃烧法和触媒燃烧法。根据臭气的特点，当温度达到 650℃，接触时间 0.3s 以上时，臭气会直接燃烧，从而达到脱臭的目的。

以上几种方法中，臭氧氧化法成本偏高，管理复杂，而土壤脱臭法效果不稳定，燃烧法与活性炭吸附法配合使用最为经济。目前脱臭方法主要采用水清洗和药液清洗法、活性炭吸附法和填充式微生物脱臭法三种，它们的脱臭效果较明显。

三、色度

色度、浊度、透明度、悬浮物都是水质的外观指标。纯水无色透明，天然水中含有泥土、有机质、无机矿物质、浮游生物等，往往呈现一定的颜色。工业废水含有染料、生物色素、有色悬浮物等，是环境水体着色的主要来源。有颜色的水会减弱水的透光性，影响水生生物生长，降低水体观赏的价值。

水的颜色分为表色和真色。真色指去除悬浮物后的水的颜色，没有去除悬浮物的水具有的颜色称为表色。对于清洁或浊度很低的水，真色和表色相近；对于着色深的工业废水或污水，真色和表色差别较大。水的色度一般是指真色。水的色度常用以下方法测定。

（一）色度的分析测定方法

1. 铂钴标准比色法

该方法用氯铂酸钾与氯化钴配成标准色列，与水样进行目视比色，从而确定水样的色度。规定每升水中含 1mg 铂和 0.5mg 钴所具有的颜色为 1 个标准色度单位，称为 1 度。因氯铂酸钾昂贵，故可用重铬酸钾代替氯铂酸钾，用硫酸钴代替氯化钴，配制标准色列。如果水样浑浊，应放置澄清，也可用离心法或用孔径 0.45μm 的滤膜过滤除去悬浮物，但不能用滤纸过滤。

本方法适用于清洁的、带有黄色色调的天然水和饮用水的色度测定。如果水样中有泥土或其他分散很细的悬浮物，用澄清、离心等方法处理仍不透明时，则测定表色。

2. 稀释倍数法

该方法适用于受工业废水污染的地表水和工业废水颜色的测定。测定时，首先用文字描述水样的颜色种类和深浅程度，如深蓝色、棕黄色、暗黑色等。然后取一定量水样，用蒸馏水稀释到刚好看不到颜色，以稀释倍数表示该水样的色度，单位为倍。所取水样应无树叶、枯枝等杂物；取样后应尽快测定，否则应冷藏保存。

还可以用国际照明委员会（CIE）制定的分光光度法测定水样的色度，其结果可定量地描述颜色的特征。

（二）废水色度的处理方法

色度较高的废水主要是来自制浆、染料、印染废水以及纺织和制革工业。针对这些典型的含色废水，处理方法包括如下几种。

1. 大剂量石灰凝聚沉淀法

该方法采用旋转窑焙烧沉淀污泥，重复利用沉淀污泥中的石灰，因而可以在最佳的COD去除条件下大量投加石灰，从而达到脱色目的。

2. 聚合树脂分离法

这是采用可再生的聚合树脂来去除黑液或漂色废水色度的技术，虽然没有实例证明该技术上已充分满足脱色要求，但几种特殊的聚合树脂已获得良好的脱色效果。

3. 电化学凝聚法

在电化学处理助剂投加的条件下，把凝聚剂加入经电化学处理后的废水中，并在沉淀池中进行凝聚沉淀处理，废水经净化后即可排放。

4. 生化法

现在比较成熟的生化法有活性污泥法和生物膜法两大类。生化法一般可以去除90%左右的可生物降解的有机物，同时去除90%～95%的固体悬浮物。

5. 电凝聚法

电凝聚法处理染色、染料废水具有较好的脱色效果。电解是利用直流电进行溶液氧化还原反应的过程。电解时把电能转变为化学能的装置为电解槽，接通直流电源后，电解槽的阴极和阳极之间发生了电位差，驱使正离子移向阴极，在阴极取得电子，进行还原反应；负离子移向阳极，在阳极放出电子，进行氧化反应。

6. 活性炭法

废水处理中，吸附法处理的主要对象是废水中用生化法难以降解的有机物或用一般氧化法难以氧化的溶解性有机物。当用活性炭等对这类废水进行处理时，它不但能够吸附这些难分解的有机物，降低COD，还能使废水脱色、脱臭，将废水处理到可重复利用的程度。

以上几种方法中，前3种主要适用于处理制浆废水，而染料、印染废水由于污染物质成分复杂，很难用单一的处理方法彻底解决色度问题，故常需在一级和二级处理设备之后，加设三级处理，后3种方法主要适用于这种类型的废水。

四、浊度

浊度是反映水中的不溶解物质对光线透过时阻碍程度的指标，通常仅用于天然水和饮用水，而污水和废水中不溶物质含量高，一般要求测定悬浮物。测定浊度的方法有目视比浊法、分光光度法、浊度仪法等。

（一）目视比浊法

1. 方法原理

将水样与用精制的硅藻土（或白陶土）配制的系列浊度标准溶液进行比较，来确定水样的浊度。规定 1000mL 水中含 1mg 一定粒度的硅藻土所产生的浊度为一个浊度单位，简称"度"。

2. 测定要点

① 用通过 0.1mm 筛孔（150 目），并经烘干的硅藻土和蒸馏水配制浊度标准贮备液。

② 视水样浊度高低，用浊度标准贮备液和具塞比色管或具塞无色玻璃瓶配制系列浊度标准溶液。

③ 取与系列浊度标准溶液等体积的摇匀水样或稀释水样，置于与之同规格的比浊器皿中，与系列浊度标准溶液比较，选出与水样产生视觉效果相近的标准液，其浊度即为水样的浊度。如用稀释水样，测得浊度应再乘以稀释倍数。

浊度高低不仅与水中的溶解物质数量、浓度有关，而且与不溶物质颗粒大小、形状、对光散射特性及水样放置时间、水温、pH 值等有关。

（二）分光光度法

1. 方法原理

以甲基聚合物（由硫酸肼和六次甲基四胺反应而成）配制标准浊度溶液，用分光光度计于 680nm 波长处测其吸光度，与在同样条件下测定水样的吸光度比较，得知其浊度。

2. 测定要点

① 取浓度为 10mg/mL 的硫酸肼 $[(NH_2)_2 \cdot H_2SO_4]$ 溶液和浓度 100mg/mL 的六次甲基四胺溶液各 5.00mL 于 100mL 容量瓶中，混匀，于 (25±3)℃ 下反应 24h，冷却后用无浊度水稀释至刻度，制得浊度为 400 NTU（浊度单位）的贮备液。

② 用①中的标准贮备液配制系列浊度标准溶液（浊度范围视水样浊度大小决定）。

③ 用分光光度计于 680nm 波长处，以无浊度水作参比，测定系列浊度标准溶液的吸光度，绘制标准曲线。

④ 将水样摇匀，按照测定系列浊度标准溶液的方法测其吸光度，并由标准曲线上查得相应浊度。

（三）浊度仪法

浊度仪是通过测量水样对一定波长光的透射或散射强度而实现浊度测定的专用仪器，有透射光式浊度仪、散射光式浊度仪和透射光-散射光式浊度仪。

透射光式浊度仪测定原理同分光光度法，其连续自动测量式采用双光束（测量光束与参比光束），以消除光源强度等条件变化带来的影响。

散射光式浊度仪测定原理基于：当光射入水样时，构成浊度的颗粒物对光发生散射，散射光强度与水样的浊度成正比。按照测量散射光位置的不同，将这类仪器分两种。一种是在与入射光垂直的方向上测量，如根据 ISO 7027—2—2019 国际标准设计的便携式浊度计，以发射波长为 890nm 高强度的红外发光二极管为光源，将光电传感器放在与发射光垂直的位置上，用微电脑进行数据处理，可进行自检和直接读出水样的浊度值。另一种是测量水样表面上的散射光，称为表面散射式浊度仪。

透射光-散射光式浊度仪可同时测量透射光和散射光强度，根据其比值测定浊度。用这种仪器测定浊度，受水样色度影响小。

五、透明度

洁净的水是透明的，水中存在悬浮物、胶体物质、有色物质和藻类时，会使其透明度降低。湖泊、水库、海洋水等常测定透明度。测定透明度常用铅字法和塞氏盘法。

（一）铅字法

该方法用透明度计测定。透明度计是一种长 330mm，内径 2.50mm 并具有刻度的无色玻璃圆筒，筒底有一磨光玻璃片和放水侧管（如图 3-2）。测定时，将摇匀的水样倒入筒内，从筒口向下观察，并由放水口缓慢放水，直至刚好能看清放在底部的标准铅字印刷符号，则筒中水柱高度（以 cm 计）即为被测水样的透明度，读数估计至 0.5cm。水位超过 30cm 时为透明水样。

方法受检验人员的主观因素影响较大，在保证照明等条件相同的条件下，最好取多次或多人测定结果的平均值。

图 3-2　透明度计

图 3-3　塞氏盘

（二）塞氏盘法

这是一种现场测定透明度的方法。塞氏盘为直径 200mm 的铁片圆板，板面从中心平分为四个部分，黑白相间，中心穿一带铅锤的铅丝，上面系一用 cm 标记的细绳（如图 3-3）。测定时，将塞氏盘平放入水中，逐渐下沉，到刚好看不到盘面的白色时，记录其深度（cm），即为被测水样的透明度。

六、残渣

水中的残渣分为总残渣、可滤残渣和不可滤残渣三种。它们是表征水中溶解性物质、不溶解性物质含量的指标。

（一）总残渣

总残渣是水或污水样在一定的温度下蒸发、烘干后剩余的物质，包括不可滤残渣和可滤残渣。其测定方法是取适量（如 100mL）振荡均匀的水样于称至恒重的蒸发皿中，在蒸汽浴或水浴上蒸干，移入 103～105℃烘箱内烘至恒重，增加的质量即为总残渣。

公式如下：

$$总残渣量（mg/L）= \frac{(A-B) \times 1000 \times 1000}{V}$$

式中　A——总残渣和蒸发皿质量，g；

　　　B——蒸发皿质量，g；

　　　V——水样体积，mL。

（二）可滤残渣

可滤残渣量是指将过滤后的水样放在称至恒重的蒸发皿内蒸干，再在一定温度下烘至恒重所增加的质量。一般测定 103～105℃烘干的可滤残渣，但有时要求测定 (180 ± 2)℃烘干的可滤残渣。水样在此温度下烘干，可将吸着水全部赶尽，所得结果与化学分析结果所计算的总矿物质含量较接近。计算方法同总残渣。

（三）不可滤残渣（悬浮物，SS）

水样经过滤后留在过滤器上的固体物质，于 103～105℃烘至恒重得到的重量称为不可滤残渣量。它包括不溶于水的泥砂、各种污染物、微生物及难溶无机物等。常用的滤器有滤纸、滤膜、石棉坩埚。由于它们的滤孔大小不一致，故报告结果时应注明。石棉坩埚通常用于过滤酸或碱浓度高的水样。

地表水中存在悬浮物，使水体浑浊，透明度降低，影响水生生物呼吸和代谢；工业废水和生活污水含大量无机、有机悬浮物，易堵塞管道、污染环境，因此，为必测分析指标。

七、矿化度

矿化度是水体化学成分测定的重要指标，用于评价水中总含盐量，是农田灌溉用水适用性评价的主要指标之一。该指标一般只用于天然水。对无污染的水样，测得的矿化度值与该水样在 103～105℃时烘干的可滤残渣量值相近。

矿化度的测定方法有重量法，电导法，阴、阳离子加和法，离子交换法，比重计法等。重量法含义明确，是较简单、通用的方法。

重量法测定原理是取适量经过滤除去悬浮物及沉降物的水样于已称至恒重的蒸发皿中，在水浴上蒸干，加过氧化氢除去有机物并蒸干，移至 105～110℃的烘箱中烘干至恒重，计算出矿化度（mg/L）。

八、电导率

水的电导率与其所含无机酸、碱、盐的量有一定的关系。当它们的浓度较低时，电导率随浓度的增大而增加，因此，该指标常用于推测水中离子的总浓度或含盐量。不同类型的水有不同的电导率。新鲜蒸馏水的电导率为 $0.5\sim2\mu S/cm$，但放置一段时间后，因吸收了CO_2，增加到 $2\sim4\mu S/cm$；超纯水的电导率小于 $0.10\mu S/cm$；天然水的电导率多在 $50\sim500\mu S/cm$ 之间，矿化水可达 $500\sim1000\mu S/cm$；含酸、碱、盐的工业废水电导率往往超过 $10000\mu S/cm$；海水的电导率约为 $30000\mu S/cm$。

（一）基本概念

电解质溶液也遵守欧姆定律，其电导（L）是电阻（R）的倒数，电导率（或比电导，K）是电阻率（ρ）的倒数，故电导率是指相距 1cm 的两平行金属板电极间充以 $1cm^3$ 电解质溶液所具有的电导。电导率与电导和电极几何尺寸间的关系如下：

$$K = LQ$$

式中：$Q = \dfrac{l}{A}$，称为电极常数或电导池常数其中 l 为两平行板极间距，A 为板极面积。

电极常数一般先测定已知电导率的标准氯化钾溶液的电导，再由上式求得。不同浓度氯化钾溶液的电导率可从物理化学手册中查到。

电导率测定受溶液温度、电极极化现象及电极分布电容等因素影响，电导仪上一般都采用了补偿或消除措施。

（二）电导仪

电导仪是测定溶液电导或电导率的专用仪器，由电导池系统和测量仪器组成。根据测量电导的原理不同，电导仪分为平衡电桥式、电阻分压式、电流测量式、电磁诱导式等类型。

早期的电导仪大多是交流平衡电桥式，测量精度高，但操作较繁琐。现在多使用电阻分压式、电流测量式等直读式电导仪。电阻分压式电导仪工作原理如图 3-4 所示，被测溶液电阻 R_x 与分压电阻 R_m 串联，接通外加电源后，构成闭合回路，则 R_m 上的分压 E_m 为：

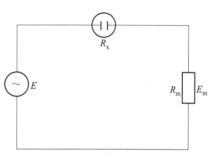

$$E_m = \frac{R_m E}{R_x + R_m} = \frac{R_m E}{\dfrac{1}{L_x} + R_m}$$

图 3-4　电阻分压式电导仪工作原理

由上式可知，因为输入电压 E 和分压电阻 R_m 均为定值，故被测溶液的电阻 R_x 或电导 L_x 变化必将导致输出电压 E_m 的变化。可见，通过测量 E_m 便可知 R_x 或 L_x。

电导仪有便携型、实验室型和在线测量型，还有能测定电导率、pH 值、溶解氧、浊度和总盐度的多功能型。

九、氧化还原电位

对一个水体来说，往往存在多种氧化还原电对，构成复杂的氧化还原体系，而其氧化还原电位是多种氧化物质与还原物质发生氧化还原反应的综合结果。这一指标虽然不能作为某种氧化物质与还原物质浓度的指标，但能帮助人们了解水体的电化学特征，分析水体的性质，是一项综合性指标。

1. 定义

在水体中，每一种物质都有其独特的氧化还原特性。可以简单理解为：在微观上，每一种不同的物质都有一定的氧化还原能力，这些氧化还原性不同的物质能够相互影响，最终构成了一定的宏观氧化还原性。所谓的氧化还原电位就是用来反映水溶液中所有物质反映出来的宏观氧化还原性。氧化还原电位越高，氧化性越强，电位越低，氧化性越弱。电位为正表示溶液显示出一定的氧化性，为负则说明溶液显示出还原性。

过滤系统，除去反硝化，实际都是一种具有氧化性的生化过滤装置。对于有机物来说，微生物通过氧化作用断开较长的碳链（或者打开各种碳环），再经过复杂的生化过程，最终将各种不同形式的有机碳氧化为二氧化碳；同时，这些氧化作用还将氮、磷、硫等物质从相应的碳键上断开，形成相应的无机物。对于无机物来说，微生物通过氧化作用将低价态的无机物质氧化为高价态的物质。这就是氧化性生化过滤的实质（这里只关心那些被微生物氧化分解的物质，而不关心那些被微生物吸收、同化的物质）。可以看到，在生化过滤的同时，水中物质不断被氧化。生化过滤的过程伴随着氧化产物的不断生成，从宏观上来看，氧化还原电位是不断被提高的。因此，从这个角度上看，氧化还原电位越高，表明水中的污染物质被过滤得越彻底。

例如从无机氮的产生和转化过程能看出氧化还原电位所表征的意义。无机氮的来源是有机氮，比如蛋白质（氨基酸缩聚物）、杂环化物（碳、氮共同构成的环）、重氮、偶氮化物（含有 N≡N 和 N═N 的物质）等。由于这些有机氮都是还原性的（这些物质的化学键不饱和或者不够饱和，键能不够大，能够与氧形成更饱和、更稳定的化学键，因此认为他们具有还原性），容易被氧化，因此显示出较低的氧化还原电位。经过氨化细菌的氧化作用，有机氮被转化为无机氮。由于氨、亚硝酸和硝酸的氧化性是逐渐增强的，随着硝酸的产生，氧化还原电位将被显著提高。硝酸是一种氧化性很强的酸，如果水溶液中大量存在硝酸，那么有机碳是很难存在的，这就是说，较高的氧化还原电位代表水溶液中有机物被分解得较为完全。

但是，氧化还原电位是多种物质共同影响的。硝酸根离子在不同的酸碱度下显示出来的氧化性是完全不同的，酸性越强，氧化还原电位越高，反之则越低。换句话说，同样的水质，通过改变氢离子浓度就能够改变其氧化还原电位。这说明不能仅用氧化还原电位来描述硝酸根离子浓度的高低或者水质的好坏。或者说氧化还原电位的高低并不是水质好坏的比较标准，氧化还原电位并不能单独用于表征水质好坏，只是一个参考标准。

2. 实际意义

① 间接反映水中硝酸等物质的浓度积累程度。鱼缸中的水质是相对稳定的，随着生化过滤的不断进行，氧化态的不断提高，溶液的氧化还原电位是不断提高的，其与水中高价态的无机离子浓度的积累是正相关的。换句话说，在稳定的水质中，在外界不提供其他无机离子的状况下，能够由氧化还原电位简单估计出硝酸等物质在水中积累的程度。

② 监测过滤中微生物的氧化效率。上面提到，过滤一般都是处在氧化过滤状态，不断提高水溶液的氧化还原电位。实际上，微生物就是利用获得的能量，维持自身及周围环境在较高的氧化还原电位上。因此，过滤中的水体能够维持在一个较高的氧化还原电位环境上，通过监测过滤中的电位，可以间接了解到过滤的效率。反之，如果使用到一些还原性的过滤系统，比如反硝化过滤系统，实际上这些细菌就是需要处在较低的氧化还原电位上才能将硝酸还原，那么也可以通过氧化还原电位来估计反硝化是否有足够的条件存在。一般来讲，正常的反硝化需要维持氧化还原电位在 $-200mV$ 至 $-400mV$ 之间，微生物才能获得足够的氢来还原硝酸。

③ 反映出水中某些无机物的浓度和水生生物状态。在一些情况下，需要维持水中一些无机物的浓度，比如草缸需要不断补充二氧化碳。二氧化碳实际上就是碳的最高氧化态，无论什么形式的碳，在被氧化后最终都是形成稳定的二氧化碳。因此可以在水中通过氧化还原电位来显示这种具有碳原子最高氧化态的物质的浓度。换个角度来看这个问题：草缸中，植物通过二氧化碳的吸收来释放氧气，而光线就是二氧化碳转化为氧气的催化剂。在光照基本维持恒定的情况下，二氧化碳浓度越高，氧气就释放得越多。水中较高的溶解氧则显示出较高的氧化还原电位。因此可以从氧化还原电位来看出水生植物释放氧化性物质的效率。

3. 测定

水体的氧化还原电位必须在现场测定。其测定方法是以铂电极作指示电极，饱和甘汞电极作参比电极，与水样组成原电池，用晶体管毫伏表或通用 pH 计测定铂电极相对于甘汞电极的氧化还原电位，将测定结果换算成相对于标准氢电极的氧化还原电位作为报告结果。计算式如下：

$$E_n = E_{ind} + E_{ref}$$

式中：E_n 为被测水样的氧化还原电位，mV；E_{ind} 为实测水样的氧化还原电位，mV；E_{ref} 为测定温度下饱和甘汞电极的电极电位，mV。上述均可从物理化学手册中查到。

氧化还原电位受溶液温度、pH 值及化学反应可逆性等因素影响。

 拓展阅读

我国环保奇迹！从臭水湖到"明珠湖"

滇池是中国最大的高原湖泊之一，位于云南省昆明市西南部。它有着悠久的历史和丰富的文化。早在春秋战国时期，滇池就被称为"滇水"，是当时滇国的重要水源。

滇池水质是什么时候开始变差的呢？据说是从民国时期开始的。当时，由于战乱和贫困，很多人开始在滇池周边开垦农田、养殖鱼虾、建设工厂、排放污水。这些活动导致了滇池水面缩小、水位下降、水质恶化、水生植物减少、水生动物死亡。到了新中国成立后，由于人口增加和经济发展，滇池的环境问题更加严重了。特别是在 20 世纪 80 年代以后，滇池出现了大面积的蓝藻水华现象，湖水变得发黑发臭，影响了周边居民的生活和健康。

幸好，在 20 世纪 90 年代以后，国家和地方政府开始重视起滇池的保护治理工作。他们制定了一系列的规划和措施，投入了大量的资金和人力，进行了多方面的整治和修复。

首先是建设污水处理厂、雨污分流管网、截污井等设施，对滇池流域内的生活污水和工业废水进行收集、处理和排放，减少其对湖水的直接污染。据统计，截至 2020 年底，滇池流域共建成了 36 座污水处理厂，日处理能力达到了 85.5 万吨，覆盖率达到了 95% 以上。

其次是通过清淤疏浚、拦沙截污等生态修复措施，对滇池的主要入湖河流进行综合整治，改善河道水质和生态环境，减少对湖水的间接污染。据统计，截至 2020 年底滇池流域共完成了 24 条入湖河流的治理工作，总长度达到了 255 公里。

此外对滇池湖底的沉积物进行清除，减少内源污染，提高湖水透明度和含氧量，恢复湖泊生态功能。截至 2020 年底，滇池共完成了约 1.2 亿立方米的清淤疏浚工作。

最后是通过牛栏江引水-滇池补水工程等方式，为滇池引入新鲜水源，增加湖水流量和换水率，稀释和冲走湖中的营养物质和有害物质，改善湖水质量和生态状况。目前，牛栏江引水-滇池补水工程已累计向滇池补充了约 10 亿立方米的新鲜水。

这些努力取得了显著的成效。在过去的 30 多年里，滇池的水质从劣 V 类提升到了 IV 类，水面面积从 172 平方公里增加到了 197 平方公里，水位从 1884 米上升到了 1891 米，水生植物从几乎绝迹恢复到了近 40 种，水生动物从仅剩下几种增加到了近 200 种。滇池的风光也恢复了往日的魅力，吸引了众多的游客和摄影爱好者来此观赏。滇池的保护治理工作被誉为"中国环保史上的奇迹"，也得到了国际社会的广泛认可和赞扬。

思考题

请谈谈你对国家治理水体污染的认识。

项目二　水样的物理指标分析技能训练

 技能训练1　福尔马肼分光光度法

本方法适用于锅炉用水和冷却水的浊度分析,适用范围 4~400FTU。

1. 方法概要

采用分光光度计对被测水样和标准悬浊液的吸光度进行测定。水样带有颜色可用 $0.15\mu m$ 滤膜过滤器过滤,并以此溶液作为空白。

2. 仪器设备

① 分光光度计,波长范围 360~910nm。

② 滤膜过滤器滤膜孔径为 $0.15\mu m$。

③ 容量瓶 100mL、500mL。

④ 移液管 5mL、10mL、25mL、50mL。

3. 试剂

(1) 无浊度水　将二级试剂水以 3mL/min 的流速经 $0.15\mu m$ 滤膜过滤,弃去 200mL 初始滤液,使用时制备。

(2) 福尔马肼浊度储备标准液 (400FTU)

① 硫酸肼溶液。称取 1.000g 硫酸肼 $[(NH_2)_2H_2SO_4]$,用少量无浊度水溶解,移入 100mL 容量瓶中,并稀释至刻度,摇匀。

② 六次甲基四胺溶液。称取 10.000g 六次甲基四胺 $[(CH_2)_6N_4]$,用少量无浊度水溶解,移入 100mL 容量瓶中,并稀释至刻度,摇匀。

③ 福尔马肼标准贮备液 (浊度为 400FTU)。分别移取硫酸肼溶液和六次甲基四胺溶液各 25mL,注入 500mL 容量瓶中,充分摇匀,在 $(25\pm3)℃$下静置 24h,用无浊度水稀释至刻度。

4. 操作步骤

(1) 工作曲线的绘制

① 浊度为 40~400FTU 的工作曲线。按表 3-3 用移液管吸取浊度储备标准溶液,分别加入一组 100mL 的容量瓶中,用无浊度水稀释至刻度,摇匀,放入 10mm 比色皿中,以无浊度水作参比,在波长 680nm 处测吸光度,并绘制工作曲线。

表 3-3　浊度标准溶液配制 (40~400FTU)

标准储备液/mL	0.00	10.00	25.00	50.00	75.00	100.00
浊度/FTU	0	40	100	200	300	400

② 浊度为 4～40FTU 的工作曲线。按表 3-4 用移液管吸取浊度储备标准溶液，分别加入一组 100mL 的容量瓶中，用无浊度水稀释至刻度，摇匀，放入 50mm 比色皿中，以无浊度水作参比，在波长 680nm 处测吸光度，并绘制工作曲线。

表 3-4　浊度标准溶液配制（4～40FTU）

标准储备液/mL	0.00	1.00	2.50	5.00	7.50	10.00
浊度/FTU	0	4	10	20	30	40

（2）水样的测定　取充分摇匀的水样，直接注入比色皿中，用绘制工作曲线的相同条件测定吸光度，从工作曲线上求其浊度。

5. 注意事项

（1）水样　水样收集于具塞的玻璃瓶内，应在取样后尽快测定。如需保存，可在 4℃、冷暗处保存 24h，测试前要激烈振荡水样并恢复到室温。

（2）操作

① 在校准和测量过程中使用同一比色皿，以降低比色皿带来的误差。

② 将待测水样沿着比色皿边缘缓慢倒入，以免产生气泡影响测量值的稳定。

③ 测试前水样要激烈振摇并恢复到室温，否则倒入比色皿中的水样无代表性，且温度低于室温时，比色皿表面易雾化，影响测定结果。

④ 比色皿要垂直放入仪器测量池中，每次放置的位置要固定。

⑤ 比色皿插入测量池前，用无绒布将其擦干净，比色皿必须无指纹、油污脏物，特别是光通过的区域必须洁净。在透光面上有划痕的比色皿会影响测定结果。

⑥ 比色皿表面光洁度和水样中的气泡对测定结果影响较大。测定时将水样倒入比色皿后，可先用滤纸小心吸去比色皿透光窗表面水滴，再用擦镜纸或擦镜软布将比色皿透光窗擦拭干净，避免比色皿透光窗表面产生划痕。仔细观察试样瓶中的水样，等气泡完全消失后才能进行测定。

（3）方法及试剂

① 有方法介绍用 860nm 或 550nm 测定。选择 860nm 测定，可以消除可溶性物质对浊度测定的影响，但此处散射光强度较低，以致不能测定浊度很低的水样。选择 550nm 测定，效果较好，但水样必须是无色的。不同波长测得的结果不能相互比较。

② 浊度单位。

a. 度。相当于 1mg 一定粒度的硅藻土在 1000mL 水中所产生的浑浊程度，称为 1 度。该单位只在以硅藻土配制浊度标准液时使用，有一定局限性。

b. FTU。用硫酸肼与六次甲基四胺配制浊度标准液时所使用的单位，称为福尔马肼浊度单位。这给与硅藻土浊度标准液单位相区别带来便利。由硫酸肼与六次甲基四胺聚合生成白色高分子聚合物，有的资料称为甲肼聚合物，有的称为福尔马肼。后者逐渐被接受。

c. NTU。由国际标准 ISO 7027—2—2019 规定的标准散射浊度单位。将 5.0mL 1％硫酸肼溶液与 5.0mL 10％六次甲基四胺溶液在 100mL 容量瓶中混匀，于（25±3）℃反应 24h 后加无浊度水至刻度，成为 400FTU 的浊度标准贮备液。

③ 水样浊度超过 10FTU 时，须稀释后再测定，结果等于测得的浊度乘以稀释倍数。

④ 福尔马肼浊度贮备标准液，在（25±3）℃条件下于暗处保存，可稳定存放在四周。

⑤ 试剂水存放时应该避免日光直射，防止藻类生长。

⑥ 测定时吸光度不稳定，随时间下降，是因水样中有不溶物沉淀。

⑦ 测定时吸光度不稳定，随时间上升，是因水样稳定性低，与室温差别大。

 技能训练 2　浊度仪法

本方法适用于锅炉用水、软化水、除盐水和冷却水的浊度分析。

1. 方法概要

本测定方法是根据光透过被测水样的强度，以福尔马肼标准悬浊液作标准溶液，采用浊度仪来测定。

2. 仪器设备

① 浊度仪。

② 滤膜过滤器。装配孔径为 $0.15\mu m$ 的微孔滤膜。

3. 试剂

(1) 无浊度水的制备　将二级试剂水以 3mL/min 流速，经 $0.15\mu m$ 滤膜过滤，弃去 200mL 初始滤液，必要时重复过滤一次。此过滤水即为无浊度水，需贮存于清洁的、并用无浊度水冲洗后的玻璃瓶中。

(2) 福尔马肼浊度贮备标准溶液的制备（浊度为 400FTU）

① 硫酸肼溶液。称取 1.000g 硫酸肼 $[(NH_2)_2 H_2SO_4]$，用少量无浊度水溶解，移入 100mL 容量瓶中，并稀释至刻度，摇匀。

② 六次甲基四胺溶液。称取 10.000g 六次甲基四胺 $[(CH_2)_6 N_4]$，用少量无浊度水溶解，移入 100mL 容量瓶中，并稀释至刻度，摇匀。

③ 福尔马肼标准贮备液（浊度为 400FTU）。用移液管分别准确吸取硫酸肼溶液和六次甲基四胺溶液各 5mL，注入 100mL 容量瓶中，摇匀后在（25±3）℃下静置 24h，然后用无浊度水稀释至刻度，并充分摇匀。

④ 福尔马肼工作液（浊度为 200FTU）。用移液管吸取浊度为 400FTU 的福尔马肼标准贮备溶液 50mL，移入 100mL 容量瓶中，用无浊度水稀释至刻度，摇匀备用。此浊度福尔马肼工作液有效期不超过 2d。

4. 测定

(1) 仪器校正

① 调零。用无浊度水冲洗试样瓶 3 次，再将无浊度水倒入试样瓶内至刻度线，然后擦净瓶体的水迹和指印，置于仪器试样座内，旋转试样瓶的位置，使试样瓶的记号线对准试样座上的定位线，然后盖上遮光盖，待仪器显示稳定后，调节"零位"旋钮，使浊度显示为零。

② 校正。按表 3-5 配制福尔马肼标准浊度溶液。从表 3-5 选择与被测水样浊度相近的福尔马肼标准浊度溶液的吸取量，用移液管准确吸取浊度为 200FTU 的福尔马肼工作液，注入 100mL 容量瓶中，用无浊度水稀释至刻度，充分摇匀后使用。福尔马肼标准浊度溶液不

稳定，宜使用时配制，有效期不超过 2h。

表 3-5　配制福尔马肼标准浊度溶液吸取 200FTU 福尔马肼工作液的量

编号	1	2	3	4	5	6
200FTU 福尔马肼工作液吸取量/mL	0	2.50	5.00	10.0	20.0	50.0
相当水样浊度/FTU	0	5.0	10.0	20.0	40.0	100.0

用上述配制的福尔马肼标准浊度溶液，冲洗试样瓶 3 次，再将标准浊度溶液倒入试样瓶内，擦净瓶体的水迹和指印后，置于试样座内，并使试样瓶的记号线对准试样座上的定位线，盖上遮光盖，待仪器显示稳定后，调节"校正"旋钮，使浊度显示为标准校正液的浊度值。

（2）测定　取充分摇匀的水样冲洗试样瓶 3 次，再将水样倒入试样瓶内至刻度线，擦净瓶体的水迹和指印后，置于试样座内，旋转试样瓶位置，使试样瓶的记号线对准试样座上的定位线，盖上遮光盖，待仪器显示稳定后，直接在浊度仪上读数。

5. 注意事项

① 不同的水样，如果浊度相差较大，测定时应当重新进行定位校正。

② 必须按照使用说明书的规定配制溶液，校准仪器。在每档测量范围内取 6 个点（包括空白）绘制标准曲线。

③ 制备福尔马肼贮备标准溶液时，吸取硫酸肼溶液和六次甲基四胺溶液各 5mL，注入 100mL 容量瓶中，混合均匀尽量不挂壁。

技能训练 3　总固体（总残渣）的测定——重量法

本方法适用于溶解性总固体大于 25mg/L 的天然水、冷却水炉水水样的测定。

1. 方法概要

将一定体积的水样，置于已知质量的蒸发皿中蒸干后，于 103～105℃ 干燥至恒重，所得剩余残留物为水中的总固体。

2. 仪器设备

①干燥箱。②分析天平。③蒸发皿。④干燥器。⑤恒温水浴。⑥加热器（电热板或电炉子）。

3. 操作步骤

将洗净的蒸发皿置于 103～105℃ 干燥箱中烘至恒重，待用。移取 100mL 充分摇匀的水样，置于已知质量的蒸发皿中，置于加热器上蒸发。注意不要使水样沸腾。如取水样量较多，在蒸发浓缩时不断补入水样。当水样浓缩至 20～30mL 时，将蒸发皿移至废水浴上将水样蒸发至干，再将蒸发皿于 103～105℃ 下干燥至恒重。

4. 结果计算

水样中总固体含量，按下式计算：

$$总固体含量(mg/L) = \frac{(A-B) \times 1000 \times 1000}{V}$$

式中　A——总残渣和蒸发皿质量，g；

　　　B——蒸发皿质量，g；

　　　V——水样体积，mL。

5. 允许差

取平行测定结果的算术平均值为测定结果。平行测定结果的绝对差值不大于 5mg/L。

6. 注意事项

① 为防止蒸干、烘干过程中落入杂物而影响试验结果，必须在蒸发皿上放置玻璃三脚架并加盖表面皿。

② 将水样蒸发至干时，不得将蒸发皿置于电热板或电炉子上直接加热，否则水样沸腾时水滴飞溅会造成损失，使测定结果偏低。

③ 测定溶解固形物使用的瓷蒸发皿，也可以用玻璃蒸发皿代替瓷蒸发皿。优点是易恒重。

④ 水浴的下面不能与蒸发皿接触，以免沾污蒸发皿，影响测定结果。

 技能训练 4　溶解性固体（不可滤残渣）的测定——重量法

本方法适用于溶解性固体含量不低于 25mg/L 的天然水、工业循环冷却水、炉水水样的测定。

1. 方法概要

移取过滤后的一定量的水样，在指定温度下干燥至恒重。

2. 仪器设备

①干燥箱。②分析天平。③蒸发皿。④干燥器。⑤恒温水浴。⑥加热器（电热板或电炉子）。⑦慢速定量滤纸或滤板孔径为 $2 \sim 5 \mu m$ 的玻璃砂芯漏斗。

3. 操作步骤

将待测水样用慢速定量滤纸或滤板孔径为 $2 \sim 5 \mu m$ 的玻璃砂芯漏斗过滤。用移液管移取 100mL 水样，置于已在 $103 \sim 105 ℃$ 下干燥至恒重的蒸发皿中。将蒸发皿置于沸水浴上将水样蒸发至干，再将蒸发皿于 $103 \sim 105 ℃$ 下干燥至恒重。

4. 结果计算

水样中溶解性固体含量按下式计算：

$$溶解性固体含量（mg/L）=\frac{(A-B) \times 1000 \times 1000}{V}$$

式中　A——蒸发皿和残留物的质量，g；

　　　B——蒸发皿质量，g；

　　　V——水样体积，mL。

5. 允许差

取平行测定结果的算术平均值为测定结果。平行测定结果的绝对差值不大于 5mg/L。

6. 注意事项

① 将水样蒸发至干时，不得将蒸发皿直接置于电热板或电炉子上加热，否则水样沸腾时水滴飞溅会造成损失，使测定结果偏低。

② 为防止蒸干、烘干过程中落入杂物而影响试验结果，必须在蒸发皿上放置玻璃三脚架并加盖表面皿。

③ 测定溶解固形物使用的瓷蒸发皿，也可以用玻璃蒸发皿代替瓷蒸发皿。优点是易恒重。

④ 锅炉水"固氯比"测算方法

a. 水中溶解固形物量与氯离子含量的比值称为"固氯比"，按下式计算：

$$K_{GL} = \rho_{RG} / \rho_{Cl^-}$$

式中　　K_{GL}——水的"固氯比"；

　　　　ρ_{RG}——水中溶解固形物的含量，mg/L；

　　　　ρ_{Cl^-}——水中氯离子的含量，mg/L。

b. 锅水"固氯比"测算。取锅水水样 3 个，分别测出各个水样中的溶解固形物量和氯离子含量，然后按上式计算得到各个水样的"固氯比"。

3 个锅水水样"固氯比"的算术平均值按下式计算：

$$K'_{GL} = \frac{K_{GL1} + K_{GL2} + K_{GL3}}{3}$$

式中　　　　　　K'_{GL}——3 个锅水水样"固氯比"的算术平均值；

K_{GL1}、K_{GL2}、K_{GL3}——3 个锅水水样"固氯比"测算值。

c. 锅水氯离子含量控制值计算：

$$\rho_{Cl^-} = \rho_{RG} / K'_{GL}$$

式中　　ρ_{Cl^-}——水中氯离子含量控制值，mg/L；

　　　　ρ_{RG}——锅水中溶解固形物量控制值，mg/L。

锅水中的"固氯比"将随给水水质或锅炉运行工况的变化而变化，因此需定期进行复测和修正。

 技能训练 5　溶解性固体（不可滤残渣）的测定——电导法

本方法适用于测定循环冷却水和天然水中的溶解性固体。

1. 方法提要

由于各种可溶性强电解质在水中具有一定的导电能力，因而冷却水的电导率能间接地表示出溶解物质的含量，从而使溶解性固体的测定更为简便快速。

2. 仪器

①电导仪。②温度计（0～50℃）。③慢速定量滤纸或 G5 玻璃砂芯漏斗。

3. 试验步骤

（1）用重量法标定电导率　循环冷却水每浓缩至 2、3、4、5、6 倍时，分别取两份水样。1份按上述重量法测定溶解性固体含量 G （mg/L），另一份置于 25℃恒温水浴中，测定其电导率 D （μS/cm）。绘制电导率—溶解性固体曲线。

（2）水样的测定　以烧杯盛取水样，置于恒温水浴中，等水样温度达到 25℃时，测定其电导率 D' （μS/cm）。

注：①每次测定的水样电导率必须在电导率—溶解性固体曲线范围内，否则测定误差大。②水样亦可在室温测定，用电导与温度关系式进行换算：

$$D_{25}=\frac{D_1}{1+0.022(t-25)}$$

式中　t——水样的温度，℃；

D_1——t℃水样的电导率，μS/cm；

D_{25}——25℃水样的电导率，μS/cm。

4. 计算

水样中溶解性固体含量 X （mg/L）可直接以水样的电导率从电导率—溶解性固体曲线求出。

5. 允许差

本方法的精确度受溶解性固体的性质和数量的影响，同时也受烘干温度的影响，无明确界限。

 技能训练6　电导率的测定——普通测量法

本方法适用于电导率大于 $10μS/cm$ （25℃）的锅炉用水和冷却水电导率的测定。

1. 方法概要

溶解于水的酸、碱、盐电解质，在溶液中解离成正、负离子，使电解质溶液具有导电能力，其导电能力的大小用电导率表示。

2. 仪器设备

（1）电导率仪　测量范围 $0\sim10^4μS/cm$。

（2）电导电极（简称电极）　光亮铂电极。

（3）温度计　实验室测定时精度为±0.1℃，非实验室测定时精度为±0.5℃。

3. 试剂

（1）氯化钾标准溶液 $[c(KCl)=1mol/L]$　称取在 105℃干燥 2h 的优级纯氯化钾（或基准试剂）74.246g，用新制备的二级试剂水溶解后移入 1000mL 容量瓶中，在 （20±2）℃下稀释至刻度，混匀放入聚乙烯塑料瓶或硬质玻璃瓶中，密封保存。

（2）氯化钾标准溶液 $[c(KCl)=0.1mol/L]$　称取在 105℃干燥 2h 的优级纯氯化钾（或基准试剂）7.4365g，用新制备的二级试剂水溶解后移入 1000mL 容量瓶中，在 （20±2）℃下稀释至刻度，混匀放入聚乙烯塑料瓶或硬质玻璃瓶中，密封保存。

（3）氯化钾标准溶液 $[c(KCl)=0.01mol/L]$　称取在 105℃干燥 2h 的优级纯氯化钾（或基准试剂）0.7440g，用新制备的二级试剂水溶解后移入 1000mL 容量瓶中，在 （20±

2)℃下稀释至刻度，混匀放入聚乙烯塑料瓶或硬质玻璃瓶中，密封保存。

（4）氯化钾标准溶液 [$c(KCl)=0.001mol/L$] 使用前用移液管准确吸取 $c(KCl)=0.01mol/L$ 的氯化钾标准溶液 100.00mL，移入 1000mL 容量瓶中，用新制备的一级试剂水在（20±2）℃下稀释至刻度，混匀。

氯化钾标准溶液在不同温度下的电导率如表 3-6 所示。

表 3-6 氯化钾标准溶液在不同温度下的电导率

溶液浓度/(mol/L)	温度/℃	电导率/(μS/cm)	溶液浓度/(mol/L)	温度/℃	电导率/(μS/cm)
1	0	65176	0.01	0	773.6
	18	97838		18	1220.5
	25	111342		25	1408.8
0.1	0	7138	0.001	25	146.9
	18	11167			
	25	12856			

注：表中的电导率已将配制氯化钾标准溶液所用试剂水的电导率扣除。

4. 操作步骤

① 电导率仪的校正、操作、读数应按其使用说明书的要求进行。

② 根据水样的电导率大小，参照表 3-7 选用不同电导池常数的电极。将选择好的电极用二级试剂水洗净，再冲洗 2～3 次，浸泡备用。

表 3-7 不同电导池常数电极对应的电导率

电导池常数/cm⁻¹	电导率/(μS/cm)	电导池常数/cm⁻¹	电导率/(μS/cm)
0.1～1.0	10～100	10～50	1000～500000
1.0～10	100～100000		

③ 实验室测量时，取 50～100mL 水样，放入塑料杯或硬质玻璃杯中，将电极和温度计用被测水样冲洗 2～3 次后，浸入水样中进行电导率、温度的测定，重复测定 2～3 次，取平均值即为所测的电导率值。同时记录水样温度。

④ 电导率仪若带有温度自动补偿，应按仪器的使用说明结合所测水样温度将温度补偿调至相应数值；电导率仪没有温度自动补偿，水样温度不是 25℃时，测定数值应按下式换算为 25℃的电导率值：

$$S(25℃)=\frac{S_t K}{1+\beta(t-25)}$$

式中 $S(25℃)$——换算成 25℃时水样的电导率，μS/cm；

S_t——水温为 t℃时测得的电导率，μS/cm；

K——电导池常数，cm⁻¹；

β——温度校正系数（通常情况下 β 近似等于 0.02）；

t——测定时水样温度，℃。

5. 精密度

实验室测定时测定结果相对误差为 ±1%，非实验室测定时结果相对误差为 ±3%。

6. 注意事项

（1）操作

① 为了减小误差，应当选用电导率与待测水样相接近的氯化钾标准溶液来进行标定。

② 电导池常数校正：用校正电导池常数的电极测定已知电导率的氯化钾标准溶液〔其温度为（25±0.1）℃〕的电导率（见表3-7）。按下式计算电极的电导池常数。若实验室无条件进行校正电导池常数时，应送有关部门校正。

$$K = \frac{S_0 + S_1}{S_2}$$

式中　K——电极的电导池常数；

　　　　S_0——配制氯化钾所用试剂水的电导率，$\mu S/cm$（25℃±0.1℃）；

　　　　S_1——氯化钾标准溶液的电导率，$\mu S/cm$（25℃±0.1℃）；

　　　　S_2——用校正电导池常数的电极测定氯化钾标准溶液的电导率，$\mu S/cm$。

③ 测试电导率时要避免电极吸附气泡。

④ 如已知电导池常数，可调节好仪器直接测定，经常用氯化钾标准溶液校准仪器。

⑤ 试剂水电导率与水中离子种类、含量，水样温度及水样在电导池中的流速有关。盛装被测水样的容器必须清洁，否则影响测定结果。

⑥ 样品中含有悬浮物、油和脂可能干扰测定时，可先测水样，再测校准溶液，以了解干扰情况，若有干扰，应过滤或萃取除去。

⑦ 取样时应将水样注满取样瓶，迅速盖上取样瓶盖。

（2）仪器

① 光亮铂电极必须存放在干燥的地方。可用软毛刷清洗，但在表面不可产生痕迹。

② 铂黑电极用于测定电导率大于 $10\mu S/cm$ 的水样。铂黑电极必须贮存在蒸馏水中，只能用化学方法清洗。

③ 电极上沾污有机成分时，可用含有洗涤剂的温热水或酒精清洗，钙、镁沉淀物最好用 10% 柠檬酸冲洗。

④ 测量时要注意消除线路或电极产生的电容的影响。电极的引线不能潮湿，否则将测不准。

⑤ 测量时，先选较大的量程挡，然后逐渐降低，测得近似电导率范围后，再选配相应的电极，进行精确测定。电导率小于 $300\mu S/cm$ 时，测量频率选用"低周"，大于 $300\mu S/cm$ 时，测量频率选用"高周"。

⑥ 电导池在使用过程中至少半年校核一次电导池常数。

⑦ 测量电导率电极常数的选择。高纯水一般选用电极常数小的电极，例如 K 值为 0.1 以下的电极。一般的水如生水可选用电极常数 $K=0.1\sim1$ 的电极。高浓度水含盐量在数千毫克每升时可选用电极常数 $K=1\sim10$ 的电极。

（3）方法

① 溶液的电导率与电解质的性质、浓度，溶液温度有关。一般情况下，溶液的电导率是指 25℃时的电导率。一般温度升 1℃，电导率增大约 2%。

② 电导率是电阻率的倒数。电导率的单位为 S/cm（西每厘米）。在水分析中常用它的百万分之一，即 $\mu S/cm$（微西每厘米）表示水的电导率。单位换算如下：

$$1\mu S/cm = 10^3 mS/cm = 10^6 \mu S/cm$$

③ 实验室测量时测定结果读数相对偏差≤±1%，非实验室测定时结果读数相对偏差≤±3%。

技能训练 7　电导率的测定——精确测量法

本方法适用于锅炉给水、蒸汽凝结水、冷却水电导率的分析。适用范围为电导率小于 $3\mu S/cm$ 的水样电导率的测定。

1. 方法概要

试剂水电导率与水中离子种类、含量，水样温度及水样在电导池中流速有关。应当在一定温度和恒定流速下，测试水样的电导率。为了避免环境的污染，采用封闭电流通式电导池和严格的清洗措施。

2. 仪器设备

① 封闭流通式电导池。测试阻值最好在 $10^3 \sim 10^4 \Omega$。

② 具有零位指示仪器的平衡电桥（惠斯登电桥，差动仪或交流平衡电桥等）或电导率仪，频率 1000Hz，且仪器的选择要保证精确到已知电导率 1% 以内。

③ 精密温度计。测量范围 $8 \sim 50℃$，精密度 0.1℃。

3. 试剂

① 试剂水。本法使用一级试剂水，并使之在空气中电导率值稳定后使用。

② 氯化钾（优级纯）。在 105℃ 干燥 2h 备用。

a. 氯化钾标准溶液 A，将 0.7440g 氯化钾（空气中称量）溶于试剂水中，在（20±2)℃稀释至 1L。

b. 氯化钾标准溶液 B，在（20±2)℃将 100mL 标准溶液 A 稀释至 1L。

c. 氯化钾标准溶液 C，在（20±2)℃将 100mL 标准溶液 B 稀释至 1L。

d. 氯化钾标准溶液 D，在（20±2)℃将 100mL 标准溶液 C 稀释至 1L。

每一标准氯化钾溶液的电导率在表 3-8 中列出，包括 20℃时每升氯化钾溶液中氯化钾质量（在空气中相对黄铜质量）的校正。假定氯化钾密度为 1.98g/mL，黄铜密度为 8.4g/mL，空气密度为 0.001188g/mL，在 20℃时 0.010mol/L 氯化钾密度为 0.998718g/mL，其值是由国际制定表数据内插而来。配制好的标准溶液用聚苯乙烯材质的容器或煮洗过的硬质玻璃容器隔绝空气低温贮存。

表 3-8　标准氯化钾溶液的电导率

标准溶液	制备方法	温度/℃	电导率/($\mu S/cm$)
A	20℃时称量 0.7440g KCl 配成 1L 溶液	0	733.6
		18	1200.5
		25	1408.8
B	取 100mL A 稀释至 1L	25	146.93
C	取 100mL B 稀释至 1L	25	1.4985
D	取 100mL C 稀释至 1L	25	0.14985

注：表中未考虑制备溶液的水的电导率，表列电导率值以国际单位制表示，使用测量仪以绝对单位制校核时，用 0.999505 乘以表列值。

4. 操作步骤

（1）取样

① 采集水样时，要严格避免水样暴露于空气中，特别是不能立即测试时，要使水样不

获得或失去溶解的气体。

② 贮存样品容器的处理。为完成可靠的分析，容器预处理可采用将样品瓶内一半冲以1.5μS/cm左右的水，盖严摇动，将水倒去。如此重复三次。然后将采样容器全部充满水，塞上塞子，浸泡12h。重复冲洗和冲水，再浸泡12h。这样采样瓶就可以认为已经洁净，可供采样用。采样前，连瓶带塞用水样再淋洗三次。常采取双份样品，用一份分析，一份备用。样品瓶应只用一次。

（2）电极清洗　经常使用的电极至少半年用氯化钾标准溶液校核一次电导池常数，如电导池常数变化较大，就需对电导池和电极进行清洗。电导池和电极的清洗可遵照电导池制造厂的说明进行，也可用0.1%的盐酸溶液浸泡后，用自来水充分冲洗，再用超纯试剂水浸洗三次以上，然后装入流通池通样1min左右即可。电导池用后应用超纯试剂水冲洗浸泡。

（3）校核

① 测量仪器应用标准交流电阻箱或厂方提供的标准电阻箱校准。校准方法按厂方规定或常规标准方法进行，并且在使用过程中要定期检查校准测量仪器，保证测量值的准确性。

② 电导池常数可用已知电导池常数的参比电极或氯化钾标准溶液校准，在校准时要注意参比电极或氯化钾标准溶液规定的温度。

（4）精密测量

① 在25℃时测量电导率，避免使用温度校正，以消除因此带来的误差。

② 为保证精密测量，使用电导池常数的误差在1%以内。如果操作前未检查电导池常数，应由制造厂或在实验室重新检查测定。电导池常数的测定有参比溶液法和比较法，具体操作参见仪器说明书。

③ 在确定无腐蚀和污染的条件下，调节电导池和被测水样温度在（25±0.1）℃，控制水样流速为0.05m/s进行测量，记录测试结果。

5. 注意事项

待测水样不能接触空气。测定时若必须接触大气，须快速测定，以避免污染。

 拓展实践

1. 简述水温及色度的测定方法。
2. 简述浊度与透明度的关系，并说明各自的测定方法。
3. 简述残渣的类型及其测定方法。
4. 简述矿化度的意义。
5. 说明电阻分压法测量水样电导率的原理。水样的电导率与其含盐量有何关系？
6. 氧化还原电位的定义及其测定方法。

 拓展阅读

常见工业废水的物理化学处理方法

一、气浮法

气浮法是通过某种技术在水中产生大量的微小气泡，使之与废水中悬浮微粒絮凝黏附，因密度下降至小于水而上浮到水面形成浮渣，从而达到去除水中悬浮微粒的目的。

气浮法主要用于处理所含悬浮微粒相对密度接近 1 及沉淀法难以去除的水体，如造纸废水、石油化工废水、洗毛废水、含藻类较多的低温低浊水泥水等。

二、汽提法

把水蒸气通入废水中，当水溶液的蒸气压（等于挥发性物质的蒸气压与水的蒸气压的和）恰好超过外界压力时，废水就开始沸腾，这样就加速了挥发性物质由液相转入气相的过程。另一方面，当水蒸气以气泡状态穿过水层时，水和气泡表面之间形成了自由界面，这时液体就不断向气泡内蒸发扩散，当气泡上升到液面上时，开始破裂而放出其中的挥发性物质。这种用水蒸气进行蒸馏的方法称为汽提法。汽提过程中，数量极多的水蒸气气泡显著地扩大了蒸发面，推动了传质过程的进行。

三、离心分离法

离心分离处理废水是利用快速旋转所产生的离心力使废水中的悬浮颗粒分离出来的处理方法。当含有悬浮颗粒的废水快速旋转运动时，质量大的固体颗粒被甩到外围，质量小的留在内圈，从而实现废水与悬浮颗粒的分离。

四、蒸发结晶法

蒸发结晶法是指依靠加热使溶剂（如水）汽化，从而使溶液中的溶质以晶状固体析出的过程，结晶后剩余的溶液叫母液，将晶体与母液分离就能得到纯净的产品。蒸发结晶法在化工生产中应用很广，废水的回收处理中也可以采用蒸发结晶法回收分离有用物质。

五、酸碱中和法

中和法是利用化学酸碱中和的原理消除废水中过量的酸或碱，使其 pH 值达到中性左右过程。酸性废水与碱性废水的中和方法如下。

（1）酸性废水的中和方法　主要有以下三种：

① 利用工厂中的碱性废水或碱性废渣（电石渣、碳酸钙、碱渣等）进行中和，达到以废治废的目的。

② 投加碱性药剂。

③ 通过有中和性能的滤料过滤。

（2）碱性废水的中和方法　主要有以下两种：

① 利用废酸或酸性废水中和。当酸、碱废水的流量和浓度变动较大时，应设均化池，先将两者均化，再流入中和池进行中和。中和池的容积一般按 1.5～2.0h 的废水停留时间考虑，同时池内设搅拌器进行混合搅拌。

② 利用烟道废气中的 CO_2 或是 SO_2 中和。利用烟道废气中和时，可将碱性废水送到水膜除尘器作喷淋用水，废水即得到中和处理；也可将烟道气鼓入废水中进行中和处理。烟道气量的计算需根据所含 CO_2 或是 SO_2 的含量确定。

六、化学沉淀法

化学沉淀法是指向废水中投加可溶性化学药剂，使之与废水中呈离子状态的无机污染物起化学反应，生成不溶于或难溶于水的化合物，并使其析出沉淀，从而使废水得到净化的方法。化学沉淀法是一种传统的水处理方法，广泛用于水质处理中的软化过程，也常用于工业废水处理，去除重金属及氰化物等。

用化学沉淀法处理废水的前提是：污染物在反应中能生成难溶于水的沉淀物。沉淀物形成的唯一条件是它在水中溶解的离子积大于溶度积。投入废水中的化学药剂称沉淀剂，常用的沉淀剂有石灰、硫化物和钡盐等。根据沉淀剂的不同，化学沉淀法可分为氢氧化物沉淀法、硫化物沉淀法和钡盐沉淀法等。

七、化学氧化还原法

1. 化学氧化还原法的常用方法

还原法目前主要用于冶炼工业产生的含铜、铅、锌、铬、汞等重金属离子废水的处理。常用的方法有铁屑过滤法、亚硫酸盐还原法、硫酸亚铁还原法等。

铁屑过滤法是让废水流经装有铁屑的滤柱，废水中的铜、铬、汞等离子相应地与铁发生氧化还原反应，通过沉淀去除。

亚硫酸盐还原法和硫酸亚铁还原法则是向水中投加亚硫酸盐和硫酸亚铁还原剂，在反应设备中进行还原反应，其反应产物与铁屑过滤法一样，通过沉淀法去除。

2. 氧化技术

（1）湿式氧化技术 湿式氧化技术是在高温高压的条件下，使液相中的高浓度难降解有毒有害物质得到氧化降解或去除。由于湿式氧化技术对液相中的高浓度有机物具有很好的去除效果，因此，该技术开始应用于城市污泥的处置和活性炭的再生等。

（2）超临界水氧化技术 超临界水氧化技术（SCWO）是一种新兴的有机废物和废水处理技术，是有机物在超临界水中发生强烈氧化反应的过程。由于超临界流体具有溶解有机物效率高、分离效果好、氧化有机污染物彻底、热能可回收利用等特点，所以受到环境保护科技工作者的瞩目，在废水或废液治理、废物处理、环境监测及污染物分析等方面的应用已取得了重大进展，并已逐步进入工业化应用。

第四章

金属化合物的分析测定

知识目标

掌握重金属铝、汞、镉、铅、铜、锌、铬、砷的分析测定原理及方法；熟悉重金属汞、镉、铅、铬、砷的处理方法；了解其他金属化合物的分析处理方法。

技能目标

能够进行水体中各类重金属的分析测定。

素质目标

树立"仪器强国梦"，培养科研报国的使命感和责任感。

项目一 水体中各类重金属离子分析

案例导入

嘉陵江甘陕川交界断面铊浓度异常事件

2021年1月20日4时，嘉陵江陕西入四川断面铊浓度首次出现异常，铊浓度超过《地表水环境质量标准》（GB 3838—2002）表中铊标准限值（0.0001mg/L，以下简称水源地标准限值）0.12倍，21日0时，西湾水厂取水口超过水源地标准限值0.1倍，21日23时达到峰值（超标1倍）。

此次事件的肇事企业为甘肃省某公司的锌冶炼厂和某钢铁有限责任公司。由于甘肃、陕西、四川三省缺少重金属应急监测设备和人员，事件发生时仅陕西省汉中市配备了1台车载ICP-MS（电感耦合等离子体质谱仪），相关市县级环境监测部门缺乏重金属监测分析人员，应急监测机动能力弱，难以有效支撑跨省突发环境事件的应急监测工作需要。同时缺乏重金属预警监测数据异常的技术判断要求和技术规范，入川断面水质重金属预警监测设备检测到铊浓度异常后，当地用了 10 多个小时判断核实，距离"早监测、早预警、早报告"的应急监测要求有较大差距。

事件发生后，生态环境部以及四川、陕西、甘肃三省迅速派出工作组和专家组赶赴现场，相关市县政府先后启动突发环境事件应急响应程序，全面做好溯源断源、应急监测、污染控制、饮水保障等工作，事件得到妥善处置，保障了沿线群众生产生活用水安全。

 案例分析

随着工业化的发展，含有重金属离子的废水产生量越来越多。重金属离子已成为最重要、最常见的污染物之一。重金属可以在生物体内富集、吸收与转化，并通过食物链危害人体健康，如致癌、致畸等，因而分析处理重金属污染刻不容缓。

 知识链接

水体中的金属元素有些是人体健康必需的常量元素和微量元素，有些是有害于人体健康的，如汞、镉、铬、铅、铜、锌、镍、钡、钒、砷等。受"三废"污染的地表水和工业废水中有害金属化合物的含量往往明显增加。

有害金属侵入人的肌体后，会使某些酶失去活性而使人出现不同程度的中毒症状，其毒性大小与金属的种类、理化性质、浓度及存在的价态和形态有关。例如，汞、铅、镉、铬（Ⅵ）及其化合物是对人体健康产生长远影响的有害金属；汞、铅、砷、锡等金属的有机化合物比相应的无机化合物毒性要强得多；可溶性金属要比颗粒态金属毒性大；六价铬比三价铬毒性大等等。下面介绍几种有害金属的分析测定。

一、铝

铝是自然界中的常量元素，毒性不大，但过量摄入人体，能干扰磷的代谢，对胃蛋白酶的活性有抑制作用。我国饮用水中铝的限值为 0.2mg/L。

环境水体中的铝来自冶金、石油加工、造纸、罐头和耐火材料、木材加工、防腐剂生产、纺织等工业排放的废水。

铝的测定方法有电感耦合等离子体原子发射光谱法（ICP-AES），间接火焰原子吸收法和分光光度法等。分光光度法受共存组分铁及碱金属、碱土金属元素干扰。

（一）电感耦合等离子体原子发射光谱法（ICP-AES）

该方法是以电感耦合等离子炬为激发光源的光谱分析方法，具有准确度和精密度高、检出限低、测定速度快、线性范围宽、可同时测定多种元素等优点，国外已广泛用于环境样品及岩石、矿物、金属等样品中数十种元素的测定。

1. 方法原理

电感耦合等离子体火炬温度可达 6000～8000K，当将试样由进样器引入雾化器，并被氩载气带入火炬时，则试样中组分被原子化、电离、激发，以光的形式发射出能量。不同元素的原子在激发或电离时，发射不同波长的特征光谱，故根据特征光的波长可进行定性分析；元素的含量不同时，发射特征光的强弱也不同，据此可进行定量分析，其定量关系可用下式表示。

$$I = aC^b$$

式中 I——发射特征谱线的强度；

  C——被测元素的浓度；

  a——与试样组成、形态及测定条件等有关的系数；

  b——自吸系数，$b \leqslant 1$。

2. 仪器装置

仪器由等离子体炬、进样器、分光器、控制和检测系统等组成。等离子体焰炬由高频电发生器和感应圈、炬管、试样引进和供气系统组成。高频电发生器和感应圈提供电磁能量。炬管由三个同心石英管组成，分别通入载气、冷却气、辅助气（均为氩气）；当用高频点火装置产生火花后，形成等离子体焰炬，接受由载气带来的气溶胶试样进行原子化、电离、激发。进样器为利用气流提升和分散试样的雾化器，雾化后的试样送入等离子炬的载气流。分光器由透镜、光栅等组成，用于将各元素发射的特征光按波长依次分开。控制和检测系统由光电转换及测量部件、微型计算机和指示记录器件组成。整机组成见图 4-1。

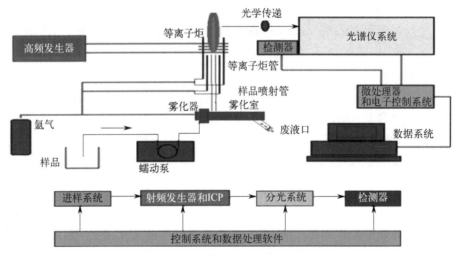

图 4-1 电感耦合等离子体原子发射光谱仪的整机组成

3. 测定要点

① 水样预处理：测定溶解态元素，采样后立即用 $0.45\mu m$ 的滤膜过滤，取所需体积的滤液，加入硝酸消解。测定元素总量，取所需体积的均匀水样，用硝酸消解。消解好后，均需定容至原取样体积，并使溶液保持 5% 的硝酸酸度。

② 配制标准溶液和试剂空白溶液。

③ 测量：调节好仪器工作参数，选两个标准溶液进行两点校正后，依次将试剂空白溶液、水样喷入 ICP 焰测定，扣除空白值后的元素测定值即为水样中该元素的浓度。一些元素的测定波长及检出限见表 4-1。

表 4-1　一些元素的测定波长及检出限

测定元素	波长/nm	检出限/(mg/L)	测定元素	波长/nm	检出限/(mg/L)
Al	308.21	0.1	Fe	238.20	0.03
	396.15	0.09		259.94	0.03
As	193.69	0.1	K	766.49	0.5
Ba	233.53	0.004	Mg	279.55	0.002
	455.40	0.003		285.21	0.02
Be	313.04	0.0003	Mn	257.61	0.001
	234.86	0.005		293.31	0.02
Ca	317.93	0.01	Na	589.59	0.2
	393.37	0.002	Ni	231.60	0.01
Cd	214.44	0.003	Pb	220.35	0.05
	226.50	0.003	Sr	407.77	0.001
Co	238.89	0.003	Ti	334.94	0.005
	228.62	0.005		336.12	0.01
Cr	205.55	0.01	V	311.07	0.01
	267.72	0.01	Zn	213.86	0.006
Cu	324.75	0.01			
	327.39	0.01			

（二）间接火焰原子吸收法

在 pH 为 4.0～5.0 的乙酸-乙酸钠缓冲介质中及有 α-吡啶偶氮-β-萘酚（PAN）存在的条件下，Al^{3+} 与 Cu(Ⅱ)-EDTA 发生定量交换，反应式如下：

$$Cu(Ⅱ)\text{-}EDTA + PAN + Al^{3+} \longrightarrow Cu(Ⅱ)\text{-}PAN + Al(Ⅲ)\text{-}EDTA$$

生成物 Cu(Ⅱ)-PAN 可被氯仿萃取，分离后，将水相喷入原子吸收分光光度计的空气-乙炔贫燃焰，测定剩余的铜，从而间接测定铝的含量。

该方法可测定铝的浓度范围为 0.1～0.8mg/L，可用于地表水、地下水、饮用水及污染较轻的废（污）水中铝的测定。

二、汞

汞是一种有毒的重金属元素，在环境的各个介质中都可能含有汞，汞在自然力作用下进入环境而造成的污染，形成汞的天然本底。多数地区，汞的本底浓度并不构成对人体的危害。河水中汞的浓度一般不超过 0.1μg/L，我国饮用水中汞的标准限值为 0.001mg/L。环境中的汞污染多数是由于人类不当开发和使用汞造成汞的释放而产生的。

水体中的汞主要存在于沉积物中，或被悬浮物吸附，影响吸附的主要环境因素是 pH 值及颗粒物含量。在河流底质中，汞主要是与有机质的迁移转化相联系，悬浮态汞是汞迁移的主要形式。底泥中的汞可在微生物的作用下转化为甲基汞（$MeHg^+$）。甲基汞可溶于水，因此又可以从底泥回到水中。水生生物摄入的甲基汞可在体内积累，并通过食物链不断富集。受汞污染的水体中的鱼，体内甲基汞含量可比水中多上百倍。日本发生过的水俣病是人体长期食用生活在含有汞和甲基汞的污染水体中的鱼而造成的。因此，对鱼体和底泥中的甲基汞应定期监测。环境中汞在大气、土壤、水之间会不断迁移和转化。

含汞废水主要来源于有色金属冶炼厂、化工厂、农药厂、造纸厂、染料厂及热工仪器仪表厂等。汞由于其性质特殊，与其他金属差异较大，通常应考虑单独处理。

（一）双硫腙分光光度法

1. 分光光度法简介

分光光度法是建立在分子吸收光谱基础上的分析方法。分子吸收光谱上的吸收峰值波长、吸收峰数目及形状与物质的分子结构（如价电子结构、键型、官能团等）紧密相关，这是进行定性分析的基础；吸收峰峰值波长处的吸光度与被测物质的浓度之间的关系符合朗伯-比耳定律，即在一定的实验条件下二者呈线性关系，这是定量分析的基础。

分光光度法的应用光区包括紫外光区（10～400nm），可见光区（400～780nm）和红外光区（780nm～300μm）。在利用分光光度法的监测项目中，大多数是将被测物质转变成有色物质，在可见光区测其对特征波长光的吸收实施测定，表4-2列出物质颜色与吸收光颜色之间的关系。

表 4-2　物质颜色与吸收光颜色的关系

物质颜色	吸收光	
	颜色	波长/nm
黄绿	紫	400～450
黄	蓝	450～480
橙	绿蓝	480～490
红	蓝绿	490～500
紫红	绿	500～560
紫	黄绿	560～580
蓝	黄	580～600
绿蓝	橙	600～650
蓝绿	红	650～780

分光光度法使用的仪器称为分光光度计，有可见光分光光度计、紫外-可见光分光光度计和红外分光光度计，它们的基本组成部分大同小异（见图4-2）。紫外光、可见光分光光度计的光源常用氢灯或氘灯（紫外光区）、钨丝灯（可见光区）；分光系统由棱镜（或光栅）与透镜、狭缝等组成；比色皿由石英材料（紫外光区）或光学玻璃（可见光区）制成；检测器常用光电管或光电倍增管；指示、记录系统有微安表、数字电压表、记录仪、示波器等。红外分光光度计分为色散型和傅里叶变换型；前者的基本组成与紫外光、可见光分光光度计相同，只是光源、比色皿和检测器的材料不同，并将样品池放在分光系统的前面；后者将光源发射的红外光经迈克尔逊干涉仪变成干涉光，用这种干涉光照射样品，经检测系统获得带有样品信息的干涉图，干涉图用计算机进行傅里叶积分变换，得到吸收光谱。目前生产的分光光度计大都配有微处理机或小型计算机，仪器的操作控制、各种参数和图谱检索等均由计算机完成。

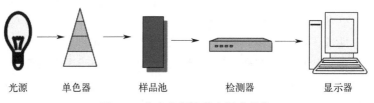

光源　　单色器　　样品池　　检测器　　显示器

图 4-2　分光光度计基本组成部分

2. 汞的测定

水样在酸性介质中于95℃用高锰酸钾和过硫酸钾消解，将无机汞和有机汞转化为二价汞后，用盐酸羟胺还原过剩的氧化剂，加入双硫腙溶液，与汞离子反应生成橙色螯合物，用三氯甲烷或四氯化碳萃取，再加入碱溶液洗去萃取液中过量的双硫腙，于485nm波长处测其吸光度，以标准工作曲线法定量。该方法适用于工业废水和受汞污染的地表水中汞的测定，测定浓度范围为2～40μg/L。

该方法对测定条件要求较严格。例如，加盐酸羟胺不能过量；对试剂纯度要求高，特别是双硫腙的纯化，对提高汞螯合物的稳定性和测定准确度极为重要；有色螯合物对光敏感，要求避光或在半暗室内操作等。为消除铜离子等共存金属的干扰，在碱洗脱液中加入1%（m/V）EDTA-2Na盐进行掩蔽。

还应注意，因为汞是极毒物质，测定完毕后，应在萃取液中加入浓硫酸，破坏有色螯合物，使汞进入水相，并用碱溶液将其中和至微碱性，再加硫化钠溶液，使汞沉淀出来予以回收或进行其他处理。有机相经脱酸和脱水后，蒸馏回收三氯甲烷或四氯化碳。

（二）冷原子吸收法

1. 方法原理

水样经消解后，将各种形态的汞转变成二价汞，再用氯化亚锡将二价汞还原为元素汞。利用汞易挥发的特点，在室温下通入空气或氮气流将其气化，载入冷原子吸收测汞仪，测量对特征波长的吸光度，与汞标准溶液的吸光度进行比较定量。汞原子蒸气对253.7nm的紫外光有强烈吸收，并在一定浓度范围内，吸光度与浓度成正比。

冷原子吸收测汞仪的工作流程。低压汞灯辐射253.7nm的紫外光，经紫外光滤光片射入吸收池，则部分被试样中还原释放出来的汞蒸气吸收，剩余紫外光经石英透镜聚焦于光电倍增管上，产生的光电流经电子放大系统放大，送入指示表指示或记录仪记录。当指示表刻度用标准样校准后，可直接读出汞浓度。汞蒸气发生气路是：抽气泵将载气（空气或氮气）抽入盛有经预处理的水样和氯化亚锡的还原瓶，在此产生汞蒸气并随载气经装有变色硅胶的U形管，除水蒸气后进入吸收池测量吸光度，然后经流量计、脱汞瓶排出。

该方法适用于各种水体中汞的测定；在最佳条件下，最低检出浓度可达0.05μg/L。

2. 测定要点

（1）水样预处理 在硫酸-硝酸介质中，加入高锰酸钾和过硫酸钾溶液，于近沸或煮沸状态下消解水样。煮沸法对含有机物、悬浮物较多，组成复杂的废水消解效果较近沸法好。对于清洁地表水、地下水及含有机物较少的污水，可以用溴酸钾-溴化钾混合液在酸性介质中于室温（20℃）以上消解水样。过剩的氧化剂在临测前用盐酸羟胺溶液还原。

（2）空白试样制备 用无汞蒸馏水代替水样，按照水样制备步骤制备空白试样。

（3）绘制标准曲线 按照水样介质条件，配制系列汞标准溶液。分别吸取适量汞标准溶液注入还原瓶内，加入氯化亚锡溶液，迅速通入载气，记录指示表最高读数或记录仪记录的峰高。用相同的方法测定空白试样。以扣除空白后的各测量值为纵坐标，相应标准溶液的浓度为横坐标，绘制出标准曲线。

（4）水样测定 取适量处理好的水样于还原瓶中，按照测定标准溶液的方法测其最高读数或峰高，从标准曲线上查得汞的浓度，再乘以水样稀释倍数，即得水样中汞的浓度。

（三）冷原子荧光法

该方法是将水样中的汞离子还原为基态汞原子蒸气，吸收 253.7nm 的紫外光后，被激发而发射特征共振荧光，在一定的测量条件下和较低的浓度范围内，荧光强度与汞浓度成正比。

该方法最低检出浓度为 $0.05\mu g/L$，测定上限可达 $1\mu g/L$，且干扰因素少，适用于地表水、生活污水和工业废水中汞的测定。

冷原子荧光测汞仪与冷原子吸收测汞仪相比，不同之处在于后者是测量特征紫外光在吸收池中被汞蒸气吸收后的透射光强，而冷原子荧光测汞仪是测量吸收池中的汞原子蒸气吸收特征紫外光被激发后所发射的特征荧光（波长较紫外光长）强度，其光电倍增管必须放在与吸收池相垂直的方向上。

（四）含汞废水的处理

废水中的汞通常先氧化为无机汞，然后按无机汞的处理方法进行处理。从废水中去除无机汞的方法主要有硫化物沉淀法、化学凝聚法、活性炭吸附法、金属还原法、离子交换法等，具体见表 4-3。

表 4-3　含无机汞的废水处理方法

方法	概述	适用范围	优点	缺点
硫化物沉淀法	向废水中加入石灰乳和过量硫化钠，在弱碱性条件下 Hg^{2+} 与 S^{2-} 生成难溶的 HgS 沉淀而去除	偏碱性含汞废水和高浓度含汞废水	初始汞浓度高时处理效果较好	出水中汞浓度超过 $10\mu g/L$；硫化物过量程度较难把握，出水中残余硫会产生污染
离子交换法	巯基对汞离子有很强的吸附能力，采用巯基离子交换树脂吸附汞，再用浓盐酸洗脱，定量回收	氯化物含量较高的氯碱厂废水	处理效果较好	操作复杂，处理成本高
混凝法	采用硫酸铝或铁盐作为混凝剂，同时加入石灰调节 pH 值为弱碱性，汞和铁或铝的化合物形成絮凝体而沉淀析出	含汞浓度低且水质比较混浊的废水	运行成本低	对水质较清、汞含量较高的废水处理效果不如硫化物沉淀法
活性炭吸附法	利用粉状或粒状活性炭吸附水中的汞，回收汞后活性炭可重复使用	低浓度含汞废水	出水中汞含量低	处理效果受汞的初始形态和浓度、活性炭的用量和种类、pH 值以及接触时间等多种因素影响
金属还原法	使用还原剂将汞化合物还原为金属汞，然后通过过滤或其他技术分离出来	偏酸性的含汞废水	汞能以单质的形式回收	出水中汞浓度难以降至 $100\mu g/L$ 以下，出水还需采用其他方法处理
过滤法	采用镁的有机物、玻璃柱、铁屑等作滤料，通过过滤去除废水中的含量	偏酸性的含汞废水	脱汞效率可达 $80\% \sim 90\%$	必须维持铁屑填充层的表面始终是新的，不能变成氧化铁，故需要酸洗表面层

三、镉

镉的污染源主要有：有色金属采选和冶炼、镉化合物工业、电池制造业、电镀工业、镉的废旧产品如废镍镉电池等。

镉对环境的污染首先是对土壤和水体的污染，然后污染谷物、蔬菜、牲畜和家禽，最后进入人体，导致人体中毒。镉最大的毒害在于它会通过食物链而积累、富集，以致作用于人体而引起严重的疾病或促使慢性病的发生。镉中毒后，主要表现为肾机能障碍、骨质疏松和软化，使人终日疼痛，如 1968 年日本发现的公害病——痛痛病，便是镉中毒的典型范例。我国《生活饮用水卫生标准》规定镉的浓度不能超过 0.005mg/L。

测定镉的主要方法有原子吸收分光光度法、双硫腙分光光度法、阳极溶出伏安法和电感耦合等离子体原子发射光谱法。

（一）原子吸收分光光度法

原子吸收分光光度法也称原子吸收光谱法，简称原子吸收法。该方法可测定 70 多种元素，具有测定快速、准确、干扰少、可用同一试样分别测定多种元素等优点。测定废水和受污染水中的镉、铜、铅、锌等元素时，可采用直接吸入火焰原子吸收法；对于镉含量低的清洁地表水或地下水，用萃取或离子交换法富集后再用火焰原子吸收法测定，也可以用石墨炉原子吸收法测定，后者测定灵敏度高于前者，但基体干扰较火焰原子吸收法严重。

1. 火焰原子吸收法

（1）方法原理　图 4-3 示意出火焰原子吸收分析法的测定过程。将含待测元素的溶液通过原子化系统喷成细雾，随载气进入火焰，并在火焰中解离成基态原子。当空心阴极灯辐射出待测元素的特征波长光通过火焰时，因被火焰中待测元素的基态原子吸收而减弱。在一定实验条件下，特征波长光强的变化与火焰中待测元素基态原子的浓度有定量关系，从而与试样中待测元素的浓度（C）有定量关系，即

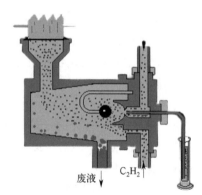

图 4-3　火焰炉原子吸收装置示意

$$A = k'C$$

式中　　A——待测元素的吸光度；

k'——与实验条件有关的系数，当实验条件一定时为常数。

可见，只要测得吸光度，就可以求出试样中待测元素的浓度。

（2）原子吸收分光光度计　用作原子吸收分析的仪器称为原子吸收分光光度计或原子吸收光谱仪。它主要由光源、原子化系统、分光系统及检测系统四个主要部分组成。

空心阴极灯是原子吸收分光光度计最常用的光源，由一个空心圆筒形阴极和一个阳极组成，阴极由被测元素的纯金属或其合金制成。当两极间加上一定电压时，阴极表面溅射出来的待测金属原子被激发并发射出特征光。这种特征光谱线宽度窄，干扰少，故称空心阴极灯为锐线光源。

原子化系统是将被测元素转变成原子蒸气的装置，可分为火焰原子化系统和无火焰原子化系统。火焰原子化系统包括喷雾器、雾化室、燃烧器和火焰及气体供给部分。火焰是将试样雾滴蒸发、干燥并经过热解离或还原作用产生大量基态原子的能源，常用的火焰是空气-乙炔火焰。对用空气-乙炔火焰难以解离的元素，如 Al、Be、V、Ti 等，可用氧化亚氮-乙炔火焰（最高温度可达 3300K）。常用的无火焰原子化系统是电热高温石墨管原子化器，其原子化效率比火焰原子化系统高得多，因此可大大提高测定灵敏度。此外，还有氢化物原子化器等。无火焰原子化法的测定精密度比火焰原子化法差。

分光系统又称单色器，主要由色散元件、凹面镜、狭缝等组成。在原子吸收分光光度计

中，单色器放在原子化系统之后，将被测元素的特征谱线与邻近谱线分开。

检测系统由光电倍增管、放大器、对数转换器、指示器（表头、数显器、记录仪及打印机等）和自动调节、自动校准等部分组成，是将光信号转变成电信号并进行测量的装置。现在生产的中、高档原子吸收分光光度计都配有微型电子计算机，用于控制仪器操作和进行数据处理。

（3）定量分析方法　常用的方法主要有标准曲线法和标准加入法。

标准曲线法同分光光度法一样，先配制相同基体的含有不同浓度待测元素的系列标准溶液，分别测其吸光度，以扣除空白值之后的吸光度为纵坐标，对应的标准溶液浓度为横坐标绘制标准曲线。在同样操作条件下测定试样溶液的吸光度，从标准曲线查得试样溶液的浓度。使用该方法时应注意配制的标准溶液浓度应在吸光度与浓度成线性的范围内，整个分析过程中操作条件应保持不变。

如果试样的基体组成复杂且对测定有明显干扰时，则在与标准曲线成线性关系的浓度范围内，可使用标准加入法，如图 4-4。其操作方法是：取四份相同体积的试样溶液，从第二份起按比例加入不同量的待测元素的标准溶液，稀释至一定体积。设试样中待测元素的浓度为 C_x，加入标准溶液后的浓度分别为 C_x+C_0、C_x+2C_0、C_x+3C_0、C_x+4C_0，分别测得吸光度为 A_x、A_1、A_2、A_3、A_4。以吸光度 A 对浓度 C 作图，得到一条不过原点的直线，外延此直线与横坐标交于 C_x，即为试样溶液中待测元素的浓度。为得到较为准确的外推结果，应最少用四个点来作外推曲线；该方法只能消除基体效应的影响，不能消除背景吸收的影响，故应扣除背景值。

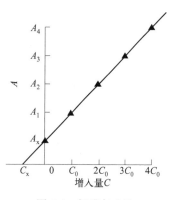

图 4-4　标准加入法

（4）直接吸入火焰原子吸收法测定镉、铜、铅、锌　清洁水样可不经预处理直接测定。污染的地表水和废水样需用硝酸或硝酸-高氯酸消解，并进行过滤、定容后，将试样喷雾于火焰中原子化，分别测量各元素对其特征波长光的吸收，用标准曲线法或标准加入法定量。测定条件和方法适用浓度范围列于表 4-4。

表 4-4　Cd、Cu、Pb、Zn 测定条件及测定浓度范围

元素	波长/nm	火焰类型	测定浓度范围/(mg/L)
Cd	228.8	乙炔-空气,氧化型	0.05～1
Cu	324.7	乙炔-空气,氧化型	0.05～5
Pb	283.3	乙炔-空气,氧化型	0.2～10
Zn	213.8	乙炔-空气,氧化型	0.05～1

（5）萃取-火焰原子吸收法测定微量镉、铜、铅　本方法适用于含量低，需进行富集后测定的水样。对一般仪器的适用浓度范围为：镉、铜 1～50μg/L；铅 10～200μg/L。

清洁水样或经消解的水样中待测金属离子在酸性介质中与吡咯烷二硫代氨基甲酸铵（APDC）生成络合物，用甲基异丁基甲酮（MIBK）萃取后，喷入火焰进行原子吸收分光光度测定。当水样铁含量较高时，用碘化钾-甲基异丁基甲酮（KI-MIBK）萃取效果更好。操作条件同直接吸入火焰原子吸收法。

（6）流动注射-火焰原子吸收法测定镉、铜、铅、锌　流动注射是一种用于需要预处理样品的进样技术，它与分析仪器和电子控制部件相结合，可实现间歇自动监测。该技术与原

子吸收分光光度计结合，测定镉、铜、铅、锌的原理是：取适量除去悬浮物的水样，用HAC-NaAC 缓冲液配制成 pH 为 5.7 的试液并定容后，借助于蠕动泵以一定流量送入 NP 多胺基磷酸盐树脂柱，富集 Cd^{2+}、Cu^{2+}、Pb^{2+}、Zn^{2+} 1～5min，再切换液路，将 1.5mol/L HNO_3 溶液泵入树脂柱，快速洗脱出 Cu^{2+}、Pb^{2+}、Zn^{2+}、Cd^{2+}，并随载液喷入原子吸收分光光度计火焰测定吸光度，由记录仪记录瞬时峰高，与在同样条件下测得标准溶液中相应元素的瞬时峰高比较进行定量。该方法最低检出浓度：Cu 为 $2\mu g/L$，Zn 为 $2\mu g/L$，Pb 为 $5\mu g/L$，Cd 为 $2\mu g/L$。

2. 石墨炉原子吸收法测定镉、铜、铅

将清洁水样和标准溶液直接注入电热石墨炉内的石墨管进行测定。每次进样量 10～20μL（视元素含量而定）。测定时，石墨炉分三阶段加热升温。首先以低温（小电流）干燥试样，使溶剂完全挥发，但以不发生剧烈沸腾为宜，称为干燥阶段；然后用中等电流加热，使试样灰化或碳化（灰化阶段），在此阶段应有足够长的灰化时间和足够高的灰化温度，使试样基体完全蒸发，但又不使被测元素损失；最后用大电流加热，使待测元素迅速原子化（原子化阶段），通常选择最低原子化温度。测定结束后，将温度升至最大允许值并维持一定时间，以除去残留物，消除记忆效应，做好下一次进样的准备。石墨炉的工作条件见表4-5。

对组成简单的水样可用直接比较法，每测定 10～20 个试样应用标准溶液检查仪器读数 1～2 次。对组成复杂的水样，宜用标准加入法。

表 4-5 石墨炉工作条件

元素	波长/nm	干燥①/(℃/s)	灰化/(℃/s)	原子化/(℃/s)	清洗气体	进样体积/μL	适用浓度范围/($\mu g/L$)
Cd	228.8	110/30	350/30	1000/8	氩	20	0.1～2
Cu	324.7	110/30	900/30	2500/8	氩	20	1～50
Pb	283.3	110/30	500/30	2200/8	氩	20	1～50

①为干燥温度和干燥时间。

（二）双硫腙分光光度法

在强碱性介质中，镉离子与双硫腙反应，生成红色螯合物（反应形式同汞），用三氯甲烷萃取分离后，于 518nm 处测其吸光度，并用标准曲线法定量。其测定浓度范围为 1～60$\mu g/L$。

该方法适用于受镉污染的天然水和废水中镉的测定。水样中含铅 20mg/L、锌 30mg/L、铜 40mg/L、锰和铁 4mg/L，不干扰测定；镁离子浓度达到 20mg/L 时，需要多加酒石酸钾钠掩蔽。

（三）阳极溶出伏安法

阳极溶出伏安法是在经典极谱分析法基础上发展起来的一种新方法，可用于多种金属元素的分析，具有灵敏、准确、快速、在同一试样中可连续测定几种元素等优点。

1. 经典极谱分析原理

极谱分析是一种在特殊电解条件下，根据被测物质在电极上进行氧化还原反应得到的电流-电压关系曲线进行定性、定量分析的方法。其基本装置有直流电源、均匀滑线电阻、伏特计、检流计，加于电解池（极化池）两电极上的电压可借助移动触点来调节。电解池中的

两个电极，一个是滴汞电极（负极），另一个是汞池电极（正极）或饱和甘汞电极（S. C. E）。滴汞电极是一支上部连接贮汞瓶的毛细管（内径 0.05mm），可将汞滴有规则地滴入电解池溶液中。因为汞滴表面积小，故电解电流密度大，汞滴周围液层的被测离子迅速还原，而主体溶液中被测离子向电极表面迁移速度慢，便形成浓差极化，故称滴汞电极为极化电极。汞池或饱和甘汞电极表面积较大，电解电流密度小，不发生浓差极化，电极电位不随外加电压的改变而变化，称为去极化电极。

现以测定镉离子的稀溶液为例说明电流-电压关系曲线（极谱波）的产生过程。将 $10^{-3}\sim$$10^{-4}$mol/L 试液注入电解池，加入 0.1mol/L KCl（称支持电解质，用于消除迁移电流），通入氮气除去溶液中的氧。调节汞滴以每 3～4 秒 1 滴的速度滴落。在电解液保持静态的条件下，移动触点，使加于两电极间的电压逐渐增大，记录不同电压与相应的电流。以电压为横坐标，电流为纵坐标绘制二者的关系曲线，便得到电流-电压曲线。在未达到镉离子的分解电压时，只有微小的电流通过检流计，该电流称为残余电流。当外加电压达到镉离子的分解电压后，镉离子迅速在滴汞电极上还原并与汞结合成汞齐，电解电流急剧上升。当外加电压增加到一定数值后，电流不再随外加电压增加而增大，达到一个极限值，此时的电流称为极限电流。极限电流减去残余电流后的电流称为极限扩散电流，它与溶液中镉离子浓度成正比，这是极谱法定量分析的基础。当电流等于极限扩散电流的一半时，滴汞电极的电位称为半波电位（$E_{\frac{1}{2}}$），不同物质具有不同的半波电位，这是进行定性分析的依据。

滴汞电极上的极限扩散电流可用尤考维奇（Ilkovic）公式表示：

$$i_d = 607nD^{\frac{1}{2}}m^{\frac{2}{3}}t^{\frac{1}{6}}c$$

式中　i_d——平均极限扩散电流，μA；

　　　n——电极反应中电子的转移数；

　　　D——电极上起反应的物质在溶液中的扩散系数，cm^2/s；

　　　m——汞的流速，mg/s；

　　　t——在测量 i_d 的电压时的滴汞周期，s；

　　　c——在电极上发生反应物质的浓度，mmol/L。

当实验条件一定时，n、D、m、t 均为定值，极限扩散电流表达方式可简化成下式：

$$i_d = kC$$

可见，测量 i_d 后，即可求知 C。在实际工作中，通常只需要测量极谱仪自动绘出的极谱波高，不必测量扩散电流的绝对值。常用的定量方法有直接比较法、标准曲线法和标准加入法。

2. 阳极溶出伏安法测定镉（铜、铅、锌）

溶出伏安法也称反向溶出极谱法。因为测定金属离子是用阳极溶出反应，故称为阳极溶出伏安法。这种方法是先使待测离子于适宜的条件下在微电极（悬汞电极或汞膜电极）上进行富集，然后再利用改变电极电位的方法将被富集的金属氧化溶出，并记录其伏安曲线。根据溶出峰电位进行定性；根据峰电流大小进行定量。

因为电解富集缓慢（1～10min），而溶出却在瞬间完成（以 50～200mV/s 的电压扫描速度进行），故使溶出电流大大增加，从而使方法的灵敏度大为提高。用于测定饮用水、地表水和地下水中的镉、铜、铅、锌，适用浓度范围为 1～1000μg/L；当富集 5min 时，检测下限可达 0.5μg/L。测定要点如下。

（1）水样预处理　对含有机质较多的地面水用硝酸-高氯酸消解，比较清洁的水直接取样测定。

（2）标准曲线绘制　分别取不同体积的镉、铜、铅、锌标准溶液，加入支持电解（高氯酸），配制系列标准溶液，依次倾入电解池中，通氮气除氧，在$-1.30V$的极化电压下于悬汞电极上富集3min，静置30秒，使富集在悬汞电极表面的金属均匀化；将极化电压均匀地由负向正扫描（速度视浓度水平选择），记录伏安曲线，对峰高分别作空白校正后，绘出峰高-浓度曲线。

（3）样品测定　取适量水样，在与标准系列溶液相同操作条件下，测量绘制伏安曲线。根据经空白校正后各被测离子峰电流高度，从相应标准曲线上查知并计算其浓度。

当样品成分比较复杂时，可采用标准加入法。

（四）含镉废水的处理方法

目前含镉废水的处理方法主要包括如下几种。

1. 化学沉淀法

主要采用石灰、硫化物、聚合硫酸铁、碳酸盐，以及由以上几种沉淀剂组成的混合沉淀剂。当向含镉废水中加入以上沉淀剂时，会生成$Cd(OH)_2$、CdS、$CdCO_3$等沉淀物。聚合硫酸铁对镉主要起絮凝共沉作用。

2. 吸附法

吸附法是利用多孔性的固体物质，使水中的一种或多种物质被吸附在固体表面而除去的方法。可用于处理含镉废水的吸附剂有：活性炭、风化煤、磺化煤、高炉矿渣、沸石、壳聚糖、羧甲基壳聚糖、硅藻土、改良纤维、活性氧化铝、蛋壳等。这些吸附剂处理含镉废水的机理不尽相同，有的物理吸附占主导，有的化学吸附占主导，有的吸附剂既起吸附作用，又起絮凝作用。这些吸附剂对镉的去除率均有良好效果。

3. 漂白粉氧化法

此法适用于处理氰法镀镉工厂中含氰、镉的废水。这种废水的主要成分是$\left[Cd(OH)_4\right]^{2-}$、$Cd^{2+}$和$CN^-$，这些离子都有很大毒性。用漂白粉氧化法既可除去$Cd^{2+}$，同时也可除去$CN^-$。

4. 铁氧体法

向含镉废水中投加硫酸亚铁，用氢氧化钠调节pH值至$9\sim10$，加热，并通入压缩空气进行氧化，即可形成铁氧体晶体并使镉等金属离子进入铁氧体晶格中，过滤便可分离出含镉铁氧体，处理后的水可排放或回用。

5. 离子交换法

废水中的镉以Cd^{2+}形式存在时，用酸性阳离子交换树脂处理，饱和树脂用盐酸或硫酸钠的混合液再生。加入无机碱或硫化物到再生流出液中，生成镉化合物沉淀而回收镉。

6. 膜分离法

电渗析是膜分离技术的一种，它是在直流电场作用下，以电位差为推动力，利用离子交换膜的选择性，把电解质从溶液中分离出来，从而实现溶液的淡化、浓缩、精制或纯化。镀镉漂洗水经电渗析处理后，浓缩液可返回电镀槽再用，脱盐水可以再用作漂洗水，这样既可回收镉盐，又可减少废水排放。其他膜技术还有反渗透法、液膜法、微滤、超滤等。

目前国外已有人研究用海藻、淡水藻、细菌、真菌等生物吸附剂来处理含镉废水，均取得了较好的实验效果，但实际应用还有待进一步研究。含镉废水的各种处理方法均有一定的缺陷，仍都处在不断完善之中，随着对含镉废水处理研究的深入和废水处理新材料、新方法的出现，镉污染的问题将最终得到解决。

四、铅

铅是可在人体和动植物中蓄积的有毒金属，其主要毒性效应是导致贫血、神经机能失调和肾损伤等。铅对水生生物的安全浓度为 0.16mg/L。

铅的主要污染源是蓄电池、冶炼、五金、机械、涂料和电镀工业等部门排放的废水。含铅废水来自各种电池车间、选矿厂、石油化工厂等。电池工业是含铅废水的最主要来源，据报道，每生产 1 个电池就造成铅损失 4.54～6.81mg；其次是石油工业生产汽油添加剂。尽管铅不如铜、镉那样常见，但它却是废水中的常见组分。尤其是电池厂在生产过程中产生大量含铅废水，其含量超出国家标准百倍，对地下水源构成很大威胁，如果不进行处理而任其排放，必然给环境与社会带来极大的危害。

测定水体中铅的方法与测定镉的方法相同。广泛采用原子吸收分光光度法和双硫腙分光光度法，也可以用阳极溶出伏安法、示波极谱法和电感耦合等离子体发射光谱法。

双硫腙分光光度法基于在 pH 为 8.5～9.5 的氨性柠檬酸盐-氰化物的还原介质中，铅与双硫腙反应生成红色螯合物，用三氯甲烷（或四氯化碳）萃取后于 510nm 波长处比色测定。

测定时，要特别注意器皿、试剂及去离子水是否含痕量铅，这是能否获得准确结果的关键。为防止 Bi^{3+}、Sn^{2+} 等干扰测定，可预先在 pH 为 2～3 时用双硫腙三氯甲烷溶液萃取分离。为防止双硫腙被一些氧化物质如 Fe^{3+} 等氧化，在氨性介质中加入了盐酸羟胺。该方法适用于地表水和废水中痕量铅的测定。当使用 10mm 比色皿取水样 100mL，用 10mL 双硫腙三氯甲烷溶液萃取时，最低检测浓度可达 0.01mg/L，测定上限为 0.3mg/L。

原子吸收法、阳极溶出伏安法测定铅的方法见镉的测定；ICP-AES 法测定铅见铝的测定。

目前，工业中处理废水中重金属铅离子一般采用化学沉淀法和离子交换法。另外，液膜法和生物吸附法是新兴的含铅废水的处理方法，目前处于研究阶段。而电解法则是一种有待人们重新认识的方法。

1. 化学沉淀法

化学沉淀法是目前使用较为普遍的方法。所用沉淀剂有石灰、烧碱、氢氧化镁、纯碱以及磷酸盐，其中氢氧化物沉淀法应用较多。此法是将离子铅转化为不溶性铅盐与无机颗粒一起沉降，处理效果比较好，可以达到国家排放标准。但大量的铅盐污泥不易处理，容易造成二次污染。且此法存在占地面积大、处理量小、选择性差等缺点。

2. 离子交换法

离子交换法是利用离子交换剂分离废水中有害物质的方法。离子交换剂有离子交换树脂、沸石等。离子交换是靠交换剂自身所带的能自由移动的离子与被处理的溶液中的离子进行交换来实现的。推动离子交换的动力是离子间浓度差和交换剂上的功能基对离子的亲和能力。

离子交换法处理铅离子是较为理想的方法之一，不但占地面积小、管理方便、铅离子脱除率很高，而且处理得当可使再生液作为资源回收，不会对环境造成二次污染。离子交换法的缺点是一次性投资比较大，且再生也存在一定的困难。

3. 生物吸附法

使用生物材料处理和回收含铅废水的技术是既简单又经济的治理方法，已经引起了人们的重视。生物材料对重金属有天然的亲和力，可用以净化浓度范围较广的铅离子废水以及混合的金属离子废水。其优点有：①受 pH 值影响小；②不使用化学试剂；③污泥量极少；④无二次污染；⑤排放水可回用；⑥菌泥中金属可回收且菌泥可用作肥料。生物吸附法将是废水进行深度处理常用的方法。

4. 电解法

电解法目前处理含铅废水难度较大，但很有潜力。此方法在国内外尚处于研究阶段。要彻底地治理含铅废水造成的污染，清洁生产和综合利用是发展的趋势。一方面，必须改进电池等生产工艺现状，积极探索研究新工艺、新方法，大力推广清洁生产，从源头上遏制污染的产生；另一方面，对产生的含铅废水必须采用处理和利用相结合的方式，尽可能提取废水中的有用物质，实现经济效益和环境效益的双丰收。

五、铜

铜是人体所必需的微量元素，缺铜会发生贫血、腹泻等病症，但过量摄入铜亦会产生危害。铜对水生生物的危害较大，有人认为铜对鱼类的毒性浓度始于 0.002mg/L，但一般认为水体含铜量为 0.01mg/L 对鱼类是安全的。铜对水生生物的毒性与其形态有关，游离铅离子的毒性比络合态铜大得多。

铜的主要污染源是电镀、五金加工、矿山开采、石油化工等行业排放的废水。

测定水中铜的方法主要有原子吸收分光光度法、二乙氨基二硫代甲酸钠萃取分光光度法和新亚铜灵萃取分光光度法，还可以用阳极溶出伏安法、示波极谱法、ICP-AES 法。

二乙氨基二硫代甲酸钠萃取分光光度法原理如下：在 pH 为 9～10 的氨性溶液中，铜离子与二乙氨基二硫代甲酸钠（铜试剂，简写为 DDTC）作用，生成物质的量比为 1：2 的黄棕色胶体络合物，该络合物可被四氯化碳或三氯甲烷萃取，其最大吸收波长为 440nm。在测定条件下，有色络合物可以稳定 1h，但当水样中含铁、锰、镍、钴和铋等离子时，也与DDTC 反应生成有色络合物，干扰铜的测定。除铋外，均可用 EDTA 和柠檬酸铵掩蔽消除。铋干扰可以通过加入氰化钠予以消除。

当水样中铜含量较高时，可加入明胶、阿拉伯胶等胶体保护剂，在水相中直接进行分光光度测定。

该方法最低检测浓度为 0.01mg/L，测定上限可达 2.0mg/L。已用于地表水和工业废水中铜的测定。

原子吸收法、阳极溶出伏安法测定铜见镉的测定；ICP-AES 法测定铜见铝的测定。

六、锌

锌也是人体必不可少的有益元素，每升水含数毫克锌对人体无害，但对鱼类和其他水生生物影响较大。锌对鱼类的安全浓度约为 0.1mg/L。此外，锌对水体的自净过程有一定抑制作用。锌的主要污染源是电镀、冶金、颜料及化工等行业排放的废水。

原子吸收分光光度法测定锌灵敏度较高，干扰少，适用于各种水体。此外，还可选用双硫腙分光光度法、阳极溶出伏安法或示波极谱法、ICP-AES 法。对于锌含量较高的废（污）水，为了避免由高倍稀释引入的误差，可选用双硫腙分光光度法；对于高盐度的废水和海水中微量锌的测定，可选用阳极溶出伏安法或示波极谱法。

双硫腙分光光度法的原理基于：在 pH 为 4.0～5.5 的乙酸缓冲介质中，锌离子与双硫腙反应生成红色螯合物，用四氯化碳或三氯甲烷萃取后，于其最大吸收波长 535nm 处，以四氯化碳作参比，测其经空白校正后的吸光度，用标准曲线法定量。水中若存在少量铋、镉、钴、铜、汞、镍、亚锡等离子产生干扰，可通过采用硫代硫酸钠掩蔽剂和控制溶液的 pH 值来消除。三价铁、余氯和其他氧化剂会使双硫腙变成棕黄色。由于锌普遍存在于环境中，与双硫腙反应又非常灵敏，因此需要采取特殊措施防止污染。当使用 20mm 比色皿，试样体积 100mL 时，锌的最低检出浓度为 0.005mg/L。该方法适用于测定天然水和轻度污染的地表水中的锌。

原子吸收法、阳极溶出伏安法测定锌见镉的测定；ICP-AES 法测定锌见铝的测定。

七、铬

铬的化合物常见价态有三价和六价。在水体中，六价铬一般以 CrO_4^{2-}、$HCr_2O_7^-$、$Cr_2O_7^{2-}$ 三种阴离子形式存在，受水体 pH 值、温度、氧化还原物质、有机物等因素影响，三价铬和六价铬化合物可以互相转化。

铬是生物体所必需的微量元素之一。铬的毒性与其存在价态有关，六价铬具有强毒性，为致癌物质，并易被人体吸收而在体内蓄积。通常认为六价铬的毒性比三价铬大 100 倍。但是，对鱼类来说，三价铬化合物的毒性比六价铬大。当水中六价铬浓度达 1mg/L 时，水呈黄色并有涩味；三价铬浓度达 1mg/L 时，水的浊度明显增加。陆地天然水中一般不含铬，海水中铬的平均浓度为 0.05μg/L，饮用水中更低。

铬的工业污染源主要来自铬矿石加工、金属表面处理、皮革鞣制、印染等行业的废水。

水中铬的测定方法主要有二苯碳酰二肼分光光度法、原子吸收分光光度法、ICP-AES 法和硫酸亚铁铵滴定法。分光光度法是国内外的标准方法，滴定法适用于含铬量较高的水样。

（一）二苯碳酰二肼分光光度法

1. 六价铬的测定

在酸性介质中，六价铬与二苯碳酰二肼（DPC）反应，生成紫红色络合物，于 540nm 波长处进行比色测定。

本方法最低检出浓度为 0.004mg/L，使用 10mm 比色皿，测定上限为 1mg/L。其测定要点如下：

① 对于清洁水样可直接测定；对于色度不大的水样，可用以丙酮代替显色剂的空白水样作参比测定；对浑浊、色度较深的水样，以氢氧化锌作共沉淀剂，调节溶液 pH 至 8～9，此时 Cr^{3+}、Fe^{3+}、Cu^{2+} 均形成氢氧化物沉淀，可被过滤除去，与水样中 Cr^{6+} 分离；存在亚硫酸盐、二价铁等还原性物质和次氯酸盐等氧化性物质时，也应采取相应消除干扰措施。

② 取适量清洁水样或经过预处理的水样，加酸、显色、定容，以水作参比测其吸光度并作空白校正，从标准曲线上查得并计算水样中六价铬含量。

③ 配制系列铬标准溶液，按照水样测定步骤操作。将测得的吸光度经空白校正后，绘制吸光度对六价铬含量的标准曲线。

2. 总铬的测定

在酸性溶液中，首先将水样中的三价铬用高锰酸钾氧化成六价铬，过量的高锰酸钾用亚硝酸钠分解，过量的亚硝酸钠用尿素分解；然后，加入二苯碳酰二肼显色，于 540nm 处进行分光光度测定。其最低检测浓度同六价铬。

清洁地表水可直接用高锰酸钾氧化后测定；水样中含大量有机物时，用硝酸-硫酸消解。

（二）火焰原子吸收法测定总铬

1. 方法原理

将经消解处理的水样喷入空气-乙炔富燃（黄色）火焰，铬的化合物被原子化，于 357.9nm 波长处测其吸光度，用标准曲线法进行定量。

共存元素的干扰受火焰状态和观测高度的影响大，要特别注意保持仪器工作条件的稳定性。铬的化合物在火焰中易生成难熔融和原子化的氧化物，可在试液中加入适当的助熔剂和干扰元素的抑制剂，如加入 NH_4Cl 可增加火焰中的氯离子，使铬生成易于挥发和原子化的氯化物；NH_4Cl 还能抑制 Fe、Co、Ni、V、Al、Pb、Mg 的干扰。

2. 测定要点

① 使用 NHO_3-H_2O_2 消解水样，加入适量 NH_4Cl 和盐酸后定容。

② 配制铬标准贮备液、系列铬标准溶液和试剂空白溶液，测量后二者的吸光度，绘制标准曲线。

③ 按相同方法测量试液的吸光度，减去试剂空白吸光度后，从标准曲线上求出铬含量。

该方法适用于地表水和废（污）水中总铬的测定，最佳测定量范围为 0.1～5mg/L；检测限 0.03mg/L。

（三）硫酸亚铁铵滴定法

本法适用于总铬浓度大于 1mg/L 的废水。其原理为在酸性介质中，以银盐作催化剂，用过硫酸铵将三价铬氧化成六价铬。加少量氯化钠并煮沸，除去过量的过硫酸铵和反应中产生的氯气。以苯基代邻氨基苯甲酸作指示剂，用硫酸亚铁铵标准溶液滴定，至溶液呈亮绿色。其滴定反应式如下：

$$6Fe(NH_4)_2(SO_4)_2 + K_2Cr_2O_7 + 7H_2SO_4 =\!=$$
$$3Fe_2(SO_4)_3 + Cr_2(SO_4)_3 + K_2SO_4 + 6(NH_4)_2SO_4 + 7H_2O$$

根据硫酸亚铁铵溶液的浓度和进行试剂空白校正后的用量，可计算出水样中总铬的含量。

（四）废水中铬的处理方法

含铬废水处理方法很多，每种方法又都有各自的特点，具体到某个工厂要结合本厂实际情况加以选择，进行综合评价。综合评价一般包括技术性能、经济效益、环境效益、能源消耗、资源消耗等几项指标。

目前，含铬废水的处理一般是 Cr^{6+} 还原成 Cr^{3+}，在水中形成 $Cr(OH)_3$ 沉淀而除去。含铬废水的处理方法按废水是否可回收利用可分为两类：一类是只处理含铬废水，使其达到排放标准，如化学还原法、电解法、SO_2 还原法等；另一类是废水可回收利用，有的还可回收铬酸，如钡盐法、离子交换法、铁屑过滤法、活性炭吸附法等。

八、砷

元素砷毒性极低，而砷的化合物均有剧毒，三价砷化合物比其他砷化物毒性更强。砷化物容易在人体内积累，造成急性或慢性中毒。砷污染主要来源于采矿、冶金、化工、化学制药、农药生产、玻璃、制革等工业废水。

测定水体中砷的方法有新银盐分光光度法、二乙氨基二硫代甲酸银分光光度法、原子吸收分光光度法、原子荧光法、ICP-AES 法。

（一）新银盐分光光度法

该方法基于用硼氢化钾在酸性溶液中产生新生态氢，将水样中无机砷还原成砷化氢（A_sH_3，即胂）气体，用硝酸-硝酸银-聚乙烯醇-乙醇溶液吸收，则砷化氢将吸收液中的银离子还原成单质胶态银，使溶液呈黄色，其颜色强度与生成氢化物的量成正比。该黄色溶液对 400nm 光有最大吸收，且吸收峰形对称。以空白吸收液为参比测其吸光度，用标准曲线法测定。显色反应式如下：

$$KBH_4 + 3H_2O + H^+ \longrightarrow H_3BO_3 + K^+ + 8[H]$$
$$3[H] + As^{3+} \longrightarrow AsH_3 \uparrow$$
$$AsH_3 + 6AgNO_3 + 2H_2O \longrightarrow 6Ag \downarrow + HA_sO_2 + 6HNO_3$$
（黄色胶态银）

对于清洁的地下水和地表水，可直接取样进行测定；对于被污染的水，要用盐酸-硝酸-高氯酸消解。水样经调节 pH 值，加还原剂和掩蔽剂后移入反应管中测定。

该方法适用于地面水和地下水痕量砷的测定，其检出限为 0.0004mg/L，测定上限为 0.012mg/L。

（二）二乙氨基二硫代甲酸银分光光度法

在碘化钾、酸性氯化亚锡作用下，五价砷被还原为三价砷、并与新生态氢反应，生成气态砷化氢（胂），被吸收于二乙氨基二硫代甲酸银（AgDDC）-三乙醇胺的三氯甲烷溶液中，生成红色的胶体银，在 510nm 波长处，以三氯甲烷为参比测其经空白校正后的吸光度，用标准曲线法定量。显色反应式如下：

$$H_3AsO_4 + 2KI + 2HCl \longrightarrow H_3AsO_3 + I_2 + 2KCl + H_2O$$
$$I_2 + SnCl_2 + 2HCl \longrightarrow SnCl_4 + 2HI$$
$$H_3AsO_4 + SnCl_2 + 2HCl \longrightarrow H_3AsO_3 + SnCl_4 + H_2O$$
$$H_3AsO_3 + 3Zn + 6HCl \longrightarrow AsH_3 \uparrow + 3ZnCl_2 + 3H_2O$$

清洁水样可直接取样加硫酸后测定；含有机物的水样应用硝酸-硫酸消解，水样中共存锑、铋和硫化物时干扰测定，氯化亚锡和碘化钾的存在可抑制锑、铋的干扰；硫化物可用乙酸铅棉吸收法去除。砷化氢剧毒，整个反应应在通风橱内进行。

该方法中砷最低检测浓度为 0.007mg/L，测定上限为 0.50mg/L，适用于地表水和废（污）水。

（三）氢化物发生-原子吸收法

硼氢化钾或硼氢化钠在酸性溶液中产生新生态氢，将水样中的无机砷还原成砷化氢，用氮气载入升温至 $900\sim1000\,℃$ 的电热石英管中，则砷化氢被分解，生成砷原子蒸气，对来自砷光源（常用无极放电灯）发射的特征光（193.7nm）产生吸收。将测得水样中砷的吸光度值与标准溶液的吸光度值比较，确定水样中砷的含量。该方法适用浓度范围为 $1.0\sim12\mu g/L$；一般装置的检出限为 $0.25\mu g/L$。可用于地下水、地表水和基体不复杂的废（污）水样品中痕量砷的测定。

（四）原子荧光法测定砷、硒、锑、铋

水样经消解处理后，加入硫脲，将砷、锑、铋还原成三价，硒还原成四价。取适量上述水样于酸性介质中，加入硼氢化钾溶液，三价砷、锑、铋和四价硒分别生成砷化氢、锑化氢、铋化氢和硒化氢，用载气（氩气）导入电热石英管原子化器，在氩氢火焰中原子化，产生的四种原子蒸气分别吸收相应元素空心阴极灯发射的特征光后，被激发而发射原子荧光；在一定实验条件下，荧光强度与水样中的砷、锑、铋和硒含量成正比关系，可用标准曲线法确定它们在水样中的浓度。

该方法是近年发展起来的新方法，灵敏度高，干扰少，测定简便、快速，适用于地表水和地下水中痕量砷、锑、铋和硒的测定。其检出限为：砷、锑、铋 $0.0001\sim0.0002mg/L$；硒 $0.0002\sim0.0005mg/L$。

（五）含砷废水的处理方法

目前，含砷废水的处理主要有以下几种方法。

1. 石灰沉砷法

在含砷的废水中加入石灰，使化合态的砷转变为难溶的砷酸盐或偏亚砷酸盐，沉淀分离即可除去废水中的砷。

2. 硫化沉砷法

在含砷的废水中通入 H_2S 气体或加入硫化剂 NaHS，使砷变为难溶的硫化物，沉降分离，将砷从废水中除去。

3. 镁盐脱砷法

在含砷废水中加入足够量的镁盐，调节镁砷比为 $8\sim12$，然后用碱性物料将废水中和至弱碱性，控制 pH 值在 $9.5\sim10.5$ 之间，Mg^{2+} 将以 $Mg(OH)_2$ 的形式大量沉淀出来。利用新生成的氢氧化镁的吸附作用与砷的化合物共同沉淀出来。以上三种方法可以大大降低废水中砷的含量，使含砷量低于排放标准（0.5mg/L）。

九、其他金属化合物

（一）其他金属化合物的分析方法

根据水的污染类型和对用水水质的不同要求，有时还需要监测其他金属元素。表 4-6 列出某些元素的测定方法，详细内容可查阅《水和废水监测分析方法》和其他水质监测资料。

表 4-6　其他金属化合物的监测分析方法

元素	危害	监测分析方法	测定浓度范围
铍	单质及其化合物毒性都极强	① 石墨炉原子吸收法 ② 活性炭吸附-铬天菁 S 分光光度法 ③ ICP-AES 法	0.04～4μg/L 0.001～0.028mg/L 检出限 0.003mg/L
镍	具有致癌性，对水生生物有明显危害。镍盐引起过敏性皮炎	① 火焰原子吸收法 ② 丁二酮肟分光光度法 ③ ICP-AES 法	0.01～8mg/L 0.1～4mg/L 检出限 0.01mg/L
硒	生物必需微量元素，但过量能引起中毒。二价态毒性最大，单质态毒性最小	① 2,3-二氨基萘荧光法 ② 2,3-二氨基联苯胺分光光度法 ③ 原子荧光法	0.15～25μg/L 2.5～50μg/L 检出限 0.0005mg/L
锑	单质态毒性低，氢化物毒性大	① 5-Br-PADAP 分光光度法 ② 火焰原子吸收法 ③ 原子荧光法	0.05～1.2mg/L 0.2～40mg/L 检出限 0.0002mg/L
钍	既有化学毒性，又有放射性辐射损伤，危害大	铀试剂Ⅲ分光光度法	0.008～3.0 mg/L
铀	有放射性辐射损伤；引起急性或慢性中毒	TRPO-5-Br-PADAP 分光光度法	0.0013～1.6 mg/L
铁	具有低毒性。工业用水含量高时，产品上形成黄斑	① 原子吸收法 ② 邻菲啰啉分光光度法 ③ EDTA 滴定法 ④ ICP-AES 法	0.03～5.0mg/L 0.03～5.00mg/L 5～20mg/L 检出限 0.03mg/L
锰	具有低毒性。工业用水含量高时，产品上形成黄斑痕	① 原子吸收法 ② 高碘酸钾氧化分光光度法 ③ 甲醛肟分光光度法 ④ ICP-AES 法	0.01～3.0mg/L 最低 0.05mg/L 0.01～4.0mg/L 检出限 0.001mg/L
钙	人体必需元素，但过高引起肠胃不适；结垢	① EDTA 滴定法 ② 火焰原子吸收法 ③ ICP-AES 法	2～100mg/L 0.1～6.0mg/L 检出限 0.002mg/L
镁	人体必需元素，过量有导泻和利尿作用；结垢	① EDTA 滴定法 ② 火焰原子吸收法 ③ ICP-AES 法	2～100mg/L 0.1～0.6mg/L 检出限 0.002mg/L
银	摄入后，在皮肤、眼睛及黏膜沉着，产生蓝灰色色变；刺激口腔、胃	① 火焰原子吸收法 ② 3,5-Br₂-PADAP 法	0.1～3.0mg/L 0.02～1.4mg/L

（二）其他金属化合物的处理方法

1. 废水中镍的来源及处理方法

含镍废水的工业来源有很多，其中主要是电镀业，此外，采矿、冶金、机器制造、仪表、石油化工、纺织等工业，以及钢铁厂、铸造厂、汽车和飞机制造工业等行业也是含镍废水的潜在来源。电镀含镍废水主要来源于电镀镍生产过程中的清洗，镀液的废弃、更新以及镀液的带出、跑、冒、滴、漏等。人造金刚石的生产过程中对触媒材料的去除、金刚石的分离、提纯等工序都需要酸浸及清洗，导致洗涤废水中含有大量的金属镍。Ni^{2+} 能与许多无机物、有机物络合生成溶于水的盐，例如 $Ni(NH_3)_6$ 等。

Ni^{2+} 及其化合物对人体有危害，对水生生物也有明显的毒害作用。我国环保部门规定的镍的排放标准为 1mg/L。镍的污染属于重金属的污染，难以在自然环境中降解为无害物，现已成功地研究开发了许多方法用来处理含镍废水。处理含镍废水的方法主要有沉淀法和离子交换法。沉淀法主要是通过投加石灰使镍生成难溶的 $Ni(OH)_2$ 然后再进行分离的方法。离子交换法主要是通过阴阳离子交换树脂来回收废水中的镍，但其要求废水进行分流，尤其是在有氰化物存在的情况下，否则镍氰废水会永久性污染离子交换树脂。其他的处理方法还包括蒸发回收法、反渗透法以及电渗析法等。

2. 废水中铍的来源及处理方法

铍是一种灰色的金属，具有很高的韧性和硬度。是原子能、火箭、导弹、航空以及冶金工业中不可缺少的重要材料，这些工业排放的废水中都含有一定数量的铍。铍的开采、冶炼及铍制造业的废水已造成了对环境的污染。煤中也含有一定量的铍，用于取暖和发电时所排出的铍也对局部环境构成了威胁，并有可能导致对水源、土壤和农作物的污染。

铍随灰尘进入肺部可引起气喘、上呼吸道发炎等严重疾病。铍是可能引起致癌作用的元素。铍在软水中对鱼类的致死浓度为 0.15mg/L，当水中铍的浓度达到 10mg/L 时，可以使水的透明度降低，浓度为 0.5～1.0mg/L 时，可对水体中的生物化学自净作用和微生物的繁殖产生强烈的抑制。

对含铍废水的处理，国内外的研究主要集中在中和絮凝沉淀、活性炭吸附、砂滤处理等。传统的物理化学方法存在处理效率低、成本高、运行不稳定和达标困难等缺点，因此难以推广应用。近年来，人们在进一步研究改进传统物理化学法的同时，逐渐转向生物法，生物法具有高效、节能、环境友好等优点，成为从废水中脱除微量金属和回收贵金属的潜在手段，并将逐渐替代常规的物理化学法。

3. 废水中银的来源及处理方法

在工业生产中，产生含银废液的行业有银电镀、照相业及实验室化学分析等诸多领域。其中，照相业的定影废液和电镀的电镀废液是可溶性含银废液的两大主要来源，化学分析和化学试验所产生的 COD_{Cr} 分析废液、试验废液等也是含银废液的来源之一。

从含银废水中回收银的方法主要有沉淀法、电解法、置换法、离子交换法和吸附法。早期还使用过反渗透法和电渗析法。

（1）沉淀法　采用沉淀法回收含银废液中的银，就是在含银废液中加入适当的阴离子，使废液中的银以沉淀方式富集，经过滤、洗涤、干燥得到银的沉淀形式，然后将沉淀与一定量的碳酸钠混合并在 1100℃ 左右焙烧便可得到单质银。

（2）电解法　电解法多用于定影废液和镀银废液。其最大的优点是不引入杂质，同时由于银的电极电位高（＋0.799V）因此在电解过程中，其他金属离子不易析出，能回收到纯度较高的金属银。对于电镀废液，还能在回收银的同时去除一部分氰。

（3）置换法　置换法通常是将损耗性金属作为还原剂，使废液中的银还原沉积下来的一种方法。由于锌和铁相对较便宜，故常用作损耗性金属。

（4）离子交换法　与上述几项从含银废液中回收银的方法相比，离子交换法具有能回收废液中微量银的优点。用该法处理银的质量浓度为 1.5mg/L 的电镀漂洗水时，银可被完全回收。对于含痕量银的二级处理水，阳离子交换树脂的去除率可达 80% 左右，若用阴阳离子混合交换树脂则去除率可高达 91.7%。

（5）吸附法　采用吸附法回收含银废液中的银，是向废液中加入吸附剂，利用吸附剂的表面活性，通过物理化学效应吸附富集银，然后经过后处理回收得到单质银。吸附效果主要取决于吸附剂的性能。目前所采用的吸附剂主要有活性炭吸附剂、活性炭纤维吸附剂、螯合材料吸附剂等。

上述 5 种方法中，沉淀法、电解法、置换法、离子交换法属于传统方法，已经用于工业生产，但普遍存在耗能大、有二次污染、对痕量银作用不大等缺点，吸附法则可以弥补传统方法的不足。因此，采用吸附法回收含银废液中的银引起人们极大的关注。近年来，研究者一直致力于新型银吸附材料的开发与研究，并试图将其运用到实际规模的工业生产中去。

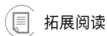 拓展阅读

电化学法重金属在线监测技术

电化学方法是目前水中重金属在线监测的一种重要的检测技术。

电化学方法将化学变化和电的现象紧密联系起来，在诸多领域有着广泛的应用，在对水中 $\mu g/L$ 级的重金属进行检测时，采用的是电化学溶出分析技术，该技术依据化学变化以及电势变化对水中重金属进行精确定量。电化学溶出分析技术一般分为三个阶段：第一阶段为预电解富集，即水样经过前处理系统进行处理后，通过顺序注射系统流进电解池单元，在电解池中，对工作电极施加一定的电压，对被分析组分进行预电解富集，使被测金属富集于工作电极上；第二阶段为静止，即电解池维持静止，然后采用一定的方式让重金属稳定存在于工作电极上并消除水中气态物质对测定过程的干扰；第三阶段为溶出，即采用特定的方式使富集于工作电极上的被测重金属从电极上溶出，获得被测组分的波形，根据波形（峰位置和峰高）确定被测组分及其浓度。在电化学溶出分析技术中，最关键的是工作电极。目前，常用的工作电极包括液态汞电极、汞膜电极、碳糊电极、多孔电极、铋膜电极、金电极、铂电极等。

电化学分析方法易受到水中有机物等的干扰，因此需要预处理，大多数情况下分析的是某种金属离子的总量，如总铅、总镉等。另外，如果电极使用的是液态汞或者汞膜，分析过程会引入汞，对环境和分析操作维护人员存在较大的危害，这也是电化学溶出分析技术没有得到普遍推广的主要原因。目前，一些公司推出的无汞电化学溶出重金属分析仪，在技术上取得了较大的突破，如 HMA-2000 系列产品采用对环境友好的铋膜电极，在国内属于首例。

"绿色检测"理念被更多的人认可的原因，一方面，是水中重金属污染事故频发，对重金属在线监测产品需求会有所增长；另一方面，检测是为了水环境的改善，对测量技术本身的环保性要求越来越高，因此对环境产生较大危害的重金属在线监测技术未来很难成为主流。

对于电化学溶出分析技术而言，由于重金属在水环境——特别是地表水、饮用水源地等水环境中的含量不高（基本在 $\mu g/L$ 级），即便是市政以及工业企业污水排放口，也仅仅在几十到几百 $\mu g/L$ 级，因此检测限低的电化学溶出分析技术在重金属在线监测中将发挥更大的作用。但是正如上文提到的，随着"绿色检测"理念更加深入人心，传统采用液态汞电极、汞膜电极的

电化学溶出分析技术将更难被公众接受，无汞电极的电化学溶出分析技术将越来越多地被应用于电化学溶出重金属在线分析仪。

 思考题

请查找并说一说我国近些年在仪器分析方面的新技术和新设备。

项目二　水样中金属化合物的分析测定技能训练

 技能训练 1　铝的测定——铝试剂分光光度法

本方法适用于测定高纯水、凝结水、水内冷发电机冷却水、炉水和自来水的铝含量。测定结果为水中全铝量。

1. 方法概要

在 pH 为 3.8～4.5 的条件下，铝与铝试剂（玫红三羧酸铵）反应生成稳定的红色络合物，此络合物的最大吸收波长为 530nm。用分光光度计测定。

2. 仪器设备

① 具有磨口塞的 50mL 比色管。

② 分光光度计。

3. 试剂药品

① 0.1% 铝试剂。称取 0.1g 铝试剂溶于 100mL 一级试剂水，并贮存于棕色瓶中。

② 0.1% 抗坏血酸溶液。称取 0.1g 抗坏血酸溶于 100mL 一级试剂水，并贮存于棕色瓶中。

③ 浓盐酸。④ 浓氨水。⑤ 盐酸溶液（1+1）。⑥ 刚果红试纸。

⑦ 铝标准溶液的配制如下。

a. 贮备溶液（1mL 溶液含 1mg Al）称取 0.5000g 纯铝箔，置于烧杯中，加入 10mL 浓盐酸，缓缓加热，待溶解后，转入 500mL 容量瓶中，用一级试剂水稀释至刻度。

b. 中间溶液（1mL 溶液含 10μg Al）取贮备液 10mL 注于 1000mL 容量瓶中，加 1mL 浓盐酸，用一级试剂水稀释至刻度。

c. 工作溶液（1mL 溶液含 1μg Al）用中间溶液酸化并用一级试剂水稀释 10 倍制得（此溶液使用时配制）。

⑧ 乙酸-乙酸铵缓冲溶液　称取 38.5g 乙酸铵溶于约 500mL 一级试剂水中，徐徐加入 104mL 冰乙酸，再转入 1000mL 容量瓶中，并用一级试剂水稀释至刻度，此溶液 pH≈4.2。

4. 操作步骤

（1）绘制工作曲线

① 测定范围为 0～100μg/L 的工作曲线。按表 4-7 取铝工作溶液于一组比色管中，用一

级试剂水稀释至 50mL，然后加入 2mL 抗坏血酸，摇匀；投入一小块刚果红试纸，仔细滴加浓氨水或盐酸（1＋1）溶液调节溶液 pH，使刚果红试纸呈紫蓝色（pH≈3～5），加入乙酸-乙酸铵缓冲溶液，摇匀；再加入 2mL 铝试剂，摇匀；15min 后，在波长为 530nm 的分光光度计下，用 30nm（或 100nm）比色皿，以试剂空白作参比，测吸光度，根据吸光度和相应铝含量绘制工作曲线。

表 4-7　铝标准溶液的配制（0～100μg/L）

编号	1	2	3	4	5	6
铝工作溶液加入量/mL	0.0	1.0	2.0	3.0	4.0	5.0
相当于水样含量铝/(μg/L)	0	20	40	60	80	100

② 测定范围为 0～1000μg/L 的工作曲线。按表 4-8 取铝中间溶液注入一组比色管中，用一级试剂水稀释至 50mL。

表 4-8　铝中间溶液的配制（0～1000μg/L）

编号	1	2	3	4	5	6
中间溶液加入量/mL	0.0	1.0	2.0	3.0	4.0	5.0
相当于水样含量铝/(μg/L)	0	200	400	600	800	1000

按上述相同的方法加试剂发色，摇匀，15min 后，在波长为 530nm 的分光光度计下用 30nm 比色皿，以试剂空白为参比测定吸光度。根据测得吸光度和相应铝含量绘制工作曲线。

（2）水样的测定

① 取样瓶用浓盐水清洗，再用一级试剂水洗净后，向取样瓶内加入浓盐酸（每 500mL 水样加浓盐酸 2mL）。放尽取样管内存水后，直接取样。取样完毕，应立即将水样摇匀。

② 取水样 50mL 注于比色管中，按工作曲线绘制方法测定吸光度。从工作曲线中查出水样的铝含量。

5. 注意事项

（1）水样

① 如水样铝含量大，应适量少取水样。用一级试剂水稀释至 50mL 后再按上法测定。这时水样的含铝量为从工作曲线中查出的含铝量乘以稀释倍数。

② 氟离子与铝络合使结果偏低。干扰严重时可采用其他方法。

③ 样品及标样不能用 H_2SO_4 处理。

④ 水样采集时应使用专用磨口玻璃瓶，并将其用盐酸（1＋1）浸泡 12h 以上，再用一级试剂水充分洗净，然后向取样瓶内加入优级纯浓盐酸（每 500mL 水样加浓盐酸 2mL），直接采取水样，并立即将水样摇匀。

⑤ 水样浑浊时同时取两份水样，并加入 1.0mL 柠檬酸溶液，选其中一份作空白。

（2）操作

① 本方法只适用于浊度小的水样。如测定浊度大的水样，则应将水样酸化和用致密滤纸过滤后进行测定。

② 考虑到铝试剂本身的颜色，在测定微量铝时，铝试剂的加入量可减少到 1mL。

③ 水样的温度应与工作曲线绘制时所用标准溶液的温度相近（相差不大于±5℃）。

（3）试剂药品

① 抗坏血酸属遇光易变质试剂，使用及保存时要注意避光。

② 抗坏血酸和铝试剂溶液贮存于棕色瓶中可保存一周。

 技能训练 2　全铝的测定——试铁灵分光光度法

本方法适用于锅炉用水、除盐水、凝结水、冷却水分析。测定范围：0.02～2.00mg/L。

1. 方法概要

水样中各种状态的铝，经酸化处理后，可转变成可溶性铝。可溶性铝与试铁灵（7-碘-8-羟基喹啉-5-磺酸）反应，生成稳定的黄色配合物。测定该配合物在 370nm 波长处的吸光度，对水中铝离子含量进行定量。

2. 仪器设备

①可见-紫外分光光度计，具有 100mm 比色皿。②恒温水浴。③分析天平。

3. 试剂药品

①盐酸溶液（1+1）。②盐酸溶液（1+9）。③盐酸溶液（1+99）。④氢氧化钾（优级纯）。⑤无水乙醇。

⑥铝标准溶液配制如下。

a. 铝贮备液（1mL 溶液含 1mg Al）。称取硫酸铝钾$[KAl(SO_4)_2 \cdot 12H_2O]$17.6900g，用一级试剂水溶解，加入浓盐酸，转入 1000mL 容量瓶中，用一级试剂水稀释至刻度。或取少量高纯铝片，置于烧杯中，用盐酸溶液（1+9）浸洗几分钟，使表面氧化物溶解，用水洗涤数次，再用无水乙醇洗数次，放入干燥器中。待干燥后，准确称取处理过的铝片 1.000g，置于 150mL 烧杯中，加优级纯氢氧化钾 4g，一级试剂水 10mL，待铝片溶解后，滴加盐酸溶液（1+1），使氢氧化铝沉淀，然后溶解，再过量添加 10mL 盐酸溶液，冷却至室温，转入 1000mL 容量瓶中，用一级试剂水稀释至刻度。

b. 铝标准液 I（1mL 含 10μg Al）。取铝贮备液 10mL 注于 1000mL 容量瓶中，用一级试剂水稀释至刻度。

c. 铝标准液 II（1mL 含 1μg Al）。取铝工作液 I100mL 注于 1000mL 容量瓶中，用一级试剂水稀释至刻度。

⑦ 试铁灵-邻菲罗啉溶液。称取 0.5g 试铁灵及 1.0g 邻菲罗啉于 1L 试剂水中，搅拌，使其尽量溶解。静置至少 2h，取其上层清液贮于棕色瓶中，避光保存。

⑧ 盐酸羟胺-硫酸铍溶液。称取 100g 盐酸羟胺于一级试剂水中，加入 40mL 浓盐酸，再加入 1g 硫酸铍，待溶解后稀释至 1L，摇匀，贮于棕色瓶中。

⑨ 乙酸钠溶液。称取 275g 乙酸钠溶于少量一级试剂水中，稀释至 1L。

⑩ 铁标准工作溶液（1mL 含 10μg Fe）。准确称取 0.7022g 硫酸亚铁铵$[(NH_4)_2Fe(SO_4)_2 \cdot 6H_2O]$溶于 50mL 一级试剂水中，加入 20mL 浓硫酸，转入 1000mL 容量瓶中，并用一级试剂水稀释至刻度。准确移取 100mL 此铁标准工作液于 1000mL 容量瓶中，并用一级试剂水稀释至刻度。

4. 操作步骤

（1）铝工作曲线的绘制

① 按表 4-9 移取一定量的铝标准溶液 II，置于 100mL 容量瓶中，用一级试剂水稀释至刻度。

表 4-9 铝标准溶液的配制 （0～50μg/L）

编号	1	2	3	4	5	6
铝工作溶液 II 加入量/mL	0.0	1.0	2.0	3.0	4.0	5.0
相当于水样含量铝/(μg/L)	0	10	20	30	40	50

② 按表 4-10 移取一定量的铝标准溶液 I，置于 100mL 容量瓶中，用水稀释至刻度。

表 4-10 铝标准溶液的配制 （0～500μg/L）

编号	1	2	3	4	5	6
铝工作溶液 I 加入量/mL	0.0	1.0	2.0	3.0	4.0	5.0
相当于水样含量铝/(μg/L)	0	100	200	300	400	500

③ 按不同测定范围，从表 4-9、表 4-10 的铝标准溶液系列中各移取 50.00mL 注于烧杯中，加 4mL 盐酸羟胺-硫酸铍溶液，静置 30min；加入 10mL 试铁灵—邻菲罗啉溶液，摇匀；加入 4mL 乙酸钠溶液，摇匀，静置 10min，但不可超过 30min；在波长 370nm 处，用 100mm 比色皿，以 I 号标准溶液为参比，测吸光度。以测得吸光度值为横坐标，相应铝含量为纵坐标，绘制回归曲线，即为铝工作曲线。

（2）铁工作曲线的绘制 按表 4-11 取铁标准工作液，置于 100mL 容量瓶中，用一级试剂水稀释至刻度。

表 4-11 铁标准溶液的配制 （0～300μg/L）

编号	1	2	3	4	5	6
铁标准工作液体积/mL	0.0	1.0	1.5	2.0	2.5	3.0
相当于水样含铁量/(μg/L)	0	100	150	200	250	300

按不同测定范围，从表 4-11 的铁标准溶液系列中各移取 50.00mL 注于烧杯中，加 4mL 盐酸羟胺-硫酸铍溶液，静置 30min，使三价铁离子完全还原；加入 10mL 试铁灵—邻菲罗啉溶液，摇匀；加入 4mL 乙酸钠溶液，摇匀，静置 10min，但不可超过 30min。

分别在波长 370nm 及 520nm 处测吸光度，将测得的吸光度值与相应的铁含量进行回归处理，得到回归方程，然后绘制回归曲线，即得铁在 370nm 的工作曲线和铁在 520nm 的工作曲线。

（3）水样测定

① 取样瓶先用盐酸溶液 （5%） 清洗，再用一级试剂水洗净后，往取样瓶中加入浓盐酸 （每 500mL 水样中加浓盐酸 2mL），直接取样。取样完毕，应立即将水样摇匀。

② 移取 100.00mL 水样于烧杯中，加 5mL 浓盐酸，在水浴锅上蒸发至约 5～10mL，然后加 5mL 浓硝酸，继续在水浴上蒸发至干，但不可高温烘烤残渣。

③ 将烧杯移出水浴，用 2mL 盐酸溶液 （1＋99） 湿润残渣，加入少量一级试剂水使残渣全部溶解，转移至 100mL 容量瓶中，最后用一级试剂水稀释至刻度。

④ 移取 50.00mL 处理好的水样于 100mL 锥形瓶中，加 4mL 盐酸羟胺-硫酸铍溶液，摇匀，静置 30min，使三价铁离子完全还原。

⑤ 用移液管加入 10mL 试铁灵—邻菲罗啉溶液，摇匀。

⑥ 加入 4mL 乙酸钠溶液，摇匀，静置 10nim，但不可超过 30min。

⑦ 将上述溶液在分光光度计上的波长370nm及520nm处，用100mm的比色皿，以编号为1的标准溶液为参比，测定吸光度值 A_1 及 A_2。

⑧ 根据在波长520nm测得的吸光度 A_2，在铁工作曲线上查出该读数下相应的铁含量。再从铁在370nm波长处的工作曲线上查出该含量的铁在370nm处的吸光度值，然后进行计算。

5. 结果计算

水样中铝的含量（ρ）按下式计算（以 mg/L 表示）：

$$\rho = K_1\left(A_1 - \frac{K_2}{K_3}A_2\right)$$

式中　　A_1——水样在370nm处的吸光度；

　　　　A_2——水样在520nm处的吸光度；

　　　　K_1——铝工作曲线回归方程常数；

　　　　K_2——铁在370nm处工作曲线回归方程常数；

　　　　K_3——铁在520nm处工作曲线回归方程常数；

6. 精密度

水样单次操作测定结果的精密度（mg/L）为：$S_0 = 0.035$。

7. 注意事项

① 水样中的铁对测定有干扰。1mg/L铁将使铝测量值约增加0.01mg/L。所以当铁含量大于100μg/L时应相应扣除铁在370nm处的吸光度值。高铁用盐酸羟胺还原成亚铁后，与邻菲罗啉反应生成稳定配合物。从水样在370nm波长处的吸光度中，扣除水样中铁在370nm波长处的吸光度，即得到水样中的铝在该波长下的吸光度。此吸光度可用来对样品的铝含量进行定量。

② 水样中的氟离子对测定也有干扰。硫酸铍可将氟离子的干扰基本消除。

③ 水样中正磷酸盐及游离氯的含量在5mg/L以下对测量无干扰。

④ 水样中其他元素对测定结果的影响参见表4-12。

表 4-12　各种元素对铝测定的影响

干扰元素	干扰元素含量/(mg/L)	水中1mg/L铝的实际测量值/(mg/L)
镁	40	1.04
镁	80	1.09
锌	5	1.05
锰	5	1.17
锰	10	1.28
氟	1	0.94
氟	2	0.90
氟	3	0.80

 技能训练3　工业循环冷却水中铝离子的测定——邻苯二酚紫分光光度法

本方法适用于工业循环冷却水中铝离子含量为2～500μg/L的测定，也适用于饮用水、地下水和轻度污染的地表水和海水中的铝离子的测定。

1. 方法提要

本方法在 pH 值为（5.9±0.1）时，铝与邻苯二酚紫反应得到蓝色配合物，在波长580nm 处测量其吸光度。

2. 仪器和试剂

（1）仪器　分光光度计；塑料烧杯，分别为 100mL、200mL 和 500mL；单标线塑料容量瓶，分别为 100mL、200mL 和 500mL；酸度计，分度值为 0.1 个 pH 单位，配有玻璃电极、饱和甘汞电极或复合电极。

注：将实验室塑料器皿和吸收池置于酸化水中进行漂洗并贮存整夜。

（2）试剂　本方法所用试剂，在没有注明其他要求时，均指分析纯试剂。

① 水：符合 GB/T 6682 中的三级水标准。②硝酸。③硝酸溶液：（1+1）。

④ 酸化水：量取 4.0mL 硝酸，注入 1000mL 水中，摇匀。

⑤ 混合试剂：量取 1.0mL 硝酸，注入预先加有约 70mL 水的塑料烧杯中，加 25.0g 七水硫酸镁（$MgSO_4 \cdot 7H_2O$），5.0g 抗坏血酸，0.25g 1,10-菲啰啉（一水合物，$C_{12}H_8N_2 \cdot H_2O$）和 5.0mL 铝标准溶液，溶解后，稀释至 100mL。贮存期一个月。

⑥ 碳酸氢钠溶液：170g/L。称取 85g 碳酸氢钠（$NaHCO_3$），溶于水，稀释至 500mL。

⑦ 六亚甲基四胺缓冲溶液：称取 210g 六亚甲基四胺（$C_6H_{12}N_4$），溶于水，稀释至500mL。贮存期两个月。

⑧ 铝标准贮备溶液：每 1mL 含有 0.1mg Al。

⑨ 铝标准溶液：每 1mL 含有 0.01mg Al。移取 10.00mL 铝标准贮备溶液，置于100mL 容量瓶中，用酸化水稀释至刻度。

⑩ 邻苯二酚紫溶液：0.5g/L。称取 0.050g 邻苯二酚紫（$C_{19}H_{14}O_7S$），溶于水，稀释至 100mL。贮存期一个月。

3. 分析步骤

（1）一般规定　依据吸收池光程长度和分光光度计的灵敏度，分析步骤包括两个范围：样品中铝含量低于 100μg/L 时，用 50mm 吸收池（低范围）；样品中铝含量为 100～500μg/L 时，用 10mm 吸收池（高范围）。

（2）试液的制备　试样中加少量的硝酸或碳酸氢钠溶液以调节试液的 pH 值为 1.2～1.5（例如每 100mL 试样中大约加入 0.30mL 硝酸）。若试样含悬浮物，应在取样前用中速滤纸过滤。试液收集在聚乙烯瓶中。

（3）标准参比溶液的制备

① 高范围标准参比溶液的制备（10mm 吸收池，铝含量为 500μg/L）。分别移取 0mL（空白）、1.00mL、2.00mL、3.00mL、4.00mL 和 5.00mL 铝标准溶液，置于 100mL 容量瓶中，用酸化水稀释至刻度。该系列溶液中铝含量分别为 0μg/L（空白），100μg/L，200μg/L，300μg/L，400μg/L 和 500μg/L。

② 低范围标准参比溶液的制备（50mm 吸收池，铝含量为 50μg/L）。分别移取 0μL（空白），100μL、200μL、300μL、400μL 和 500μL 铝标准溶液，置于 100mL 容量瓶中，用酸化水稀释至刻度。该系列溶液中铝含量分别为 0μg/L（空白）、10μg/L、20μg/L、30μg/L、40μg/L 和 50μg/L。

（4）显色　分别移取 25.00mL 标准参比溶液置于 100mL 塑料烧杯中。在各个烧杯中，依次加入 1.0mL 混合试剂、1.0mL 邻苯二酚紫溶液和 5.0mL 六次甲基四胺缓冲溶液。每次加入后均摇匀，室温下放置 15min。配制 60min 内用分光光度计于 580nm 处利用酸化水调零测定各个溶液的吸光度。

（5）校准曲线的绘制　以铝的浓度 X_{Al} 为横坐标，对应的标准参比溶液的吸光度 A_s 为纵坐标，绘制校准曲线。

（6）测定　移取 25.00mL 试液，置于 100mL 烧杯中。如果需要，可用酸化水稀释样品。然后按前面显色步骤进行试验，读取吸光度 A_s。

4. 结果计算

样品中铝的含量以质量浓度 X_{Al} 计，数值以微克每升（μg/L）表示，按下式计算：

$$X_{Al} = \frac{A_s - A_{s_0}}{b}$$

式中　A_s——试液的吸光度；

A_{s_0}——空白溶液的吸光度；

b——校准曲线的斜率，μg/L。

X_{Al} 的误差在校准曲线范围的 $\pm 5\%$，即铝含量为 50μg/L 以下的误差范围为 2μg/L，铝含量为 50μg/L 到 200μg/L 之间的误差范围为 5μg/L，铝含量为 200μg/L 到 500μg/L 之间的误差范围为 10μg/L。

 技能训练 4　汞的测定——双硫腙分光光度法

本方法适用于生活污水、工业废水和受汞污染的地表水测定。取 250mL 水样测定，汞的最低检出浓度为 2μg/L。

1. 方法概要

在 95℃ 下用高锰酸钾和过硫酸钾将试样消解，把所含汞全部转化为二价汞。用盐酸羟胺将过剩的氧化剂还原，在酸性条件下汞离子与双硫腙生成橙色螯合物，用有机溶剂萃取，再用碱溶液洗去过剩的双硫腙，用分光光度计测量。

2. 仪器设备

① 分光光度计。

② 所有玻璃器皿在两次操作之间不应让其干燥，而应充满 0.8mol/L 硝酸溶液，临用前倾出硝酸溶液，再用三级试剂水冲洗干净。

③ 第一次使用的玻璃器皿应预先进行下述处理：用硝酸溶液（1+1）浸泡过夜，临用前以四份体积硫酸加一份体积 5% 高锰酸钾溶液的混合液清洗，再用 10% 盐酸羟胺溶液洗除所有沉积的二氧化锰，最后用三级试剂水冲洗数次。

3. 试剂药品

① 硫酸，优级纯。② 硝酸，优级纯。

③ 硝酸溶液（0.8mol/L）：将 50mL 硝酸用三级试剂水稀释至 1000mL。

④ 氯仿（CHCl$_3$）：重蒸馏并于每 100mL 中加入 1mL 无水乙醇作保存剂。

⑤ 高锰酸钾溶液（5%）：将 50g 高锰酸钾（KMnO$_4$，优级纯，必要时重结晶精制）溶于水并稀释至 1000mL，贮存在棕色细口瓶中。

⑥ 过硫酸钾溶液（5%）：将 5g 过硫酸钾（K$_2$S$_2$O$_8$）溶于水并稀释至 100mL，使用当天配制此溶液。

⑦ 盐酸羟胺溶液（10%）：将 10g 盐酸羟胺（NH$_2$OH·HCl）溶于水并稀释至 100mL。每次用 5mL 双硫腙-三氯甲烷溶液萃取，至双硫腙不变色为止，再用少量氯仿洗两次。

⑧ 亚硫酸钠溶液（20%）：将 20g 亚硫酸钠（Na$_2$SO$_4$·7H$_2$O）溶于三级试剂水并稀释至 100mL。

⑨ 双硫腙-氯仿溶液（0.2%）：将 0.1g 双硫腙（C$_{13}$H$_{12}$N$_4$S）溶于 20mL 氯仿中，滤去不溶物，置分液漏斗中，每次用 50mL（1+100）氨水提取 5 次，合并水层，用 6mol/L 盐酸中和后，再用 100mL 氯仿分三次提取，合并氯仿层贮于棕色瓶中，置冰箱内保存。

⑩ 双硫腙-氯仿使用液：透光率约为 70%（波长 500nm，10mm 比色皿），将 0.2% 双硫腙-氯仿溶液用重蒸三氯甲烷稀释而成。

⑪ 双硫腙洗脱液：将 8g 氢氧化钠（NaOH，优级纯）溶于煮沸放冷的三级试剂水中，加入 10g EDTA 二钠（C$_{10}$H$_{14}$N$_2$O$_8$Na$_2$·2H$_2$O），稀释至 1000mL，贮于聚乙烯瓶中，密塞。

⑫ 酸性重铬酸钾溶液（0.4%）：将 4g 重铬酸钾（K$_2$Cr$_2$O$_7$，优级纯）溶于 500mL 三级试剂水中，然后缓慢加入 500mL 硫酸或者硝酸。

⑬ 汞标准固定液（简称固定液）：将 0.5g 重铬酸钾溶于 950mL 三级试剂水，再加 50mL 硝酸。

⑭ 汞标准贮备液[ρ(Hg)=100.00mg/mL]：准确称取 0.1354g 在硅胶干燥器中放置过夜的氯化汞（HgCl$_2$），用固定液溶解后，通过漏斗转移至 1000mL 容量瓶，再用固定液稀释至标线，摇匀。

⑮ 汞标准中间溶液[ρ(Hg)=10.00mg/mL]：将 25.0mL 的汞标准贮备溶液转移至 250mL 容量瓶内，用 0.8mol/L 硝酸溶液稀释至标线并混匀。当天配制。

⑯ 汞标准使用溶液[ρ(Hg)=1.00mg/mL]：将 10.0mL 的汞标准中间溶液转移至 100mL 容量瓶内，用 0.8mol/L 硝酸溶液稀释至标线并混匀。使用前配制。

4. 操作步骤

（1）试样制备

① 向加有高锰酸钾的全部样品中加入 10% 盐酸羟胺溶液，使所有二氧化锰完全溶解。然后立即取所需份数试样，每份 250mL。取时应仔细，使得到溶解部分和悬浮部分均具有代表性的试样。

注：如样品中含汞或有机物的浓度较高，试样体积可以减小（含汞不超过 10μg），用三级试剂水稀释成 250mL。

② 将试样放入 500mL 具塞磨口锥形瓶，小心加入 10mL 硫酸和 2.5mL 硝酸，每次加入后均混合均匀再加入。加入 5% 高锰酸钾溶液 15mL，如不能在 15min 内维持深紫色，则混合均匀后再加 15mL 以使颜色能持久。然后加入 5% 高锰酸钾溶液 8mL 并在水浴上加热 2h，温度控制在 95℃，冷却至约 40℃。

逐滴加入 10％盐酸羟胺溶液还原过剩的氧化剂，直至溶液的颜色刚好消失和所有锰的氧化物都溶解为止，开塞放置 5～10min。将溶液转移至 500mL 分液漏斗中，以少量三级试剂水洗锥形瓶两次，一并移入分液漏斗中。

注：如加入 30mL 高锰酸钾溶液还不足以使颜色持久，则需要或者减小试样体积，或者考虑改用其他消解方法。在这种情况下，本法就不再适用了。

③ 按上述②的方式制备空白试样，用三级试剂水代替试样，并加入相同体积的试剂。应把采样时加的试剂量考虑在内。

（2）校准曲线

① 按表 4-13 取一组汞标准使用溶液[ρ(Hg)＝1.00mg/mL]，注入 500mL 分液漏斗中，加三级试剂水至 250mL。然后完全按照下述测定试验的步骤，立即对其逐一进行测量。

表 4-13　汞标准溶液的配制

编号	1	2	3	4	5	6
使用液体积/mL	0.00	0.50	1.00	2.50	5.00	10.00
试份的汞含量/μg	0.00	0.50	1.00	2.50	5.00	10.00

② 分别以测定的各吸光度减去空白试剂（零浓度）的吸光度后，和对应的汞含量绘制校准曲线。

（3）测量

① 分别向各份试样或空白试样中加入 20％亚硫酸钠溶液 1mL，混匀后再加入 10.0mL 双硫腙-氯仿溶液，缓缓旋摇并放气，再密塞振摇 1min，静置分层。

② 将有机相转入已盛有 20mL 双硫腙洗脱液的 60mL 分液漏斗中，振摇 1min 静置分层。必要时再重复洗涤 1～2 次，直至有机相不带绿色。

③ 用滤纸吸去分液漏斗放液管内的水珠，塞入少许脱脂棉将有机相放入 20mm 比色皿中，在 485nm 波长下，以氯仿作参比测吸光度。

④ 以试样的吸光度减去空白试样的吸光度后，从校准曲线上查得汞含量。

5. 结果计算

被测金属 Hg 含量 ρ(μg/L) 按下式计算：

$$\rho = \frac{m}{V} \times 1000$$

式中　m——从校准曲线上查得 Hg 的质量，μg；

　　　V——分析用的试样体积，mL。

如果考虑采样时加入的试剂体积，汞含量 ρ_1(μg/L) 则应按下式计算：

$$\rho_1 = \frac{m \times 1000}{V_0} \times \frac{V_1 + V_2 + V_3}{V_1}$$

式中　m——从校准曲线上查得 Hg 的质量，μg；

　　　V_0——测定用的试样体积，mL；

　　　V_1——采集的试样体积，mL；

　　　V_2——水样加入的硝酸体积，mL；

　　　V_3——水样加入的高锰酸钾体积，mL。

6. 精密度和准确度

4个实验室测定汞含量 $5.00\mu g/L$ 的统一标准溶液结果如下。

① 重复性：各实验室的室内相对标准偏差分别为 1.0%、1.1%、3.6%、4.7%。

② 再现性：实验室间相对标准偏差为 6%。

③ 准确度：相对误差为 $\pm 6\%$。

7. 注意事项

① 氯仿在贮存过程中常会生成光气，它会使双硫腙生成氧化产物，不仅失去与汞螯合的功能，还溶于氯仿（不能被双硫腙洗脱液除去）显橙黄色，用分光光度计测定时有一定吸光度。故所用氯仿应预重蒸馏精制，加乙醇作保护剂，充满经过处理并干燥的棕色试剂瓶中（少留空间），避光、避热、密闭保存。

② 用盐酸羟胺还原实验室样品中的高锰酸钾时，二氧化锰沉淀溶解，使所吸附的汞返回溶液中，以便均匀取出试样。消解后亦按上述步骤同样操作。应注意在此操作中，盐酸羟胺勿加过量，且应立即继续以后的操作，勿长时放置，防止在还原状态下汞挥发损失。

③ 多数资料报道，双硫腙汞对光敏感，因此要强调避光或在半暗室里操作，或加入乙酸防止双硫腙汞见光分解；也有资料报道，采用不纯的双硫腙时，双硫腙汞见光分解很快，而采用纯的双硫腙时，双硫腙汞可在室内光线下稳定几小时以上。因此纯化对提高双硫腙汞的稳定性以至分析的准确度是很重要的。

④ 如双硫腙试剂不纯，可用下述步骤提纯。

称取 0.5g 双硫腙溶于 100mL 三氯甲烷中，滤去不溶物，滤液置分液漏斗中，每次用 20mL(1＋100) 氨水提取，共提 5 次，此时双硫腙进入水层。合并水层，然后用 6mol/L 盐酸中和，再用 250mL 三氯甲烷分三次提取，合并三氯甲烷层，将此双硫腙-三氯甲烷溶液放入棕色瓶中，保存于5℃冰箱内备用。

⑤ 双硫腙洗脱液有用氨水配制的，是为了去除铜的干扰。但氨水的挥发性大，微溶于有机相而容易出现"氨雾"现象影响光度测量。改用1%EDTA二钠的 0.2mol/L 氢氧化钠溶液作为双硫腙洗脱液，就不会出现这种现象，比较理想。但应注意必须使用含汞量很少的优级纯氢氧化钠。

⑥ 分液漏斗的活塞若涂抹凡士林防漏，凡士林溶于氯仿可引入正误差；若不涂抹凡士林或改涂"甘油淀粉润滑剂"（溶于水相），则萃取液易漏溅而引入负误差。为此可改用非油性润滑剂（溶于水不够理想）或改为直接在锥形瓶中振摇萃取（先缓缓旋摇并多次启塞放气，再密塞振摇）后，倾去大部分水分，转移入具塞比色管内分层，用抽气泵吸出水相。之后洗脱过剩双硫腙的操作亦可很方便地在比色管中进行。实践证明这样操作不仅省时、省力，还减少了用分液漏斗反复转移溶液而引入的误差，使精密度和准确度都得到提高。

⑦ 鉴于汞的毒性，双硫腙汞的氯仿溶液切勿丢弃，经加入浓硫酸处理以破坏有机物，并与其他杂质一起随水相分离后，用氧化钙中和残存于氯仿中的硫酸并去除水分，将氯仿重蒸回收，可反复利用。含汞废液可加入氢氧化钠溶液中和至其呈微碱性，再于搅拌下加入硫化钠溶液至氢氧化物完全沉淀为止，沉淀物予以回收或进行其他处理。

⑧ 含悬浮物和（或）有机物较少的水样，制备时可把加热时间缩短为 1h，对不含悬浮物的较清洁水可缩短为 30min。

⑨ 配制高锰酸钾溶液要注意：制备操作要小心，避免未溶解颗粒沉淀或悬浮于溶液中

（必要时可加热助溶）。

⑩ 干扰及消除。在酸性条件下，干扰物主要是铜离子。在双硫腙洗脱液中加入 1% ED-TA 二钠盐，至少可掩蔽 $300\mu g$ 铜离子的干扰。

⑪ 当在接近检出限的浓度下进行测定时，必须控制空白试样的吸光度不超过 0.01，否则要检查所用三级试剂水、试剂和器皿等，换掉含汞量太高的试剂和（或）三级试剂水并重新配制，或对沾污严重的器皿重新处理，以确保测得值有意义。

 技能训练 5　直接吸入火焰原子吸收光谱法（与 GB/T 7475—1987 等效）

本法适用于测定地下水、地表水和废水中的镉、铅、铜和锌。适用浓度范围与仪器的特性有关，表 4-14 列出一般仪器的适用浓度范围。

表 4-14　直接吸入火焰原子吸收法中元素的适用浓度范围

元素	适用浓度范围/(mg/L)	元素	适用浓度范围/(mg/L)
镉	0.05～1	铅	0.2～10
铜	0.05～5	锌	0.05～1

1. 方法概要

将水样或消解处理好的试样直接吸入火焰，火焰中形成的原子蒸气对光源发射的特征电磁辐射产生吸收。将测得的样品吸光度和标准溶液的吸光度进行比较，确定样品中被测元素的含量。

2. 仪器设备

原子吸收分光光度计、背景校正装置、所测元素的元素灯及其他必要的附件。

3. 试剂药品

①硝酸（优级纯）。②高氯酸（优级纯）。③去离子水。

④燃气：乙炔，纯度不低于 99.6%。

⑤助燃气：空气，由气体压缩机供给，经过必要的过滤和净化。

⑥金属标准贮备液制备如下。

a. 镉、锌标准贮备液（$\rho=1000.00mg/L$）：准确称取经稀酸清洗并干燥后的 0.5000g 光谱纯金属镉和金属锌，用 50mL(1+1) 硝酸溶解，必要时加热直至溶解完全。用三级试剂水稀释至 500.0mL。

b. 铜标准贮备液（$\rho=2500.00mg/L$）：准确称取经稀酸清洗并干燥后的 0.2500g 光谱纯金属铜，用 50mL(1+1) 硝酸溶解，必要时加热直至溶解完全。用三级试剂水稀释至 100.0mL。

c. 铅标准贮备液（$\rho=5000.00mg/L$）：准确称取经稀酸清洗并干燥后的 0.5000g 光谱纯金属铅，用 50mL(1+1) 硝酸溶解，必要时加热直至溶解完全。用三级试剂水稀释至 100.0mL。

⑦混合标准溶液：取镉、锌标准贮备液 5mL，铜、铅标准贮备液 10mL 于同一个 500mL 容量瓶中，用 0.2% 硝酸稀释至刻度。配成的混合标准溶液每毫升含镉、铜、铅和锌的量分别为 $10.0\mu g$、$50.0\mu g$、$100.0\mu g$ 和 $10.0\mu g$。

4. 操作步骤

（1）样品预处理　取 100mL 水样放入 200mL 烧杯中，加入硝酸 5mL，在电热板上加热消解（不要沸腾）。蒸至 10mL 左右，加入 5mL 硝酸和 2mL 高氯酸，继续消解，直至 1mL 左右。如果消解不完全，再加入硝酸 5mL 和高氯酸 2mL，再次蒸至 1mL 左右。取下冷却，加水溶解残渣，用水定容至 100mL。

取 0.2% 硝酸 100mL，按上述相同的程序操作，以此为空白样。

（2）样品测定　按表 4-15 所列参数选择分析线和调节火焰。仪器用 0.2% 硝酸调零，吸入空白样和试样，测量其吸光度。扣除空白样吸光度后，从校准曲线上查出试样中的金属浓度。如可能，也可从仪器上直接读出试样中的金属浓度。

表 4-15　元素测定的分析线波长和火焰类型

元素	分析线波长/nm	火焰类型
镉	228.8	乙炔-空气,氧化型
铜	324.7	乙炔-空气,氧化型
铅	283.3	乙炔-空气,氧化型
锌	213.8	乙炔-空气,氧化型

（3）校准曲线　按表 4-16 吸取混合标准溶液，分别放入六个 100mL 容量瓶中，用 0.2% 硝酸稀释定容。接着按样品测定的步骤测量吸光度，用经空白校正的各标准的吸光度对相应的浓度作图，绘制校准曲线。

表 4-16　标准系列溶液的配制与对应金属的含量

混合标准使用溶液体积/mL		0	0.50	1.00	3.00	5.00	10.00
标准系列各金属浓度/(mg/L)	镉	0	0.05	0.10	0.30	0.50	1.00
	铜	0	0.25	0.50	1.50	2.50	5.00
	铅	0	0.50	1.00	3.00	5.00	10.00
	锌	0	0.05	0.10	0.30	0.50	1.00

5. 结果计算

被测金属（M）含量 ρ(mg/L) 按下式计算：

$$\rho = \frac{m}{V}$$

式中　m——从校准曲线上查出或仪器直接读出的被测金属质量，μg；

　　　V——分析用的水样体积，mL。

6. 精密度和准确度

元素测定的精密度和准确度，如表 4-17 所示。

表 4-17　元素测定的精密度和准确度

元素	参加实验室数目	质控样品金属浓度/(μg/L)	平均测定值/(μg/L)	实验室内相对标准/%	实验室间相对标准偏差/%
镉	7	100	96	6.1	6.9
铜	5	500	480	3.1	7.1
铅	8	100	99.9	2.4	3.1
锌	4	500	507	1.6	2.2

7. 干扰及消除

地下水和地表水中的共存离子和化合物，在常见浓度下不干扰测定。当钙的浓度高于1000mg/L时，抑制镉的吸收，浓度为2000mg/L时，信号抑制达19%。在弱酸性条件下，样品中六价铬的含量超过30mg/L时，由于生成铬酸铅沉淀而使铅的测定的结果偏低，在这种情况下需要加入1%抗坏血酸将六价铬还原成三价铬。样品中溶解性硅的含量超过20mg/L时干扰锌的测定，使测定结果偏低，加入200mg/L的钙可消除这一干扰。铁的含量超过100mg/L时，抑制锌的吸收。当样品中含盐量很高，分析波长又低于350nm时，可能出现非特征吸收。如高浓度的钙，因产生非特征吸收，即背景吸收，使铅的测定结果偏高。

基于上述原因，分析样品前需要检验是否存在基体干扰或背景吸收。一般通过测定加标回收率，判断基体干扰的程度，通过测定分析线附近1nm内的一条非特征吸收线处的吸收，可判断背景吸收的大小。根据表4-18选用分析线相对应的非特征吸收谱线。

表4-18 元素背景校正用的邻近线波长

元素	分析线波长/nm	非特征吸收谱线波长/nm
镉	228.8	229(氘)
铜	324.7	324(锆)
铅	283.3	283.7(锆)
锌	213.8	214(氘)

根据检验的结果，如果存在基体干扰，可加入干扰抑制剂，或用标准加入法测定并计算结果。如果存在背景吸收，用自动背景校正装置或邻近非特征吸收谱线法进行校正。后一种方法是从分析线处测得的吸收值中扣除邻近非特征吸收谱线处的吸收值，得到被测元素原子的真实吸收。此外，也可通过螯合萃取或样品稀释、分离或降低产生基体干扰或背景吸收的组分。

技能训练6 石墨炉原子吸收光谱法

本法适用于地下水和清洁地表水。分析样品前要检查是否存在基体干扰并采取相应的校正措施。测定浓度范围与仪器的特性有关，表4-18列出一般仪器的测定浓度范围。

表4-19 石墨炉原子吸收法中元素的适用浓度范围

元素	镉	铜	铅
分析线/nm	228.8	324.7	283.3
适用浓度范围/(μg/L)	0.1~2	1~50	1~5

1. 方法概要

将样品注入石墨管，用电加热方式使石墨炉升温，样品蒸发离解形成原子蒸气，对来自光源的特征电磁辐射产生吸收。将测得的样品吸光度和标准吸光度进行比较，确定样品中被测金属的含量。

2. 仪器设备

原子吸收分光光度计，石墨炉装置、背景校正装置及其他有关附件。

3. 试剂药品

① 硝酸，优级纯。② 硝酸（1+1），0.2%两种浓度。

③ 硝酸钯溶液：称取硝酸钯 0.108g 溶于 10mL（1＋1）硝酸，用三级试剂水定容至 500mL，则含 Pd10μg/mL。

④ 金属标准贮备溶液（ρ＝1000.00mg/L）：准确称取经稀酸清洗并干燥后的 0.5000g 光谱纯金属，用 50mL（1＋1）硝酸溶解，必要时加热直至溶解完全。用三级试剂水稀释至 500.0mL。

⑤ 混合中间溶液（ρ＝10.00mg/L）：准确吸取标准贮备溶液 1mL，用 0.2%硝酸稀释至刻度。

⑥ 混合标准溶液：由标准贮备溶液稀释配制，用 0.2%硝酸进行稀释。制成的溶液每毫升含镉、铜、铅 0、0.1、0.2、0.4、1.0、2.0μg、含基体改进剂钯 1μg 的标准系列。

4. 操作步骤

（1）样品预处理　取 100mL 水样放入 200mL 烧杯中，加入硝酸 5mL，在电热板上加热消解（不要沸腾）。蒸至水样为 10mL 左右，加入 5mL 硝酸和 2mL 高氯酸，继续消解，直至水样为 1mL 左右。如果消解不完全，再加入硝酸 5mL 和高氯酸 2mL，再次蒸至水样为 1mL 左右。取下冷却，加水溶解残渣，用水定容至 100mL。

取 0.2%硝酸 100mL，按上述相同的步骤操作，以此为空白样。

（2）样品测定

① 直接法：将 20μL 样品注入石墨炉，参照表 4-20 的仪器参数测量吸光度。以零浓度的标准溶液为空白样，扣除空白样吸光度后，从校准曲线上查出样品中被测金属的浓度。也可用浓度直读法进行测定。

表 4-20　石墨炉工作参数

工作参数	Cd	Pb	Cu
光源	空心阴极灯	空心阴极灯	空心阴极灯
灯电流/mA	7.5	7.5	7.0
波长/nm	228.8	283.3	324.7
通带宽度/nm	1.3	1.3	1.3
干燥/(℃/5s)	80～100	80～180	80～180
灰化/(℃/5s)	450～500	700～750	450～500
原子化/(℃/5s)	2500	2500	2500
清除/(℃/3s)	2600	2700	2700
Ar 气流量/(mL/min)	200	200	200
进样体积/μl	20	20	20

② 标准加入法：一般用三点法。第一点，直接测定水样；第二点，取 10mL 水样，加入混合标准溶液 25μL 后混匀；第三点，取 10mL 水样，加入混合标准溶液 50μL 后混匀。以上三种溶液中的标准加入浓度，镉依次为 0、0.5μg/L 和 1.0μg/L；铜和铅依次为 0、5.0μg/L 和 10μg/L。以浓度为零的标准溶液为空白样，参照表 4-20 的仪器参数测量吸光度。用扣除空白样吸光度后的各溶液吸光度对加入标准溶液的浓度作图，将直线延长，与横坐标的交点即为样品的浓度（加入标准的体积所引起的误差不超过 0.5%）。

5. 精密度和准确度

全国范围内共七个实验室用直接法分析实际水样的精密度和准确度数据，如表 4-21 所示。

表 4-21 石墨炉原子吸收法的精密度和准确度

元素	浓度范围/(μg/L)		相对标准偏差范围/%		回收率/%	
	地下水	地表水	地下水	地表水	地下水	地表水
镉	0.1~1.3	0.1~1	1.4~17	1.9~15	75~105	75~108
铜	2.5~11	2.4~15	2.1~10	2.3~10	85~106	92~109
铅	1~16	1.9~29	1.4~9.3	1.2~9.5	81~109	75~107

6. 注意事项

① 因 Pb、Cd 和 Cu 在一般地表水中含量差别较大，测定 Cu 时可将水样适当稀释后测定。

② 因仪器设备不同，工作条件差异也较大，如果使用横向塞曼扣除背景的仪器，可将灰化、原子化和清除温度降低 100~200℃。

③ 如果测定基体简单的水样可不使用硝酸钯做基体改进剂。

④ 硝酸钯亦可用硝酸镧代替，但其空白较高，必须注意扣除。

⑤ 如果使用涂层石墨管亦可不必加入基体改进剂。常用的金属碳化物涂层处理石墨管的方法有两种。

a. 涂层溶液注入法：在待测样品溶液和标准溶液注入石墨管前，先将 La、W、Mo 等易生成碳化物元素的溶液（含涂层金属一般浓度为 5%）注入石墨管中，按一般石墨炉操作程序经过干燥、灰化和原子化，使其在高温下形成金属碳化物涂层，反复进行几次则得到较厚的涂层。用 Ta 处理的研究较多，由于 TaC 升华点高达 3880℃，适合于耐高温元素的测定，用 Ta 处理能大大提高这类元素的灵敏度，且石墨管寿命也能明显延长。涂 Ta 石墨管对 Cd、Pb 的增感效果分别为 1.46 和 1.06。这种涂层方法简单易行，但对测定精度改善不甚明显，形成的碳化物涂层膜也不够均匀，一次只能处理一支管，效率不高。

b. 浸渍法：本方法适合于成批处理，也是值得推荐使用的方法。一般用含金属元素 5% 左右的金属盐溶液，例如 La(NO$_3$)$_3$·6H$_2$O、ZrOCl$_6$、NH$_4$VO$_3$ 等，也可用 Ta、Ti 等金属，经溶解后作为涂层溶液。为了改善涂层效果，有时涂层溶液中需加入 1%~2% 的草酸。

这里推荐的涂 La 步骤为：将 5~10 支普通石墨管垂直浸泡于盛有 La(NO$_3$)$_3$ 25mL（高型）小烧杯中，将烧杯置于真空干燥器内，用真空泵减压 1.5~2h，并经常摇动干燥器以便驱赶从石墨微孔排出的小气泡，使溶液更好地渗入石墨管壁。取出晾干后在 105℃ 烘干 2h，再重复上述过程一次。用滤纸擦去石墨管两端析出的固体盐类（石墨锥接触不良，而放电烧毁石墨锥、管）后，置于原子化器上，按干燥、灰化、原子化程序处理（涂 La 时的程序设定条件为干燥 180℃/20s，灰化 800℃/30s，原子化 2700℃/5s）2~3 次，一般可在管的内表面形成 0.1mm 左右的片状涂层膜。

⑥ 扰及消除。石墨炉原子吸收分光光度法的基体效应比较显著和复杂。在原子化过程中，样品基体蒸发，在短波长范围出现分子吸收或光散射，产生背景吸收。可以用连续光源背景校正法、塞曼偏振光校正法或自吸收法进行校正，也可采用邻近的非特征吸收线校正法，或通过样品稀释降低样品中的基体浓度。另一类基体效应是样品中基体参加原子化过程中的气相反应，使被测元素的原子对特征辐射的吸收增强或减弱，产生正干扰或负干扰。如氯化钠对镉、铜、铅的测定，硫酸钠对铅的测定均产生负干扰。在一定的条件下，采用标准加入法可部分补偿这类干扰。此外，也可使用基体改良剂。测铜时，20μL 水样加入 40% 硝酸铵溶液 10μL；测铅时，20μL 水样加入 15% 钼酸铵溶液 10μL；测镉时，20μL 水样加入

5%磷酸钠溶液 $10\mu L$。以上基体改良剂对于抑制基体干扰均有一定作用，1%磷酸溶液也可作为镉、铅测定的基体改良剂。而硝酸钯是用于镉、铜、铅最好的基体改进剂，同时使用 La、W、Mo、Zn 等金属碳化物涂层石墨管测定，既可提高灵敏度，也能克服基体干扰。

技能训练 7 萃取火焰原子吸收光谱法

本法适用于地下水和清洁地表水。分析生活污水、工业废水和受污染的地表水时，样品需先消解。适用浓度范围与仪器特性有关，表 4-22 列出了一般仪器的适用浓度范围。

表 4-22 萃取火焰原子吸收法中元素的适用浓度范围

元素	镉	铜	铅
适用浓度范围/$(\mu g/L)$	1～50	1～50	10～200

1. 方法概要

被测金属离子与吡咯烷二硫代氨基甲酸铵或碘化钾络合后，用甲基异丁基甲酮萃取后吸入火焰进行原子吸收分光光度测定。

2. 仪器设备

原子吸收分光光度计，所测元素的元素灯及其他必要的附件。

3. 试剂药品

① 甲基异丁基甲酮（$C_6H_{12}O$）。

② 水饱和的甲基异丁基甲酮：在分液漏斗中放入甲基异丁基甲酮和等体积的水，摇动 30s，分层后弃去水相，有机相备用。

③ 10%氢氧化钠溶液：用优级纯试剂配制。

④ （1+49）盐酸溶液：用优级纯试剂配制。

⑤ 吡咯烷二硫代氨基甲酸铵（$C_5H_{12}N_2S_2$）溶液（2%）：将 2.0g 吡咯烷二硫代氨基甲酸铵溶于 100mL 水中。必要时用以下方法进行纯化：将配好的溶液放入分液漏斗中，加入等体积的甲基异丁基甲酮，摇动 30s，分层后放出水相备用，弃去有机相。此溶液用时现配。

⑥ 碘化钾溶液（1mol/L）：将 166.7g 碘化钾溶于水，稀释至 1L。

⑦ 抗坏血酸溶液（5%）。

⑧ 燃气：乙炔，纯度不低于 99.6%。

⑨ 空气助燃气：由空气压缩机供给，经过必要的过滤和净化。

⑩ 金属标准贮备溶液（$\rho=1000.00mg/L$）：准确称取经稀酸清洗并干燥后的 0.5000g 光谱纯金属，用 50mL（1+1）硝酸溶解，必要时加热直至溶解完全。用三级试剂水稀释至 500.0mL。

⑪ 用 0.2%硝酸稀释金属标准贮备溶液配制而成。配成的溶液每毫升含镉、铜和铅分别为 $0.500\mu g$、$0.500\mu g$ 和 $2.00\mu g$。

4. 操作步骤

（1）样品预处理 取 100mL 水样放入 200mL 烧杯中，加入硝酸 5mL，在电热板上加热消解（不要沸腾）。蒸至水样为 10mL 左右，加入 5mL 硝酸和 2mL 高氯酸，继续消解，直至水样为 1mL 左右。如果消解不完全，再加入硝酸 5mL 和高氯酸 2mL，再次蒸至水样为 1mL 左右。取下冷却，加水溶解残渣，用水定容至 100mL。

取 0.2%硝酸 100mL，按上述相同的程序操作，以此为空白样。

（2）APDC-MIBK 萃取

① 萃取。取 100mL 水样或消解好的试样置于 200mL 烧杯中，同时取 0.2%硝酸 100mL 作为空白样。用 10%氢氧化钠或（1+49）盐酸溶液调上述各溶液的 pH 为 3.0（用 pH 计指示）。将溶液转入 200mL 容量瓶中，加入 2%吡咯烷二硫代氨基甲酸铵溶液 2mL，摇匀，准确加入甲基异丁基甲酮 10.0mL，剧烈摇动 1min。静止分层后，小心地沿容量瓶壁加入水，使有机相上升到瓶颈中进样毛细管可达到的高度。

② 测量。点燃火焰，吸入水饱和的甲基异丁基甲酮，按分析线波长和火焰类型的参数选择分析线和调节火焰，并将仪器调零。吸入空白样和试样的萃取有机相，测量吸光度。扣除空白样吸光度后，从校准曲线上查出有机相中被测金属的含量。如可能，也可从仪器上直接读出金属的含量。

③ 校准曲线。吸取 0、0.50、1.00、2.00、5.00 和 10.00mL 混合标准溶液，分别放入 100mL 容量瓶中，用 0.2%硝酸稀释至 100mL。此标准系列溶液中各被测金属的含量见表 4-23。然后按样品测定步骤进行萃取和测量。用经过空白校正的各标准液吸光度对相应的金属含量作图，绘制校准曲线。

表 4-23　标准系列溶液的配制与对应金属的含量

混合标准使用溶液体积/mL		0	0.50	1.00	3.00	5.00	10.00
标准系列各 金属浓度/（mg/L）	镉	0	0.05	0.10	0.30	0.50	1.00
	铜	0	0.25	0.50	1.50	2.50	5.00
	铅	0	0.50	1.00	3.00	5.00	10.0

（3）KI-MIBK 萃取法

① 萃取。取水样或消解好的试样 50mL，放入 125mL 分注漏斗中。加入 1mol/L 碘化钾溶液 10mL，摇匀后加入 5%抗坏血酸溶液 5mL，再摇匀。准确加入甲基异丁基甲酮 10.0mL，摇动 1~2min，静止分层后弃去水相，用滤纸吸干分液漏斗颈管中的残留液，将有机相转入 10mL 具塞试管，盖严待测。

② 测量。按上面 APDC-MIBK 萃取法中的步骤进行测量。扣除空白样吸光度后，从校准曲线上查出试样萃取有机相中的金属含量。

③ 校准曲线。吸取 0、0.50、1.00、2.00、5.00 和 10.00mL 混合标准溶液，分别置于 125mL 分液漏斗中，用三级试剂水稀释至 50mL，溶液中的被测金属含量，如表 4-23 所示。然后，按上述样品测定步骤进行萃取和测量。最后用经过空白校正的标准系列吸光度对相应的金属含量作图，绘制校准曲线。

5. 结果计算

被测金属（M）含量 $\rho(\mu g/L)$ 按下式计算：

$$\rho = \frac{m}{V} \times 1000$$

式中　m——从校准曲线上查出或仪器直接读出的被测金属质量，μg；

V——分析用的水样体积，mL。

6. 精密度和准确度

该方法测定水样的精密度和准确度见表 4-24。

表 4-24 萃取火焰原子吸收法的精密度和准确度

项目	参加实验室数目	质控样金属浓度 /(μg/L)	平均测定值 /(μg/L)	实验室内相对标准偏差/%	实验室间相对标准偏差/%
APDC-MIBK 萃取法					
镉	6	4.9	5.1	5.9	8.3
铜	14	40	40.6	4.2	14.6
铅	6	50	49.9	3.6	5.7
KI-MIBK 萃取法					
镉	7	4.9	5.0	6.7	7.0
铅	7	50	49.7	4.4	5.0

7. 注意事项

① APDC-MIBK 单独萃取铅的最佳 pH 为 2.3±0.2。

② 若样品中存在强氧化剂，萃取前应除去，否则会破坏吡咯烷二硫代氨基甲酸铵。

③ 萃取时避免日光直射并远离热源。

④ 采用吡咯烷二硫代氨基甲酸铵-甲基异丁基甲酮（APDC-MIBK）萃取体系时，如果样品的化学需氧量超过 500mg/L，可能影响萃取效率。含铁量低于 5mg/L 时不干扰测定。当水样中的铁量较高时，采用碘化钾-甲基异丁基甲酮（KI-MIBK）萃取体系的效果更好。如果样品中存在的某类络合剂与被测金属离子形成络合物，比与吡咯烷二硫代氨基甲酸铵或碘化钾形成的络合物更稳定，则必须在测定前将其氧化分解除去。

 技能训练 8 铅的测定——双硫腙分光光度法

本方法适用于测定天然水和废水中的微量铅。测定铅浓度在 0.01～0.30mg/L 之间。铅浓度高于 0.30mg/L 可对样品作适当稀释后再进行测定。

本方法规定水样经酸消解处理后，可测得水样中的总铅量。

1. 方法概要

在 pH 为 8.5～9.5 的氨性柠檬酸盐氰化物的还原性介质中，铅与双硫腙形成可被氯仿（或四氯化碳）萃取的淡红色的双硫腙-铅螯合物，萃取的氯仿混色液，于 510nm 波长下进行吸光度测量，从而求出铅的含量。铅-双硫腙螯合物的摩尔吸光系数为 6.7×10^4 L/(mol·cm)。

2. 仪器设备

① 分光光度计，10mm 比色皿。

② 所用玻璃仪器，包括采样容器，在使用前需用硝酸清洗，并用自来水和三级试剂水冲洗洁净。

3. 试剂药品

① 氯仿（$CHCl_3$）。② 高氯酸（$HClO_4$），优级纯。③ 硝酸（HNO_3）。

④ 硝酸（20%）溶液：取 200mL 硝酸（3.3）用水稀释到 1000mL。

⑤ 硝酸溶液（0.2%）：取 2mL 硝酸（3.3）用水稀释到 1000mL。

⑥ 盐酸溶液（0.5mol/L）：取 42mL 盐酸（ñ=1.19g/mL）用水稀释到 1000mL

⑦ 氨水（$NH_3 \cdot H_2O$）。

⑧ 氨溶液（1+9）：取 10mL 氨水用水稀释到 100mL。

⑨ 氨溶液（1+100）：取 10mL 氨水用水稀释到 1000mL。

⑩ 柠檬酸盐氰化钾还原性溶液：将 20g 无水亚硫酸钠（Na_2SO_3）、400g 柠檬酸氢二铵 $[(NH_4)_2HC_6H_5O_7]$、10g 盐酸羟胺（$NH_2OH \cdot HCl$）和 40g 氰化钾（KCN）溶解在三级试剂水中并稀释到 1000mL，将此溶液和 2000mL 氨水混合（此溶液剧毒，不可用嘴吸取）。若此溶液含有微量铅则应用双硫腙专用溶液萃取，直到有机层为纯绿色。再用纯氯仿萃取 4~5 次以除去残留的双硫腙。

注：因氰化钾是剧毒药品，因此称量和配制溶液时要特别谨慎小心，萃取时要戴胶皮手套避免沾污皮肤。

⑪ 亚硫酸钠溶液：将 5g 无水亚硫酸钠（Na_2SO_3）溶解在 100mL 三级试剂水中。

⑫ 碘溶液（0.05mol/L）：将 40g 碘化钾（KI）溶解在 25mL 三级试剂水中，加入 12.7g 精制的粉末状碘，然后用水稀到 1000mL。

⑬ 铅标准贮备溶液[$\rho(Pb)$=100.00mg/L]：将 0.1599g 硝酸铅[$Pb(NO_3)_2$，纯度≥99.8%]溶解在约 200mL 水中，加入 10mL 硝酸，后用三级试剂水稀释到 1000mL 标线。或将 0.1000g 纯金属铅（纯度≥99.9%）溶解在 20mL（1+1）硝酸中，然后用水稀释到 1000mL。

⑭ 铅标准使用溶液[$\rho(Pb)$=2.0mg/L]：取 20.0mL 铅标准贮备溶液置于 1000mL 容量瓶中，用三级试剂水稀释到标线，摇匀。

⑮ 双硫腙贮备溶液（ρ=100.00mg/L）：称取 100mg 纯净双硫腙溶于 1000mL 氯仿中，贮于棕色瓶中，放置在冰箱内备用。

如双硫腙试剂不纯，可按下述步骤提纯：称取 0.5g 双硫腙溶于 100mL 氯仿中，用定量滤纸滤去不溶物，滤液置分液漏斗中，每次用 20mL 氨水提取五次，此时双硫腙进入水层，合并水层然后用盐酸中和。再用 250mL 氯仿分三次提取，合并氯仿层，将此双硫腙—氯仿溶液放入棕色瓶中，保存于冰箱内备用。

此溶液的准确浓度可按下述方法测定：取一定量上述双硫腙氯仿溶液，置 50mL 容量瓶中，以氯仿稀释定容，使其浓度小于 0.001%。然后将此溶液置于 10mm 光程的比色皿中，于波长 606nm 处测量其吸光度，将此吸光度除以摩尔吸光系数[40.6L/(mol·cm)]即可求得双硫腙的准确浓度。

⑯ 双硫腙工作溶液（ρ=40.00mg/L）：取 100mL 双硫腙贮备溶液置于 250mL 容量瓶中，用氯仿稀释到标线。

⑰ 双硫腙专用溶液：将 250mg 双硫腙溶解在 150mL 氯仿中，此溶液不需要纯化，因为用它萃取的所有萃取液都将弃去。

4. 操作步骤

（1）样品预处理　除非证明试样的消化处理是不必要的，例如不含悬浮物的地下水和清洁的地表水可直接测定，否则要按下述两种情况进行预处理。

① 比较浑浊的地表水，每 100mL 试样加入 1mL 硝酸，置于电热板上微沸消解 10min，

冷却后用快速滤纸过滤，滤纸用 0.2％硝酸洗涤数次，然后用此酸稀释到一定体积，供测定用。

② 含悬浮物和有机物较多的地表水或废水，每 100mL 水样加入 5mL 硝酸，在电热板上加热，消解到 10mL 左右，稍冷却，再加入 5mL 硝酸和 2mL 高氯酸（注意：严禁将高氯酸加到含有还原性有机物的热溶液中，只有预先用硝酸加热处理后才能加入高氯酸，否则会引起强烈爆炸），继续加热消解，蒸发至近干（但勿蒸干）。冷却后，用 0.2％硝酸温热溶解残渣，再冷却后，用快速滤纸过滤，滤纸用 0.2％硝酸洗涤数次，滤液用 0.2％硝酸稀释定容，供测定用。每分析一批试样要平行操作两个空白试验。

③ 准确量取含量不超过 30μg 的铅的适量试样放入 250mL 分液漏斗中，用三级试剂水补充至 100mL，加入 3 滴 0.1％百里酚蓝指示剂，用 6mol/L 的氢氧化钠溶液或 6mol/L 的盐酸溶液调节到刚好出现稳定的黄色，此时溶液 pH 值为 2.8，备用作测定用。

（2）样品测定

① 显色萃取。向试样（含铅量不超过 30μg，最大体积不大于 100mL）加入 10mL 硝酸和 50mL 柠檬酸盐-氰化钾还原性溶液，摇匀后冷却到室温。加入 10mL 双硫腙工作溶液，塞紧后，剧烈摇动分液漏斗 30s，然后放置分层。

② 测量。在分液漏斗的颈管内塞入一小团无铅脱脂棉花，然后放出下层有机相，弃去 1～2mL 氯仿层后，再注入 10mm 比色皿中。在波长 510nm 处测量萃取液的吸光度，测量前用双硫腙工作溶液将仪器调零（注意：第一次采用本方法时应检验最大吸光度波长，以后的测定中均使用此波长）。由测量所得吸光度扣除空白试验吸光度再从校准曲线上查出铅含量。

③ 空白试验。取三级试剂水代替试样，其他试剂用量均相同，按上述步骤进行处理。

（3）标准曲线的绘制 按表 4-25 取一组铅的标准使用溶液[ρ(Pb)＝2.0mg/L]，分别注于 250mL 分液漏斗中，补加适量三级试剂水至 100mL，以下按样品测定步骤进行显示和测量。

表 4-25 铅标准溶液的配制

编号	1	2	3	4	5
使用液体积/mL	0.00	1.00	5.00	12.00	15.00
试样的铅含量/μg	0.00	2.00	10.00	24.00	30.00

5. 结果计算

被测金属（Pb）含量 ρ(mg/L) 按下式计算：

$$\rho=\frac{m}{V}\times1000$$

式中 m——从校准曲线上求得铅的质量，μg；
V——用于测定的试样体积，mL。

6. 精密度和准确度

当铅含量为 0.026mg/L 时，测定的相对标准偏差为 4.8％，相对误差为 15％。

7. 注意事项

① 本法的成败关键在于所用的器皿和试剂及三级试剂水是否含痕量铅。因此，在进行

实验室测定之前，应先用稀硝酸浸泡或用稀热硝酸荡洗所用器皿，然后用无铅三级试剂水冲洗几次。

② 三氯甲烷放置过久，受光和空气作用，易产生氧化物质而使双硫腙被氧化，故应检查三氯甲烷的质量，不合格的应重蒸馏提纯。

③ 调节酸度时可用 0.1%甲基百里酚蓝作指示剂（当 pH 为 1.2～2.8，其变色区由红色变成黄色；pH 为 8.0～9.6，由黄色变成蓝色）。

④ 过量干扰物的检查和消除。铋、锡和铊的双硫腙盐与双硫腙铅的最大吸收波长不同，在波长 510nm 和 465nm 分别测量试样的吸光度，可以检查上述干扰是否存在。从每个波长位置的试样吸光度中，扣除同一波长位置空白试验的吸光度，得出试样吸光度的校正值，计算 510nm 处吸光度校正值与 465nm 处吸光度校正值的比值。吸光度校正值的比值对双硫腙铅盐为 2.08，而对双硫腙铋盐为 1.076。如果求得的比值明显小于 2.08，即表明存在干扰，这时需另取 100mL 试样，并按以下步骤处理：

对未经消解处理的试样，加入 5mL 亚硫酸钠溶液，以还原残留的碘。根据需要，在 pH 计上，用 20%硝酸或氨水（1+9）将试样的 pH 调为 2.5，将试样转入 250mL 分液漏斗中，用 1%双硫腙专用溶液萃取至少三次，每次用 10mL。或者萃取到氯仿层呈明显的绿色，然后用氯仿萃取，每次用 20mL，以除去双硫腙（绿色消失）。水相备用作测定用。

 技能训练 9　二乙基二硫代氨基甲酸钠萃取分光光度法

本方法适用于工业循环冷却水、各种工业用水及生活用水中铜的测定。测定范围 0.01～2.00mg/L。

1. 方法概要

在氨性溶液中（pH 为 8～9.5），铜与二乙基二硫代氨基甲酸钠作用生成黄棕色络合物，此络合物可用四氯化碳或三氯甲烷萃取，在波长 440nm 处测量吸光度。颜色可稳定 1h。

2. 仪器设备

① 分光光度计。② 具塞分液漏斗，125mL，活塞以硅油为润滑剂。

3. 试剂药品

① 硝酸。② 四氯化碳。③ 氨水溶液（1+1）。④ 硫酸铜。⑤ 乙二胺四乙酸二钠盐-柠檬酸胺溶液 I：称取 2.0g 乙二胺四乙酸二钠盐[Na_2-EDTA·$2H_2O$]和 10.0g 柠檬酸铵[$(NH_4)_3$·$C_6H_5O_7$]，溶于三级试剂水并稀释至 100mL，加 4 滴甲酚红溶液，用氨水（1+1）溶液，调至 pH 为 8～8.5（溶液由黄色变为浅紫色）。

⑥ 乙二胺四乙酸二钠盐-柠檬酸铵溶液 II（50.0g/L）：称取 5.0g 乙二胺四乙酸二钠盐和 20g 柠檬酸铵溶于水中并稀释至 100mL，加入 4 滴甲酚红指示液，用（1+1）氨水调至 pH=8～8.5（由黄色变为浅紫色），加入 5mL 二乙基二硫代氨基甲酸钠溶液，用 10mL 四氯化碳萃取提纯。

⑦ 甲酚红指示剂：0.4g/L 乙醇溶液。

⑧ 二乙基二硫代氨基甲酸钠溶液（2g/L）：称取 0.2g 二乙基二硫代氨基甲酸钠[或称铜试剂，$C_5H_{10}NS_2Na·3H_2O$]溶于三级试剂水中，并稀释至 100mL，用棕色玻璃瓶贮

存，放于暗处可稳定存放两周。

⑨ 氨水-氯化铵缓冲溶液（pH≈9.0）：将 70g 氯化铵溶于适量三级试剂水中，加入 46mL 氨水，用水稀释至 1L。

⑩ 淀粉溶液：5g/L，使用前配制。

⑪ 铜标准贮备溶液（1.00mL 溶液含 0.200mg 铜）：称取 0.2000g±0.0001g 金属铜（纯度≥99.9%），置于 250mL 锥形瓶中，加入 20mL 三级试剂水和 10mL 硝酸溶液，加热溶解，直到反应速率变慢时微微加热，使全部铜溶解。煮沸溶液以去除氮的氧化物，冷却后加水溶解，转移到 1000mL 容量瓶中，用水稀释至标线并混匀。

⑫ 铜标准溶液（1.00mL 含 0.00500mg 铜）：吸取 25.00mL 铜标准贮备溶液于 1000mL 容量瓶中，用水稀释至标线并混匀。

4. 试样的制备

取样和保存样品应使用预先洗净的聚乙烯瓶或玻璃细口瓶，采样完毕，即刻加硝酸于样品中。每 1000mL 样品加入 2.0mL 硝酸摇匀。

5. 操作步骤

（1）绘制标准曲线　在 8 个分液漏斗中分别加入 0.00mL、0.20mL、0.50mL、1.00mL、2.00mL、3.00mL、5.00mL 和 6.00mL 铜标准溶液，其对应的铜含量分别为 0.0μg、1.0μg、2.5μg、5.0μg、10.0μg、15.0μg、25.0μg 和 30.0μg。加水至总体积为 50mL，配成标准系列溶液。然后显色萃取。将含铜量为 0.0μg、1.0μg、2.5μg、5.0μg 和 10.0μg 的萃取液放入 20mm 比色皿中，含铜量为 0.0μg、10.0μg、15.0μg、25.0μg 和 30.0μg 的萃取液放入 10mm 比色皿中，分别在波长 440nm 处，以四氯化碳作参比，测量吸光度。将测量的吸光度作空白校正后，根据相应的铜含量（μg），分别绘制低浓度和高浓度的校准曲线。

（2）试样测定

① 试样预处理。对含悬浮物及有机物极少的水样，可取 50mL 酸化后的试样于高型烧杯中，加 2mL 硝酸，盖上表面皿。于电炉上加热微沸 10min，冷却。对含悬浮物及有机物较多的水样，可取 50mL 水样于 150mL 烧杯中，加 5mL 硝酸，在电热板上加热，消解到 210mL 左右。稍冷却，再加入 5mL 硝酸和 1mL 高氯酸，继续加热消解，蒸至近干。冷却后，加水约 20mL，加热煮沸 3min。冷却后，转入 50mL 容量瓶中，用水稀释至标线（若有沉淀，应过滤）。

② 显色萃取。用移液管吸取适量体积（含铜量不超过 30μg，最大体积不大于 50mL）消解后的试样，置于分液漏斗中，加水至 50mL。加入 10mL EDTA-柠檬酸铵溶液Ⅱ和 2 滴甲酚红指示液，用（1+1）氨水调 pH 至 8～8.5（由红色经黄色变为浅紫色）。加入 5.0mL 二乙基二硫代氨基甲酸钠溶液（2g/L），摇匀，静置 5min。准确加入 10.00mL 四氯化碳，振荡不少于 2min，静置，使之分层。显色后 1h 内完成测定。

③ 测定。用滤纸吸干分液漏斗颈部的水分，塞入一小团脱脂棉，弃去最初流出的有机相 1～2mL，然后将有机相移入比色皿内（铜含量在 10～30μg 之间，用 10mm 比色皿；含量小于 10μg，用 20mm 比色皿），在波长 440nm 处，以四氯化碳作参比，测量吸光度。用 50mL 水代替试样，按与样品相同的操作步骤做空白试验。以试样的吸光度减去空白试验的吸光度后，从标准曲线上查出相应的铜含量。

6. 结果计算

被测金属（Cu）含量 $\rho(\text{mg/L})$ 按下式计算：

$$\rho = \frac{m}{V} \times 1000$$

式中　m——从校准曲线上求得铜的质量，mg；

V——用于测定的试样体积，mL。

7. 允许差

5个实验室测定的质量浓度为 0.075mg/L 的铜的标准溶液（统一分发），实验室内的相对标准偏差为 6.0%，实验室间的相对标准偏差为 7.1%，相对误差为 -4.0%。

8. 注意事项

铁、锰、镍、钴等与二乙基二硫代氨基甲酸钠生成有色络合物，干扰铜的测定，可用 EDTA-柠檬酸铵溶液掩蔽消除。

 技能训练10　二乙基二硫代氨基甲酸钠直接分光光度法

本方法适用于工业循环冷却水、锅炉水和天然水中铜含量的测定。测定范围 0.05～6.0mg/L。

1. 方法概要

在氨性溶液中（pH 为 8～9.5），铜与二乙基二硫代氨基甲酸钠作用生成黄棕色络合物，采用淀粉溶液作稳定剂，在波长 440nm 处测量吸光度。

2. 仪器设备

①分光光度计。②具塞分液漏斗，50mL。③一般实验室用仪器。

3. 试剂药品

① 硝酸。

② 淀粉溶液：5g/L，使用前配制。

③ EDTA-柠檬酸铵溶液 II（50.0g/L）：称取 5.0g 乙二胺四乙酸二钠和 20g 柠檬酸铵溶于水中并稀释至 100mL，加入 4 滴甲酚红指示液，用（1+1）氨水调至 pH=8～8.5（由黄色变为浅紫色），加入 5mL 二乙基二硫代氨基甲酸钠溶液，用 10mL 四氯化碳萃取提纯。

④ 二乙基二硫代氨基甲酸钠溶液（2g/L）：称取 0.2g 二乙基二硫代氨基甲酸钠［或称铜试剂，$C_5H_{10}NS_2Na \cdot 3H_2O$］溶于三级试剂水中，并稀释至 100mL，用棕色玻璃瓶贮存，放于暗处可稳定存放两周。

⑤ 氨水-氯化铵缓冲溶液（pH≈9.0）：将 70g 氯化铵溶于适量三级试剂水中，加入 46mL 氨水，用水稀释至 1L。

⑥ 铜标准贮备溶液（1.00mL 含 0.200mg 铜）：称取 0.2000g±0.0001g 金属铜（纯度 ≥99.9%），置于 250mL 锥形瓶中，加入 20mL 三级试剂水和 10mL 硝酸溶液，加热溶解，直到反应速率变慢时微微加热，使全部铜溶解。煮沸溶液以去除氮的氧化物，冷却后加水溶

解，转移到1000mL容量瓶中，用水稀释至标线并混匀。

⑦ 铜标准溶液（1.00mL 含 0.00500mg 铜）：吸取 25.00mL 铜标准贮备溶液于 1000mL 容量瓶中，用水稀释至标线并混匀。

4. 操作步骤

（1）校准曲线的绘制　按表 4-26 移取铜标准溶液于 50mL 具塞比色皿中，加三级试剂水至 25mL 左右，加入 5.0mL 乙二胺四乙酸二钠-柠檬酸铵溶液（Ⅱ）、5mL 氨-氯化铵缓冲溶液、1mL 淀粉溶液、5.0mL 二乙基二硫代氨基甲酸钠溶液，用三级试剂水稀释至 50mL 刻度，充分摇匀，10min 后，用 20mm 比色皿，于波长 440nm 处，以试剂空白作参比，测量吸光度。根据相对应的铜含量绘制校准曲线。

表 4-26　铜标准溶液系列配制

编号	1	2	3	4	5	6
铜标准体积/mL	0.00	1.00	3.00	6.00	9.00	12.00
铜含量/μg	0.0	0.005	0.015	0.030	0.045	0.060

（2）试样制备　取样和保存样品应使用预先洗净的聚乙烯瓶或玻璃细口瓶，采样完毕，即刻加硝酸于样品中。每 1000mL 样品加入 2.0mL 硝酸摇匀。

（3）测定　移取酸化后的水样 25.00mL 于 50mL 具塞比色皿中，加入 5.0mL 乙二胺四乙酸二钠-柠檬酸铵溶液（Ⅱ）、5mL 氨-氯化铵缓冲溶液、1mL 淀粉溶液、5.0mL 二乙基二硫代氨基甲酸钠溶液，用三级试剂水稀释至 50mL 刻度，充分摇匀，10min 后，用 20mm 比色皿，于波长 440nm 处，以试剂空白作参比，测量吸光度。从校准曲线上查出相对应的铜含量。

5. 结果计算

被测金属（Cu）含量 ρ(mg/L) 按下式计算：

$$\rho = \frac{m}{V} \times 1000$$

式中　m——从校准曲线上求得铅的质量，mg；

V——用于测定的试样体积，mL。

6. 允许差

5 个实验室测定质量浓度为 0.075mg/L 的铜的标准溶液（统一分发），实验室内的相对标准偏差为 6.0%，实验室间的相对标准偏差为 7.1%，相对误差为 -4.0%。

7. 注意事项

若水中悬浮物干扰测定，可采用萃取分光光度法。

 技能训练 11　工业循环冷却水用磷锌预膜液中锌含量的测定

本标准适用于磷锌预膜液中锌含量（范围为 0.1～20mg/L）的测定，也适用于各种工业用水、原水和生活用水中锌含量的测定。

1. 方法概要

磷锌预膜液试样，经雾化喷入火焰，锌离子被热解为基态原子，以锌共振线（波长213.9nm）为分析线，以空气-乙炔火焰测定锌原子的吸光度。水中各种共存元素对锌的测定均无干扰。

2. 仪器设备

① 原子吸收光谱仪：配有锌空心阴极灯，空气-乙炔预混合燃烧器，背景扣除校正器（推荐使用连续光谱氘灯扣除背景）和记录仪。

② 分析天平。

3. 试剂药品

①浓硝酸。②硝酸溶液（1+99）。

③锌标准贮备液[$\rho(Zn)=1000mg/L$]：称取锌粒1.000g，精确至0.0002g，置于100mL烧杯中，加入20mL水和10mL浓硝酸，在电炉上慢慢加热溶解。冷却后转移至1000mL容量瓶中，用水稀释至刻度，摇匀。

④锌标准溶液[$\rho(Zn)=5mg/L$]：移取5.00mL锌标准贮备液置于100mL容量瓶中，用水稀至刻度，摇匀。临用时，移取5.00mL此溶液，置于50mL容量瓶中，用水稀释至刻度，摇匀。

4. 操作步骤

（1）标准曲线的绘制　按表4-27准确移取锌标准溶液（1mL含0.005mg Zn）于50mL容量瓶中，用硝酸溶液（1+99）稀释至刻度，摇匀。

表4-27　锌标准系列溶液配制

编号	1	2	3	4	5	6
标准溶液体积/mL	0.00	2.00	4.00	6.00	8.00	10.00
锌含量/(mg/L)	0.00	0.20	0.40	0.60	0.80	1.00

在仪器的最佳条件下，于波长213.9nm处，以试剂空白为参比测定吸光度。以吸光度为纵坐标，相应的锌含量（mg/L）为横坐标，绘制工作曲线。

（2）测定　准确移取一定量的预膜液水样（当水样中悬浮物较多时，预先用中速定量滤纸过滤），置于50mL容量瓶中。用（1+99）硝酸溶液稀释至刻度，摇匀。在仪器的最佳条件下，于波长213.9nm处，以试剂空白为参比，测定吸光度。

5. 结果计算

被测金属（Zn）含量ρ(mg/L)按下式计算：

$$\rho=\frac{50\rho_1}{V}$$

式中　ρ——水样中锌含量，mg/L；

V——测定时的试样体积，mL；

50——水样定容体积，mL；

ρ_1——从标准曲线上求得锌的含量，mg/L。

6. 允许差

取平行测定结果的算术平均值为测定结果，两次平行测定结果的绝对差值不大于 1.0mg/L。

7. 注意事项

① 当水样中悬浮物较多时，预先用中速定量滤纸过滤。

② 若预膜液样品中锌含量超过工作曲线范围，可逐级稀释后测定。

③ 仪器的燃烧器上方要安装排风装置。

④ 两种气源与仪器应保持适当距离。

⑤ 经常检查管道，防止气体泄漏，严格遵守有关操作规程。

⑥ 使用乙炔为燃料时，乙炔钢瓶内含有丙酮和硅藻土等填料，当压力低于 0.5MPa 时应更换钢瓶，防止瓶内丙酮沿管道流进火焰，造成火焰燃烧不稳定，噪音增大。

 技能训练 12　总铬的测定——火焰原子吸收光谱法

本方法可用于地表水和废水中总铬的测定，用空气-乙炔火焰方法测定铬的最佳范围是 0.1～5mg/L，最低检测限是 0.03mg/L。

1. 方法概要

将试样溶液喷入空气-乙炔富燃火焰（黄色火焰）中，铬的化合物即可原子化，于波长 357.9nm 处进行测量。

2. 仪器设备

①原子吸收分光光度计。②空气压缩机。③乙炔气体。④铬空心阴极灯。

3. 试剂药品

① 铬标准贮备液[$\rho(Cr)=1.00g/L$]：准确称取于 120℃烘干 2h 并恒重的基准重铬酸钾 0.2829g，溶解于少量三级试剂水中，移入 100mL 容量瓶中，加入 3mol/L 盐酸溶液 20mL，再用三级试剂水稀释至刻度，摇匀。

② 铬标准使用液[$\rho(Cr)=50.00mg/L$]：准确移取铬标准贮备液 5.00mL 于 100mL 容量瓶中，加入 3mol/L 盐酸溶液 20mL，再用三级试剂水定容。

③ 氯化铵水溶液，10%。

④ 盐酸，3mol/L。

⑤ 消解水样用浓硝酸、浓盐酸或过氧化氢。

4. 操作步骤

(1) 试样的预处理　取 100mL 水样于 200mL 烧杯中，加入 5mL 浓 HNO_3，在电热板上加热，保持水样不沸腾，蒸至 10mL 左右时，冷却；再加入 5mL HNO_3 和 2mL 高氯酸（缓慢滴加），继续加热至近干；冷却后，用 0.2% HNO_3 溶解残渣，过滤，滤液用去离子水或 0.2% HNO_3 定容于 100mL 容量瓶中，待用。取 0.2% HNO_3 溶液 100mL，按上述相同的程序操作，以此为空白样。

（2）标准系列溶液　准确移取浓度为 50mg/L 的标准使用液各 0.00（空白）、0.50、1.00、2.00、3.00、4.00mL 于 50mL 容量瓶中，分别加入 10％氯化铵溶液 2.5mL 和 3mol/L 盐酸溶液 5.00mL，用去离子水定容后摇匀。配制成铬浓度分别为 0、0.5、1.0、2.0、3.0、4.0mg/L 的标准系列溶液。

用去离子水调节仪器的零点后，按从稀到浓的顺序吸入标准溶液，测定相应的吸光度值。从仪器自动得到标准曲线。

（3）测定　取 5.00mL 待分析水样于 50mL 容量瓶中，加入 10％氯化铵溶液 2.5mL 和 3mol/L 盐酸溶液 5.00mL，用去离子水定容后摇匀。按照已优化的仪器条件测定试样的吸光度，得到试样中铬的浓度。每测定 10 个样品要进行一次仪器零点校正，并吸入一定浓度的标准溶液检查仪器灵敏度是否发生了变化。

5. 精密度和准确度

本方法测定铬含量为 0.21～0.43mg/L 的地表水和铬含量为 5.70～9.83mg/L 的废水试样，室间相对标准偏差分别为 2.0％～3.9％和 7.8％～8.3％，加标回收率在 88.1％～102.0％。

6. 注意事项

① 测定金属铬应用富燃火焰。

② 在测定过程中，每测定 5～10 个待测试样就应冲洗雾化系统，调节零点，同时确定一个适当的标准，以监视仪器的重现性和稳定性。

③ 测定金属铬必须用铬空心阴极灯，灯需足够预热且稳定。

技能训练 13　六价铬的测定——二苯碳酰二肼分光光度法

本方法可用于地表水和工业废水中六价铬的测定。当取样体积为 50mL，使用 30mm 比色皿，铬最小检出量为 0.2μg，最低检出浓度为 0.004mg/L；使用 10mm 比色皿，测定上限浓度为 1mg/L。

1. 方法概要

在酸性溶液中，六价铬离子与二苯碳酰二肼反应，生成紫红色化合物，其最大吸收波长为 540nm，摩尔吸光系数为 $4×10^4$L/(mol·cm)。

2. 仪器设备

分光光度计，10mm、30mm 比色皿。

3. 试剂药品

① 丙酮。② （1＋1）硫酸。③ （1＋1）磷酸。

④ 氢氧化钠溶液（0.2％）：称取氢氧化钠 1g，溶于 500mL 新煮沸放冷的三级试剂水中。

⑤ 氢氧化锌共沉淀剂：硫酸锌（$ZnSO_4·7H_2O$）8g，溶于 100mL 水中；称取氢氧化钠 2.4g，溶于新煮沸冷却的 120mL 水中。将以上两溶液混合。

⑥ 高锰酸钾溶液（4％）：称取高锰酸钾 4g，在加热和搅拌下溶于三级试剂水，稀释至 100mL。

⑦ 铬标准贮备液{$\rho[Cr(VI)=100.00mg/L]$}：称取于120℃干燥2h的重铬酸钾（优级纯）0.2829g，用水溶解，移入1000mL容量瓶中，用水稀释至标线，摇匀。

⑧ 铬标准使用液{$\rho[Cr(VI)=1.00mg/L]$}：吸取5.00mL铬标准贮备液于500mL容量瓶中，用水稀释至标线，摇匀。

⑨ 尿素溶液（20%）：将20g尿素溶于三级试剂水并稀释至100mL。

⑩ 亚硝酸钠溶液（2%）：将2g亚硝酸钠溶于三级试剂水并稀释至100mL。

⑪ 二苯碳酰二肼溶液：称取二苯碳酰二肼（简称DPC，$C_{13}H_{14}N_4O$）0.2g，溶于50mL丙酮中，加水稀释至100mL，摇匀，贮于棕色瓶内，置于冰箱中保存。颜色变深后不能再用。

4. 操作步骤

（1）样品预处理

① 对不含悬浮物、低色度的清洁地表水，可直接进行测定。

② 如果水样有色但不深，可进行色度校正。即另取一份水样，加入除显色剂以外的各种试剂，以2mL丙酮代替显色剂，用此溶液为测定试样溶液吸光度的参比溶液。

③ 对浑浊、色度较深的水样，应加入氢氧化锌共沉淀剂并进行过滤处理。

④ 水样中存在低价铁、亚硫酸盐、硫化物等还原性物质时，可将Cr^{6+}还原为Cr^{3+}，此时，调节水样pH值至8，加入显色剂溶液，放置5min后再酸化显色，并以相同方法做标准曲线。

（2）样品测定　取适量（Cr^{6+}含量少于50μg）无色透明或经预处理的水样于50mL比色管中，用水稀释至标线，以下步骤同标准溶液测定。进行空白校正后根据所测吸光度从标准曲线上查得Cr^{6+}含量。

（3）校准曲线的绘制　取9支50mL比色管，依次加入0、0.20、0.50、1.00、2.00、4.00、6.00、8.00和10.00mL铬标准使用液，用水稀释至标线，加入（1+1）硫酸0.5mL和（1+1）磷酸0.5mL，摇匀。加入2mL显色剂溶液，摇匀。5～10min后，于波长540nm处，用1cm或3cm比色皿，以水为参比，测定吸光度并做空白校正。以吸光度为纵坐标，相应六价铬含量为横坐标绘出标准曲线。

5. 结果计算

被测金属[$Cr(VI)$]含量ρ(mg/L)按下式计算：

$$\rho=\frac{m}{V}\times1000$$

式中　m——从校准曲线上求得铬的质量，mg；

　　　V——用于测定的试样体积，mL。

6. 精密度和准确度

用三级试剂水配制的六价铬含量为0.08mg/L的统一样品，经7个实验室分析，室内相对标准偏差为0.6%，室间相对标准偏差为2.1%，相对误差为0.13%。

7. 注意事项

① 用于测定铬的玻璃器皿不应用重铬酸钾洗液洗涤。

② Cr^{6+} 与显色剂的显色反应酸度一般控制在 $0.05\sim0.3mol/L$（$\frac{1}{2}H_2SO_4$）范围，$0.2mol/L$ 时显色最好。显色前，水样应调至中性。显色温度和放置时间对显色有影响，在 $15^{\circ}C$ 时，反应 $5\sim15min$ 颜色即可稳定。

③ 如测定清洁地表水样，显色剂可按以下方法配制：溶解 $0.2g$ 二苯碳酰二肼于 $100mL$ 95% 的乙醇中，边搅拌边加入（$1+9$）硫酸 $400mL$。该溶液在冰箱中可存放一个月。用此显色剂，在显色时直接加入 $2.5mL$ 即可，不必再加酸。但加入显色剂后，要立即摇匀，以免 Cr^{6+} 被乙酸还原。

④ 实验室样品应该用玻璃瓶采集，采集时加入硝酸调节样品 pH 小于 2，在采集后尽快测定，如放置则不得超过 24h。

拓展实践

1. 简要说明 ICP-AES 法测定金属元素的原理。该方法有何优点？

2. 冷原子吸收法和冷原子荧光法测定水样中的汞，在原理和仪器方面有何主要相同和不同之处？

3. 说明用原子吸收分光光度法测定金属化合物的原理。

4. 用标准加入法测定某水样中的镉，取四份等量水样，分别加入不同体积镉溶液（加入量见下表），稀释至 $50mL$，依次用火焰原子吸收法测定，测得吸光度列于下表，求该水样中镉的含量。

编号	水样量/mL	加入镉标准溶液($10\mu g/mL$)的体积/mL	吸光度
1	20	0	0.042
2	20	1	0.080
3	20	2	0.116
4	20	4	0.190

5. 石墨炉原子吸收分光光度法与火焰原子吸收分光光度法有何不同之处？两种方法各有何优点？

6. 简述经典极谱法、阳极溶出伏安法测定水样中金属化合物的原理。解释阳极溶出伏安法测定铜、铅、镉、锌的电极过程。

7. 怎样用分光光度法测定水样中的六价铬和总铬？

8. 试比较紫外可见分光光度法和原子吸收分光光度法的原理、仪器主要组成部分及测定对象的主要不同之处。

9. 简述用原子吸收分光光度法测定砷的原理。与火焰原子吸收分光光度法有何不同？

第五章

非金属无机物的测定

知识目标

掌握酸碱度、pH值、溶解氧、氰化物、氟化物、含氮化合物、硫化物、磷的分析测定原理及方法；熟悉水中污染物如氰化物、氟化物、含氮化合物、硫化物、磷的处理方法。

技能目标

能够测定水体的酸碱度、pH值、溶解氧、氰化物、氟化物、含氮化合物、硫化物、磷等非金属无机物相关指标。

素质目标

培养水生态文明意识，引领助力乡村振兴。

项目一　水体中非金属无机物的分析测定

案例导入

持续实施除氟改水，助力"锻乡"人民健康水平提升

定襄县位于山西省的中北部，忻定盆地的东缘，西南距省会太原市90公里，距忻州市23公里。境内滹沱、牧马、云中、同河"四水"贯流，地势平坦、土壤肥沃、水源充足、气候温和，是全国商品粮基地县、农业农村部小杂粮生产基地县，也是中国锻造之乡、中国薄皮甜瓜之乡、中国民间文化艺术之乡、国家级卫生县城。

沿河两岸生活着89个村庄14余万人口，这得益于此地灌溉条件的便利，农业实现稳产高产，村民不愁吃、不愁穿，但人们却饱受苦咸水（高氟水）之苦，氟斑牙、氟骨病成了标配，乃至于容貌俊美的大姑娘只能是"笑不露齿"，大爷大娘年纪尚轻就成了罗圈腿、佝偻着脊背。

新世纪以来，定襄县水利局根据经济社会的发展和人民群众的期盼，及时调整了治水理念，采取打深井降氟、引客水避氟等改水措施，农村饮水实现"从有到优"的历史性的转变，在全县 81 个村安装了 82 套净水设备，为群众提供饮用水，主要解决了 31 个村村民的季节性氟超标饮水问题，对其他已达标的村进行饮水安全巩固提升。还在季庄乡邱村建设了 1 个高标准除氟车间，进行除氟改水试验，车间已经投入运行，将视效果情况适时在全县进行推广。

目前，全县农村的饮水安全四项指标（水质、水量、方便程度、供水保证率）全部达标，为锻造之乡的百姓锻造起了铁一般的水支撑和水保障。

 案例分析

非金属无机物指标不仅对了解水质状况有直接的指示作用，还是污水处理工艺运行中重要的工艺参数，对运行处理效果的调控至关重要。本章主要介绍非金属无机物指标中的常规分析监测项目。

 知识链接

一、酸度和碱度

含酸含碱废水来源很广。化工、化纤、制酸、电镀、炼油以及金属加工厂酸洗车间等都会排出酸性废水。有的废水含有无机酸（如硫酸、盐酸等），有的含有甲酸、乙酸等有机酸，有的则兼而有之。废水含酸浓度差别很大，1% 以下到 10% 以上都有。

造纸、印染、制革、金属加工等生产过程会排出碱性废水，碱性废水在大多数情况下含有无机碱，也有一些废水含有有机碱。某些废水的含碱浓度很高，最高可达百分之几。

废水中除含有酸碱外，还可能含有酸式盐和碱式盐，以及其他的酸性或碱性的无机物和有机物等物质。

（一）酸度

酸度是指水中所含能与强碱发生中和作用的物质的总量。这类物质包括无机酸、有机酸、强酸弱碱盐等。

地表水中，由于溶入二氧化碳或被机械、选矿、电镀、农药、印染、化工等行业排放的含酸废水污染，水体 pH 值降低，破坏了水生生物和农作物的正常生活及生长条件，造成鱼类死亡，农作物受害。所以，酸度是衡量水体水质的一项重要指标。

测定酸度的方法有酸碱指示剂滴定法和电位滴定法。

1. 酸碱指示剂滴定法

用标准氢氧化钠溶液滴定水样至一定 pH 值，根据其所消耗的量计算酸度。根据所用指示剂不同，通常分为两种酸度：一是用酚酞作指示剂（其变色 pH 为 8.3），测得的酸度称为总酸度或酚酞酸度，包括强酸和弱酸；二是用甲基橙作指示剂（变色 pH 约 3.7），测得的酸度称为强酸酸度或甲基橙酸度。该方法的酸度单位用 $CaCO_3$ mg/L 表示。

2. 电位滴定法

以 pH 玻璃电极为指示电极，甘汞电极为参比电极，与被测水样组成原电池并接入 pH 计，用氢氧化钠标准溶液滴至 pH 计指示 3.7 和 8.3，据其消耗的氢氧化钠溶液的体积，分别计算两种酸度。

本方法适用于各种水体酸度的测定，不受水样有色、浑浊的限制。测定时应注意温度、搅拌状态、响应时间等因素的影响。取 50mL 水样，可测定 $10\sim1000$mg/L（以 $CaCO_3$ 计）范围内的酸度。

（二）碱度

水的碱度是指水中所含能与强酸发生中和作用的物质总量，包括强碱、弱碱、强碱弱酸盐等。

天然水中的碱度主要是由重碳酸盐、碳酸盐和氢氧化物引起的，其中重碳酸盐是水中碱度的主要形式。引起碱度变化的污染源主要是造纸、印染、化工、电镀等行业排放的废水及洗涤剂、化肥和农药在使用过程中的流失。

碱度和酸度是判断水质和废水处理控制的重要指标。碱度也常用于评价水体的缓冲能力及金属在其中的溶解性和毒性等。

测定水中碱度的方法和测定酸度一样，有酸碱指示剂滴定法和电位滴定法。前者是用酸碱指示剂指示滴定终点，后者是用 pH 计指示滴定终点。

水样用标准酸溶液滴定至酚酞指示剂由红色变为无色（pH 约 8.3）时，所测得的碱度称为酚酞碱度，此时 OH^- 已被中和，CO_3^{2-} 被中和为 HCO_3^-；当继续滴定至甲基橙指示剂由橘黄色变为橘红色时（pH 约 4.4），所测得的碱度称为甲基橙碱度，此时水中的 HCO_3^- 也已被中和完，即全部致碱物质都已被强酸中和完，故又称其为总碱度。

设水样以酚酞为指示剂滴定消耗强酸量为 P，继续以甲基橙为指示剂滴定消耗强酸量为 M，二者之和为 T，则测定水的总碱度时，可能出现下列 5 种情况。

1. M= 0（或 P= T）

水样对酚酞显红色，呈碱性反应。加入强酸使酚酞变为无色后，再加入甲基橙即呈红色，故可以推断水样中只含氢氧化物。

2. P> M（或 $P>\frac{1}{2}T$）

水样对酚酞显红色，呈碱性。加入强酸至酚酞变为无色后，加入甲基橙显橘黄色，继续加酸至变为红色，但消耗量较用酚酞时少，说明水样中有氢氧化物和碳酸盐共存。

3. P= M

水样对酚酞显红色，加酸至无色后，加入甲基橙显橘黄色，继续加酸至变为红色，两次消耗酸量相等。因 OH^- 和 HCO_3^- 不能共存，故说明水样中只含碳酸盐。

4. P< M（或 $P<\frac{1}{2}T$）

水样对酚酞显红色，加酸至无色后，加入甲基橙显橘黄色，继续加酸至变为红色，但消耗酸量较用酚酞时多，说明水样中碳酸盐和重碳酸盐共存。

5. P = 0（或 M = T）

此时水样对酚酞无色（pH≤8.3），对甲基橙显橘黄色，说明只含重碳酸盐。

根据使用两种指示剂滴定所消耗的酸量，可分别计算出水中的各种碱度和总碱度，其单位用 mg/L（以 $CaCO_3$ 或 CaO 计）表示。

二、 pH 值

pH 值是最常用的水质指标之一。天然水的 pH 值多在 6～9 范围内；饮用水 pH 值要求在 6.5～8.5 之间；工业用水的 pH 值必须保持在 7.0～8.5 之间，以防止金属设备和管道被腐蚀。此外，pH 值在废水生化处理，评价有毒物质的毒性等方面也具有指导意义。

pH 值和酸度、碱度既有联系又有区别。pH 值表示水的酸碱性的强弱，而酸度或碱度是水中所含酸或碱物质的含量。同样酸度的溶液，如 0.1mol 盐酸和 0.1mol 乙酸，二者的酸度都是 100mmol/L，但其 pH 值却大不相同。盐酸是强酸，在水中几乎 100％电离，pH 为 1；而乙酸是弱酸，在水中的电离度只有 1.3％，其 pH 为 2.9。

测定水的 pH 值的方法有比色法和玻璃电极法。

1. 比色法

比色法基于各种酸碱指示剂在不同 pH 的水溶液中显示不同的颜色，而每种指示剂都有一定的变色范围。将一系列已知 pH 值的缓冲溶液加入适当的指示剂制成标准色液并封装在小安瓿瓶内，测定时取与缓冲溶液同量的水样，加入与标准系列相同的指示剂，然后进行比较，以确定水样的 pH 值。

该方法不适用于有色、浑浊或含较高游离氯、氧化剂、还原剂的水样。如果粗略地测定水样 pH 值，可使用 pH 试纸。

2. 玻璃电极法

玻璃电极法（电位法）测定 pH 值是以 pH 玻璃电极为指示电极，饱和甘汞电极为参比电极，将二者与被测溶液组成原电池，其电动势为：

$$E_{电池} = \Phi_{甘汞} - \Phi_{玻璃}$$

式中　$\Phi_{甘汞}$——饱和甘汞的电极电位，不随被测溶液中氢离子活度（a_{H^+}）变化，可视为定值；

　　$\Phi_{玻璃}$——pH 玻璃电极的电极电位，随被测溶液中氢离子活度变化。

$\Phi_{玻璃}$可用能斯特方程式表达，故上式可表示为（25℃时）：

$$E_{电池} = \Phi_{甘汞} - (\Phi_0 + 0.059 \lg a_{H^+}) = K + 0.059pH$$

可见，只要测知 $E_{电池}$，就能求出被测溶液 pH。在实际测定中，准确求得 K 值比较困难，故不采用计算方法，而以已知 pH 值的溶液作标准进行校准，用 pH 计直接测出被测溶液 pH。

设 pH 标准溶液和被测溶液的 pH 值分别为 pH_s 和 pH_x，其相应原电池的电动势分别为 E_s 和 E_x，则 25℃时：

$$E_s = K + 0.059pH_S$$

$$E_x = K + 0.059\text{pH}_x$$

两式相减并移项得：

$$\text{pH}_x = \text{pH}_s + \frac{E_x - E_s}{0.059}$$

可见，pH_x 是以标准溶液的 pH_S 为基准，并通过比较 E_x 与 E_s 的差值确定的。25℃条件下，二者之差每变化 59mV，则 pH 相应变化 1。pH 计的种类虽多，操作方法也不尽相同，但都是依据上述原理测定溶液的 pH 值。

pH 玻璃电极的内阻一般高达几十到几百兆欧，所以与之匹配的 pH 计都是高阻抗输入的晶体管毫伏计或电子电位差计。为校正温度对 pH 值测定的影响，pH 计上都设有温度补偿装置。为简化操作、使用方便和适于现场使用，已广泛使用复合 pH 电极，制成多种袖珍式和笔式 pH 计。

玻璃电极测定法准确、快速、受水体色度、浊度、胶体物质、氧化剂、还原剂及盐度等因素的干扰程度小。

三、溶解氧（DO）

溶解于水中的分子态氧称为溶解氧。水中溶解氧的含量与大气压力、水温及含盐量等因素有关。大气压力下降、水温升高、含盐量增加，都会导致溶解氧含量降低。

清洁地表水溶解氧接近饱和。当有大量藻类繁殖时，溶解氧可能过饱和；当水体受到有机物质、无机还原物质污染时，溶解氧含量会降低，甚至趋于零，此时厌氧细菌繁殖活跃，水质恶化。水中溶解氧低于 $3 \sim 4\text{mg/L}$ 时，许多鱼类呼吸困难；继续减少，则会窒息死亡。一般规定水体中的溶解氧在 4mg/L 以上。在废水生化处理过程中，溶解氧也是一项重要控制指标。

测定水中溶解氧的方法有碘量法及其修正法和氧电极法。清洁水可用碘量法，受污染的地表水和工业废水必须用修正的碘量法或氧电极法。

（一）碘量法

在水样中加入硫酸锰和碱性碘化钾，水中的溶解氧将二价锰氧化成四价锰，并生成氢氧化物沉淀。加酸后，沉淀溶解，四价锰又可氧化碘离子而释放出与溶解氧量相当的游离碘。以淀粉为指示剂，用硫代硫酸钠标准溶液滴定释放出的碘，可计算出溶解氧含量。反应式如下：

$$MnSO_4 + 2NaOH = Na_2SO_4 + Mn(OH)_2 \downarrow$$

$$2Mn(OH)_2 + O_2 = 2MnO(OH)_2 \downarrow$$

（棕色沉淀）

$$MnO(OH)_2 + 2H_2SO_4 = Mn(SO_4)_2 + 3H_2O$$

$$Mn(SO_4)_2 + 2KI = MnSO_4 + K_2SO_4 + I_2$$

$$2Na_2S_2O_3 + I_2 = Na_2S_4O_6 + 2NaI$$

当水中含有氧化性物质、还原性物质及有机物时，会干扰测定，应预先消除并根据不同的干扰物质采用修正的碘量法。

（二）修正的碘量法

1. 叠氮化钠修正法

水样中含有亚硝酸盐会干扰碘量法测定溶解氧，可用叠氮化钠将亚硝酸盐分解后再用碘量法测定。分解亚硝酸盐的反应如下：

$$2NaN_3 + H_2SO_4 \Longrightarrow 2HN_3 + Na_2SO_4$$

$$HNO_2 + HN_3 \Longrightarrow N_2O + N_2 + H_2O$$

亚硝酸盐主要存在于经生化处理的废水和河水中，它能与碘化钾作用释放出游离碘而产生正干扰，即：

$$2HNO_2 + 2KI + H_2SO_4 \Longrightarrow K_2SO_4 + 2H_2O + N_2O_2 + I_2$$

如果反应到此为止，引入误差尚不大；但当水样和空气接触时，新溶入的氧将和 N_2O_2 作用，再形成亚硝酸盐：

$$2N_2O_2 + 2H_2O + O_2 \Longrightarrow 4HNO_2$$

如此循环，不断地释放出碘，将会引入相当大的误差。

当水样中三价铁离子含量较高时，会干扰测定，可加入氟化钾或用磷酸代替硫酸酸化来消除。测定结果按下式计算：

$$DO(O_2, mg/L) = \frac{cV \times 8 \times 1000}{V_{水}}$$

式中　c——硫代硫酸钠标准溶液浓度，mol/L；

　　　V——滴定消耗的硫代硫酸钠标准溶液体积，mL；

　　$V_{水}$——水样体积，mL；

　　　8——$1/4O_2$ 的摩尔质量，g/mol。

$$溶解氧饱和度(\%) = \frac{水中溶解氧含量}{采样水温和气压下饱和溶解氧含量} \times 100$$

应当注意，叠氮化钠是剧毒、易爆试剂，不能将碱性碘化钾-叠氮化钠溶液直接酸化，以免产生有毒的叠氮酸雾。

2. 高锰酸钾修正法

该方法适用于含大量亚铁离子，不含其他还原剂及有机物的水样。用高锰酸钾氧化亚铁离子可消除干扰，过量的高锰酸钾用草酸钠溶液除去，生成的高价铁离子用氟化钾掩蔽。其他修正过程同碘量法。

（三）氧电极法

广泛应用的溶解氧电极是聚四氟乙烯薄膜电极。根据其工作原理，分为极谱型和原电池型两种。极谱型氧电极的结构（如图 5-1 所示）由黄金阴极、银-氯化银阳极、聚四氟乙烯薄膜、壳体等部分组成。电极腔内充入氯化钾溶液，聚四氟乙烯薄膜将内电解液和被测水样隔开，溶解氧通过薄膜渗透扩散。当两极间加上 $0.5 \sim 0.8V$ 固定极化电压时，水样中的溶解氧通过薄膜扩散，并在阴极上还原，产生与氧浓度成正比的扩散电流。电

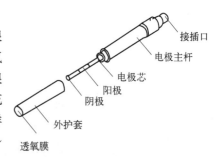

图 5-1　极谱型氧电极的结构

极反应如下：

$$阴极：O_2 + 2H_2O + 4e^- \rule[0.5ex]{1.5em}{0.4pt} 4OH^-$$

$$阳极：4Ag + 4Cl^- \rule[0.5ex]{1.5em}{0.4pt} 4AgCl + 4e^-$$

产生的还原电流 $i_还$ 可表示为：

$$i_还 = KnFA \frac{p_m}{L} C_0$$

式中　K——比例常数；

n——电极反应得失电子数；

F——法拉第常数；

A——阴极面积；

p_m——薄膜的渗透系数；

L——薄膜的厚度；

C_0——溶解氧的分压或浓度。

可见，当实验条件固定后，上式除 C_0 外的其他项均为定值，故只要测得还原电流就可以求出水样中溶解氧的浓度。各种溶解氧测定仪就是依据这一原理工作的。测定时，首先用无氧水样校正零点，再用化学法校准仪器刻度值，最后测定水样，便可直接显示其溶解氧浓度。仪器设有自动或手动温度补偿装置，补偿由于温度变化造成的测量误差。

溶解氧电极法测定溶解氧不受水样色度、浊度及化学滴定法中干扰物质的影响；快速简便，适用于现场测定；易于实现自动连续测量。但水样中含藻类、硫化物、碳酸盐、油等物质时，这些物质会使薄膜堵塞或损坏，应及时更换薄膜。

四、氰化物

氰化物包括简单氰化物、络合氰化物和有机氰化物（腈）。简单氰化物易溶于水，毒性大；络合氰化物在水体中受 pH 值、水温和光照等影响离解为毒性强的简单氰化物。

氰化物进入人体后，主要与高铁细胞色素氧化酶结合，生成氰化高铁细胞色素氧化酶而失去传递氧的作用，引起组织缺氧窒息。

地表水一般不含氰化物，其主要污染源是小金矿开采、冶炼、电镀、焦化、造气、选矿、有机化工、有机玻璃制造等工业废水。

水中氰化物的测定方法有硝酸银滴定法、异烟酸-吡唑啉酮分光光度法、异烟酸-巴比妥酸分光光度法、催化快速法和离子选择电极法。滴定法适用于高浓度水样；电极法不稳定，已较少使用；异烟酸-巴比妥酸分光光度法灵敏度高，是易于推广应用的方法。

通常采用在酸性介质中蒸馏的方法预处理水样，把能形成氰化氢的氰化物蒸出，使之与干扰组分分离。根据蒸馏介质酸度的不同，分为以下两种情况。

① 向水样中加入酒石酸和硝酸锌，调节 pH 值为 4，加热蒸馏，则简单氰化物及部分络合氰化物 [如 $Zn(CN)_4^{2-}$] 以氰化氢的形式被蒸馏出来，用氢氧化钠溶液吸收。取此蒸馏液测得的氰化物为易释放的氰化物。

② 向水样中加入磷酸和 EDTA，在 pH<2 的条件下加热蒸馏，此时可将全部简单氰化物和除钴氰络合物外的绝大部分络合氰化物以氰化氢的形式蒸馏出来，用氢氧化钠溶液吸收。取该蒸馏液测得的结果为总氰化物。

（一）硝酸银滴定法

取一定体积水样预蒸馏溶液，调节 pH 至 11 以上，以试银灵作指示剂，用硝酸银标准溶液滴定，则氰离子与银离子生成银氰络合物 $[Ag(CN)_2]^-$，稍过量的银离子与试银灵反应，使溶液由黄色变为橙红色，即为终点。

另取与水样预蒸馏液同体积的空白实验馏出液，按水样测定方法进行空白试验。根据二者消耗硝酸银标准溶液的体积，按下式计算水样中氰化物浓度：

$$氰化物(CN^-,mg/L)=\frac{(V_A-V_B)c\times52.04}{V_1}\times\frac{V_2}{V_3}\times1000$$

式中　V_A——滴定水样消耗硝酸银标准溶液量，mL；

　　　V_B——滴定空白馏出液消耗硝酸银标准溶液量，mL；

　　　c——硝酸银标准溶液浓度，mol/L；

　　　V_1——水样体积，mL；

　　　V_2——馏出液总体积，mL；

　　　V_3——测定时所取馏出液体积，mL；

　　52.04——氰离子（2CN⁻）的摩尔质量，g/mol。

该方法适用于氰化物含量大于 1mg/L 的地表水和废（污）水水样，测定上限为 100mg/L。

（二）分光光度法

1. 异烟酸-吡唑啉酮分光光度法

取一定体积水样预蒸馏溶液，调节 pH 至中性，加入氯胺 T 溶液，则氰离子被氯胺 T 氧化生成氯化氰（CNCl）；再加入异烟酸-吡唑啉酮溶液，氯化氰与异烟酸作用，经水解生成戊烯二醛，与吡唑啉酮进行缩合反应，生成蓝色染料，在波长 638nm 下，进行吸光度测定，用标准曲线法定量。

水样中氰化物浓度按下式计算：

$$氰化物(CN^-,mg/L)=\frac{m_a-m_b}{V}\times\frac{V_1}{V_2}$$

式中　m_a——从标准曲线上查出的试样的氰化物质量，μg；

　　　m_b——从标准曲线上查出的空白试样的氰化物质量，μg；

　　　V——预蒸馏所取水样的体积，mL；

　　　V_1——水样预蒸馏馏出液的体积，mL；

　　　V_2——显色测定所取馏出液的体积，mL。

应当注意，当氰化物以 HCN 存在时，易挥发。因此，从加缓冲溶液后，每一步骤都要迅速操作，并随时盖严塞子。当预蒸馏所用氢氧化钠吸收液的浓度较高时，加缓冲溶液前应以酚酞为指示剂，滴加盐酸至红色褪去，并与标准试液氢氧化钠浓度一样。

本方法适用于饮用水、地表水、生活污水和工业废水中氰化物的测定，其最低检测浓度为 0.004mg/L，测定上限为 0.25mg/L（以 CN⁻ 计）。

2. 异烟酸-巴比妥酸分光光度法

在弱酸性条件下，水样中的氰化物与氯胺 T 作用生成氯化氰；氯化氰与异烟酸作用，其生成物经水解生成戊烯二醛；戊烯二醛再与巴比妥酸作用生成紫蓝色染料；在一定浓度范围内，颜色深度与氰化物含量成正比，在分光光度计上于波长 600nm 处测量吸光度，与系列标准溶液的吸光度比较确定其氰化物的含量。

该方法最低检出浓度为 0.001mg/L，适用于饮用水、地表水和废（污）水中氰化物的测定。

（三）含氰废水的处理方法

含氰废水分为高浓度含氰废水（浓度大于 400mg/L）和低浓度含氰废水（浓度小于 400mg/L）。对前者一般用回收氰化物的方法处理，如酸化回收法、溶液萃取法、离子交换法等；对后者采用破坏氰的方法处理，如碱性氯化法、过氧化氢氧化法、生物处理法等。

1. 含氰废水的破坏性处理方法

破坏法是选用不同的氧化剂或氧化方法将含氰物质分解为无毒物质而排放，主要有以下几种方法。

（1）碱性氯化法　碱性氯化法是破坏废水中氰化物的较成熟的方法，广泛用于处理氰化电镀工厂、炼焦工厂、金矿氰化厂等单位的含氰废水。基本原理是在 pH 值为 10～11 的条件下，利用活性氯氧化污水中各种氰化物，使其氧化分解，从而将氰根彻底破坏，消除毒性。该方法处理效果较好，生产过程易实现自动化，但成本高，产生的氯化氰气体毒性很大，不安全，而且不能去除铁氰络合物。

（2）SO_2-空气氧化法　SO_2-空气氧化法，是 Inco 公司 1982 年研制开发的，主要是利用 SO_2 与空气的混合物，在 pH 值为 8～10 的条件下，以铜离子作催化剂氧化分解氰化物，生成 HCO_3^- 和 NH_4^+。该方法完全适合于从贫液中除去所有氰化物，并能消除铁氰络合物，其特点是投资少、见效快、易掌握、安全可靠。但这一方法不能回收任何有用组分，纯为消耗，且难以氧化硫氰根离子，故不适合处理含高浓度硫氰根离子的废水。

（3）过氧化氢氧化法　此法处理含氰废水技术是由美国杜邦公司于 1974 年完成的。该法是在常温、碱性、有 Cu^{2+} 作催化剂的条件下，用过氧化氢氧化氰化物，反应生成的氰酸盐通过水解生成无毒的化合物。此法处理后的废水 COD 低，无二次污染，但过氧化氢价格高，生产厂家少，故难以广泛推广。

（4）臭氧氧化法　此法是利用电晕放电产生高能电子分解氧分子（O_2），经高能电子碰撞聚合为臭氧（O_3），使氰化物、硫氰酸盐氧化的。臭氧在水溶液中可释放出原子氧参加反应，表现出很强的氧化性，能彻底氧化游离状态的氰化物。该处理过程不增加其他污染物质，工艺简单、方便，但适应性差、投资大、电耗高。

（5）电化学法　该法在国内外研究很多，主要用于处理电镀含氰废水，电解前首先调整 pH 使其大于 7，并加入少量食盐，电解时 CN^- 在阳极上氧化生成 CON^-、CO_2、N_2，同时 Cl^- 被氧化成 Cl_2，Cl_2 进入溶液后生成 $HClO$，加强氧化作用，使阴极上析出金属。该法占地面积小，污泥量小，能回收金属，但电流效率低，电耗大，成本比碱性氯化法稍高，会产生催泪气体 CNCl，处理废水难以达标排放。

（6）自然降解法　自然降解法是以自然方式去除氰化物，一般的做法是将含氰废水排至尾矿库，靠稀释、生物降解、氧化、挥发、吸收沉淀及阳光暴晒分解等自然发生的物理、化学作用，使氰化物分解、重金属离子沉淀，污水得到净化。自然降解法是处理金矿含氰废水最常见的一种方法，其特点是投资少，生产费用低，但占地面积大，过程缓慢，容易受自然因素影响，排放废水难达标。

（7）生物处理法 生物处理法是依靠微生物的氧化能力，将废水中的氰化物解离成硝酸盐、硫酸盐和碳酸盐。此法的优点是可分解硫氰化物，使重金属呈污泥除去，渣量少，外排水质好，成本低，但工艺较多，设备复杂，投资大，处理时间相对较长，操作条件十分严格，只适合低浓度含氰废水的处理。

2. 含氰废水的资源综合利用处理方法

回收法的目的是把含氰废水中的氰化物再生，并把其中的有价金属回收，化废为宝，主要有以下几种方法。

（1）酸化回收法 酸化回收法是金矿和氰化电镀厂处理含氰废水的传统方法，是用硫酸或 SO_2 将含氰废水酸化至 pH 值为 2.8～3.0，并鼓入空气使氢氰酸挥发逸出，再用 NaOH 或 Ca（OH）$_2$ 溶液回收，重新用来提金。此法的优点是药剂来源广、价格低，废水对药剂影响小，可处理澄清的废水，也可处理矿浆，废水中氰化物浓度高时具有较好的经济效益。但废水中氰化物浓度低时，处理成本高于回收价值，经酸化回收处理的废水一般还需要进行二次处理才能达到排放标准。

（2）活性炭吸附法 活性炭吸附法是先让 CN^- 在活性炭表面吸附，在有充足氧存在的条件下，催化剂促使 CN^- 被氧化为 $(CN)_2$、CNO，然后其进一步水解为无毒性的最终产物 CO_3^{2-}、NH_3、$(NH_2)_2CO$ 和 $C_2O_4^{2-}$。工业试验表明用此法处理后排放的含氰废水中的含氰浓度可低于国家标准的要求，活性炭耐酸耐碱，高温高压下不易破碎，化学性质稳定，处理费用低，同时能回收金及其他金属，但活性炭易失活，需要再生处理。

（3）溶剂萃取法 溶剂萃取法的原理是利用一种胺类萃取剂，萃取溶液中的有害元素 Cu、Zn 等，而游离的氰则留在萃取液中，负载有机相用 NaOH 溶液反萃，处理后的水相返回系统，以利用其中的氰并实现贫液全循环。这样不仅解决了贫液中杂质离子对浸金指标的影响，而且达到了污水零排放的目的，根治了外排废液对环境的污染。但该法只适用于高浓度含氰废水的处理。

（4）液膜法 最新发展起来的液膜法除氰采用水包油包水体系，液膜为煤油和表面活性剂，内水相为 NaOH 溶液，外水相为待处理的含氰废水，处理时先将废水酸化至 pH 值小于 4，氰化物转化为 HCN，滤去沉淀后加入乳化液膜搅拌，HCN 通过液膜进入内水相与 NaOH 反应生成 NaCN，NaCN 不溶于油膜，所以不能返回外水相，以此达到从废水中除氰，并在内水相中以 NaCN 富集氰的目的。该法处理含氰废水效率高、速度快、选择性好，但成本高、投资大、电耗大，只适用于氰离子浓度较低或呈游离态存在的含氰废水的处理。

（5）离子交换法 离子交换法回收氰化物是用阴离子交换树脂吸附氰络合物，而将游离的氰化物留在溶液中循环使用，被吸附的氰络合物用含氧化剂的酸性溶液洗提，吸收放出的 HCN 循环再用。此法无须调整 pH 值，解毒能力强但投资费用高，且只能用于澄清液，因此应用不广泛。

（6）沉淀-净化法 此法是在含氰废水中加入硫酸酸化的硫酸盐，使 CN^- 在不被大量破坏的情况下，以氰化物沉淀的形式除去废水中对浸出有影响的有害重金属离子后，将全部水返回使用，同时还使废水中铜、铅、锌等离子得到回收。该法实行全封闭的循环，无污可排，由于对小部分的氰化物沉淀进行酸处理，而无须对全部废水进行酸处理，大大减少了酸的用量，处理成本较低，同时回收了有用金属，但此法处理过程中对 pH 值控制要求非常严格。

含氰废水来源广泛，在选用处理含氰废水的方法时，一定要综合考虑废水的来源和性质，几种方法混合使用，可以取长补短。膜分离技术、萃取法、催化氧化法等是最近几年处理含氰废水的新技术，在工业中的应用还不多。但是这些新技术有很好的发展前景。酸化法和氯氧化法是使用很成熟的方法，在含氰废水的处理中大量应用。

五、氟化物

氟是人体必需的微量元素之一，缺氟易患龋齿。饮用水中氟的适宜浓度为 0.5～1.0mg/L（F^-）。当长期饮用氟含量高于 1.5mg/L 的水时，则易患斑齿病。如水中氟含量高于 4mg/L 时，则可导致氟骨病。

氟化物广泛存在于天然水中。有色冶金、钢铁和铝加工、玻璃、磷肥、电镀、陶瓷、农药等行业排放的废水和含氟矿物废水是氟化物的人为污染源。

测定水中氟化物的方法有离子色谱法、氟离子选择电极法、氟试剂分光光度法、茜素磺酸锆目视比色法和硝酸钍滴定法。离子色谱法已被国内外普遍使用，方法简便、测定快速、干扰较小；电极法选择性好，适用浓度范围宽，可测定浑浊、有颜色的水样；目视比色法测定误差较大；氟化物含量大于 5mg/L 时，用硝酸钍滴定法。

对于污染严重的生活污水和工业废水，以及含氟硼酸盐的水均要进行预蒸馏。清洁的地表水、地下水可直接取样测定。

（一）离子色谱法

1. 方法原理

离子色谱（IC）法是利用离子交换原理，连续对共存的多种阴离子或阳离子进行分离后，导入检测装置进行定性分析和定量测定的方法。其所使用的仪器由洗提液贮罐、输液泵、进样阀、分离柱、抑制柱、电导测量装置和数据处理器、记录仪等组成，图 5-2 为其典型分析流程。分离柱内填充低容量离子交换树脂，由于液体流过时阻力大，故需使用高压输液泵；抑制柱内填充另一类型高容量离子交换树脂，其作用是削减洗提液造成的本底电导和提高被测组分的电导；除电导型检测器外，还有紫外-可见光度型、荧光型和安培型等检测器，用非电导型检测器一般不需使用抑制柱。

当将水样注入洗提液并流经分离柱时，基于不同阴离子对低容量阴离子交换树脂的亲和力不同而彼此分开，在不同时间随洗提液进入抑制柱，转换成高电导型酸，而洗提液被中和转为低电导的水或碳酸，使水样中的阴离子得以依次进入电导测量装置测定，将电导峰的峰高（或峰面积），与混合标准溶液相应阴离子的峰高（或峰面积）比较，即可得知水样中各阴离子的浓度。

2. F^-、Cl^-、NO_2^-、PO_4^{3-}、Br^-、NO_3^-、SO_4^{2-} 的测定

用离子色谱法测定水样中 F^-、Cl^-、NO_2^-、PO_4^{3-}、Br^-、NO_3^-、SO_4^{2-}。在此，分离柱选用 $R—N^+HCO_3^-$ 型阴离子交换树脂，抑制柱选用 RSO_3H 型阳离子交换树脂，以 0.0024mol/L 的碳酸钠与 0.0031mol/L 的碳酸氢钠混合溶液为洗提液。

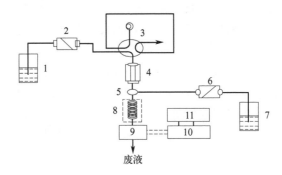

图 5-2　离子色谱法流程图

1—洗脱剂；2，6—低压泵；3—进样阀；4—色谱分离柱；5—混合器；7—反应试剂；
8—抑制器；9—流通池；10—检测器；11—计算机

水样采集后应经 $0.45\mu m$ 微孔滤膜过滤再测定；对于污染严重的水样，可在分离柱前安装预处理柱，去除所含油溶性有机物和重金属离子；水样中含有不被色谱分离柱保留或弱保留的阴离子时，干扰 F^- 或 Cl^- 的测定，如乙酸与 F^- 产生共洗提，可改用弱洗提液（如稀 $Na_2B_4O_7$ 溶液）。

该方法适用于地表水、地下水、降水中无机阴离子的测定，其测定下限一般为 $0.1mg/L$。

（二）离子选择电极法

氟离子选择电极是一种以氟化镧（LaF_3）单晶片为敏感膜的传感器。由于单晶结构对能进入晶格交换的离子有严格限制，故有良好的选择性。测量时，它与外参比电极、被测溶液组成下列原电池：

Ag，AgCl｜Cl^-（0.3mol/L）LaF_3‖待测液‖KCl（饱和）溶液｜Hg_2Cl_2，Hg

原电池的电动势（E）随溶液中氟离子浓度的变化而改变，即

$$E = K - \frac{2.303RT}{F} \lg a_{F^-}$$

式中，K 与内、外参比电极，内参比溶液中 F^- 的活度有关，当实验条件一定时为常数。

用晶体管毫伏计或电位计测量上述原电池的电动势，并与用氟离子标准溶液测得的电动势相比较，即可求知水样中氟化物的浓度。如果用专用离子计测量，经校准后，可以直接显示被测溶液中 F^- 的浓度。对基体复杂的样品，宜采取标准加入法。

某些高价阳离子（如 Al^{3+}，Fe^{3+}）及氢离子能与氟离子络合而干扰测定；在碱性溶液中，氢氧根离子浓度大于氟离子浓度的 1/10 时也有干扰，常采用加入总离子强度调节缓冲剂（TISAB）的方法消除之。TISAB 是一种含有强电解质、络合剂、pH 缓冲剂的溶液，其作用是：消除标准溶液与被测溶液的离子强度差异，使离子活度系数保持一致；与干扰离子络合，使络合态的氟离子释放出来；对 pH 变化进行缓冲，使溶液保持合适的 pH 范围（5～8）。

氟离子选择电极法具有测定简便、快速、灵敏、选择性好、可测定浑浊有色水样等优点。最低检出浓度为 $0.05mg/L$（以 F^- 计），测定上限可达 1900mg/L（以 F^- 计）。适用于

地表水、地下水和工业废水中氟化物的测定。

（三）氟试剂分光光度法

氟试剂即茜素络合剂（ALC），在 pH＝4.1 的乙酸盐缓冲介质中，与氟离子和硝酸镧反应，生成蓝色的三元络合物，颜色深度与氟离子浓度成正比，于波长 620nm 处比色定量。

根据反应原理，凡是对 La-ALC-F 三元体系的任何一个组分存在竞争反应的离子，均产生干扰。如 Pb^{2+}、Zn^{2+}、Cu^{2+}、Co^{2+}、Cd^{2+} 等能与 ALC 反应生成红色螯合物；Al^{3+}、Be^{2+} 等与 F^- 生成稳定的络离子；大量 PO_4^{3-}、SO_4^{2-} 能与 La^{3+} 反应等。当这些离子超过允许浓度时，水样应进行预蒸馏。

该方法最低检出浓度为 0.05mg/L（F^-）；测定上限为 1.08mg/L。如果用含有有机胺的醇溶液萃取后测定，检测浓度可低至 5μg/L。适用于地表水、地下水和工业废水中氟化物的测定。

（四）其他方法

茜素磺酸锆目视比色法的原理是：在酸性介质中，茜素磺酸钠与锆盐生成红色络合物，当有氟离子存在时，能夺取络合物中的锆离子，生成无色的氟化锆络离子 $(ZrF_6)^{2-}$，释放出黄色的茜素磺酸钠，根据溶液由红褪至黄色的程度不同，与标准色列比较定量。

硝酸钍滴定法是在以氯乙酸为缓冲剂，pH 为 3.2～3.5 的酸性介质中，以茜素磺酸钠和亚甲蓝作指示剂，用硝酸钍标准溶液滴定氟，当溶液由翠绿色变为灰蓝色时，即为终点。根据硝酸钍标准溶液的用量即可算出氟离子的浓度。本法适用于氟含量大于 50mg/L 的废水中氟化物的测定。

（五）含氟废水的常用处理方法

含氟废水的常用处理方法主要包括如下三种。

1. 化学沉淀法

化学沉淀法是含氟废水处理最常用的方法，在高浓度含氟废水预处理中应用尤为普遍。高浓度含氟废水一般情况下都含有较强的酸性，pH 值大都在 1～2，对其采用钙盐沉淀法处理最为普遍，即向废水中投加石灰中和废水，并投加适量的其他可溶性钙盐，使废水中的 F^- 与 Ca^{2+} 反应生成 CaF_2 沉淀而除去。

2. 混凝沉降法

除氟用的混凝剂主要为铁盐和铝盐两大类。铁盐类混凝剂一般除氟效率在 10％～30％，并要求在较高的 pH 值条件下（pH＞9）使用，最终排放废水需用酸中和反调才能达标排放。铝盐类混凝剂除氟效率为 50％左右，可在中性条件（一般 pH 为 6～8）下使用。铝盐除氟是利用 Al^{3+} 与 F^- 络合以及铝盐水解产物的配位体交换、物理吸附、卷扫作用除去水中的 F^-。

3. 吸附法

吸附法主要是将含氟废水通过装有氟吸附剂的设备，使氟与吸附剂的其他离子或基团交换而留在吸附剂上被除去，主要应用于处理低浓度含氟废水。吸附剂则通过再生来恢复交换能力。氟吸附剂可分为无机类、天然高分子类、稀土类、羟基磷灰石等。

六、含氮化合物

人们主要关注的水和废水中几种形态的氮是氨氮、亚硝酸盐氮、硝酸盐氮、凯氏氮和总氮。前四者之间通过生物化学作用可以相互转化。测定各种形态的含氮化合物，有助于评价水体被污染和自净状况。地表水中氮、磷物质超标时，微生物大量繁殖，浮游植物生长旺盛，出现富营养化状态。

（一）氨氮

水中的氨氮是指以游离氨（或称非离子氨，NH_3）和离子氨（NH_4^+）形式存在的氮，两者的组成比取决于水的 pH 值。水中氨氮主要来源于生活污水中含氮有机物受微生物作用的分解产物，焦化、合成氨等工业废水，以及农田排水等。氨氮含量较高时，对鱼类呈现毒害作用，对人体也有不同程度的危害。

测定水中氨氮的方法有纳氏试剂分光光度法、水杨酸-次氯酸盐分光光度法、气相分子吸收光谱法、电极法和滴定法。两种分光光度法具有灵敏、稳定等特点，但水样有色、浑浊和含钙、镁、铁等金属离子及硫化物、醛和酮类等均干扰测定，需作相应的预处理。电极法通常不需要对水样进行预处理，但再现性和电极寿命尚存在一些问题。气相分子吸收光谱法比较简单，使用专用仪器或原子吸收分光光度计测定均可获得良好效果。滴定法用于氨氮含量较高的水样。

1. 纳氏试剂分光光度法

在经絮凝沉淀或蒸馏法预处理的水样中，加入碘化汞和碘化钾的强碱溶液（纳氏试剂），则其与氨反应生成黄棕色胶态化合物，此颜色在较宽的波长范围内具有强烈吸收，通常使用 410～425nm 范围波长光比色定量。反应式如下：

$$2K_2[HgI_4]+3KOH+NH_3 \longrightarrow NH_2Hg_2IO+7KI+2H_2O$$
$$(黄棕色)$$

本法最低检出浓度为 0.025mg/L，测定上限为 2mg/L。适用于地表水、地下水和废（污）水中氨氮的测定。

2. 水杨酸-次氯酸盐分光光度法

在亚硝基铁氰化钠存在下，氨与水杨酸和次氯酸反应生成蓝色化合物，于其最大吸收波长 697nm 处比色定量。该方法测定浓度范围为 0.01～1mg/L。

3. 气相分子吸收光谱法

水样中加入次溴酸钠，将氨及铵盐氧化成亚硝酸盐，再加入盐酸和乙醇溶液，则亚硝酸盐迅速分解，生成二氧化氮，用空气载入气相分子吸收光谱仪的吸光管，测量该气体对锌空心阴极灯发射的 213.9nm 特征波长光的吸光度，以标准曲线法定量。专用气相分子吸收光谱仪安装有微型计算机，用试剂空白溶液校零和用系列标准溶液绘制标准曲线后，即可根据水样吸光度值及水样体积，自动计算出分析结果。

如果水样中含有亚硝酸盐，应事先测定其含量进行扣除。次溴酸钠可将有机胺氧化成亚硝酸盐，故水样含有有机胺时，先进行蒸馏分离。

本方法最低检出浓度为 0.005mg/L，测定上限为 100mg/L。可用于地表水、地下水、海水等水中氨氮的测定。

4. 滴定法

取一定体积水样,将其 pH 值调至 6.0～7.4,加入氧化镁使之呈微碱性。加热蒸馏,释出的氨用硼酸溶液吸收。取全部吸收液,以甲基红-亚甲蓝为指示剂,用硫酸标准溶液滴定至溶液由绿色转变成淡紫色,根据硫酸标准溶液消耗量和水样体积计算氨氮含量。

(二)亚硝酸盐氮

亚硝酸盐氮(NO_2^--N)是氮循环的中间产物。在氧和微生物的作用下,可被氧化成硝酸盐;在缺氧条件下也可被还原为氨。亚硝酸盐进入人体后,可将低铁血红蛋白氧化成高铁血红蛋白,使之失去输送氧的能力,还可与仲胺类反应生成具致癌性的亚硝胺类物质。亚硝酸盐很不稳定,一般天然水中含量不会超过 0.1mg/L。

水中亚硝酸盐氮常用的测定方法有离子色谱法、气相分子吸收法和 N-(1-萘基)-乙二胺分光光度法。前两种方法简便、快速,干扰较少;分光光度法灵敏度较高,选择性较强。

1. N-(1-萘基)-乙二胺分光光度法

在 pH 值为 1.8±0.3 的酸性介质中,亚硝酸盐与对氨基苯磺酰胺反应,生成重氮盐,再与 N-(1-萘基)-乙二胺偶联生成红色染料,于波长 540nm 处进行比色测定。

氯胺、氯、硫代硫酸盐、聚磷酸钠和高铁离子对该测定方法有明显干扰;水样有色或浑浊,可加氢氧化铝悬浮液并过滤消除之。

该方法最低检出浓度为 0.003mg/L,测定上限为 0.20mg/L。适用于各种水中亚硝酸盐氮的测定。

2. 离子色谱法

见氟化物测定方法。

3. 气相分子吸收光谱法

在 0.15～0.3mol/L 柠檬酸介质中,加入无水乙醇,将水样中亚硝酸盐迅速分解,生成二氧化氮,用空气载入气相分子吸收光谱仪,测其对特征波长光的吸光度,与标准溶液的吸光度比较定量。方法最低检出浓度为 0.0005mg/L,测定上限达 2000mg/L。低浓度用锌空心阴极灯(特征波长 213.9nm),高浓度用铅空心阴极灯(特征波长 283.3nm)。所用仪器见氨氮测定。

(三)硝酸盐氮

硝酸盐是在有氧环境中最稳定的含氮化合物,也是含氮有机化合物经无机化作用最终阶段的分解产物。清洁的地表水硝酸盐氮(NO_3^--N)含量较低,受污染水体和一些深层地下水中含量较高。制革、酸洗废水,某些生化处理设施的出水及农田排水中常含大量硝酸盐。人体摄入硝酸盐后,经肠道中微生物作用转化成亚硝酸盐而呈现毒性作用。

水中硝酸盐氮的测定方法有酚二磺酸分光光度法、镉柱还原法、戴氏合金还原法、离子色谱法、紫外分光光度法、离子选择电极法和气相分子吸收光谱法等。酚二磺酸法显色稳定,测定范围较宽;紫外分光光度法和离子选择电极法可进行在线快速测定;镉柱还原法和戴氏合金还原法操作较复杂,较少应用。

1. 酚二磺酸分光光度法

硝酸盐在无水存在的情况下与酚二磺酸反应，生成硝基二磺酸酚，于碱性溶液中又生成黄色的硝基酚二磺酸三钾盐，于波长 410nm 处测其吸光度，并与标准溶液比色定量。

水样中共存氯化物、亚硝酸盐、铵盐、有机物和碳酸盐时，产生干扰，应作适当的前处理。如加入硫酸银溶液，使氯化物生成沉淀，过滤除去之；滴加高锰酸钾溶液，使亚硝酸盐氧化为硝酸盐，最后从硝酸盐氮测定结果中减去亚硝酸盐氮含量等；水样浑浊、有色时，可加入少量氢氧化铝悬浮液，吸附、过滤除去干扰物质。

该方法测定浓度范围大，显色稳定，适用于测定饮用水、地下水和清洁地表水中的硝酸盐氮。最低检出浓度为 0.02mg/L，测定上限为 2.0mg/L。

2. 气相分子吸收光谱法

水样中的硝酸盐在 2.5～5mol/L 盐酸介质中，于 70℃±2℃ 的温度下，用还原剂快速还原分解，生成一氧化氮气体，被空气载入气相分子吸收光谱仪的吸光管中，测量其对镉空心阴极灯发射的 214.4nm 特征波长光的吸光度，与硝酸盐氮标准溶液的吸光度比较，确定水样中硝酸盐含量。

NO_2^-、SO_3^{2-} 及 $S_2O_3^{2-}$ 对测定产生明显干扰。NO_2^- 可在加酸前用氨基磺酸还原成 N_2 除去；SO_3^{2-} 及 $S_2O_3^{2-}$ 可用氧化剂将其氧化成 SO_4^{2-}；如含挥发性有机物，可用活性炭吸附除去。

本法最低检出浓度为 0.005mg/L，测定上限为 10mg/L。适用于各种水中硝酸盐氮的测定。

3. 紫外分光光度法

硝酸根离子对 220nm 波长光有特征吸收，与其标准溶液对该波长光的吸收程度比较定量。因为溶解性有机物在波长 220nm 处也有吸收，故根据实践，一般引入一个经验校正值。该校正值为在波长 275nm 处（硝酸根离子在此没有吸收）测得吸光度的二倍。在波长 220nm 处的吸光度减去经验校正值即为净硝酸根离子的吸光度。这种经验校正值大小与有机物的性质和浓度有关，不宜分析对有机物吸光度需作准确校正的样品。

该方法适用于清洁地表水和未受明显污染的地下水中硝酸盐氮的测定，其最低检出浓度为 0.08mg/L，测定上限为 4mg/L。方法简便、快速，但对含有机物、表面活性剂、亚硝酸盐、六价铬、溴化物、碳酸氢盐和碳酸盐的水样，需进行预处理，如用氢氧化铝絮凝共沉淀和大孔中型吸附树脂可除去浊度、高价铁、六价铬和大部分常见有机物。

4. 其他方法

离子色谱法见氟化物的测定。离子选择电极法多用于在线自动监测中。

（四）凯氏氮

凯氏氮是指以基耶达法测得的含氮量。它包括氨氮和在此条件下能转化为铵盐而被测定的有机氮化合物。此类有机氮化合物主要有蛋白质、氨基酸、肽、胨、核酸、尿素以及合成的氮为负三价形态的有机氮化合物，但不包括叠氮化合物、硝基化合物等。由于一般水中存在的有机氮化合物多为前者，故可用凯氏氮与氨氮的差值表示有机氮含量。

凯氏氮的测定要点是取适量水样于凯氏烧瓶中，加入浓硫酸和催化剂（K_2SO_4），加热消解，将有机氮转变成氨氮，然后在碱性介质中蒸馏出氨，用硼酸溶液吸收，以分光光度法或滴定法测定氨氮含量，即为水样中的凯氏氮含量。直接测定有机氮时，可将水样先进行预蒸馏除去氨氮，再以凯氏法测定。

凯氏氮在评价湖泊、水库等水体的富营养化时，是一个有意义的指标。

（五）总氮

水中的总氮含量是衡量水质的重要指标之一。其测定通常采用过硫酸钾氧化，使有机氮和无机氮化合物转变为硝酸盐，用紫外分光光度法或离子色谱法、气相分子吸收光谱法测定。

（六）废水中的有机氮和氨氮的处理方法

氨氮污染的来源多，且排放量较大。如钢铁、石油化工、化肥、无机化工、玻璃制造、制药废水和食品工业等工业部门排放的各种浓度的氨氮废水；日常生活中的污水、垃圾填埋场渗滤液、动物排泄物、肉类加工和饲养业以及农业等行业产生的废水也含有大量的氨氮。不同行业废水中氨氮的浓度千变万化，即使同类行业的废水其浓度也有很大差异。

氨氮废水的超标排放是水体富营养化的主要原因。另外，氨氮还会增大给水消毒和工业循环水杀菌处理的用氯量；对某些金属，特别是对铜具有腐蚀性；当污水回用时，再生水中氨氮可以促进输水管道和用水设备中微生物的繁殖，形成生物垢，堵塞管道和用水设备，并影响换热效率等。

目前，氨氮废水的处理技术可以分为两大类：一类是物化处理技术，包括吹脱（或汽提）、沉淀、膜吸收、湿式氧化等，其中吹脱和膜吸收技术都需要氨氮尽可能以氨分子形态存在；另一类技术是生物脱氮技术。

七、硫化物

地下水（特别是温泉水）及生活污水常含有硫化物，其中一部分是在厌氧条件下，由于微生物的作用，使硫酸盐还原或含硫有机物分解而产生的。焦化、造气、选矿、造纸、印染、制革等工业废水中亦含有硫化物。

水中硫化物包含溶解性的 H_2S、HS^- 和 S^{2-}，酸溶性的金属硫化物，以及不溶性的硫化物和有机硫化物。通常所测定的硫化物指溶解性的及酸溶性的硫化物。硫化氢毒性很大，可危害细胞色素氧化酶，造成细胞组织缺氧，甚至危及生命；它还腐蚀金属设备和管道，并可被微生物氧化成硫酸，加剧腐蚀性，因此，是评价水体污染的重要指标。

测定水中硫化物的主要方法有对氨基二甲基苯胺分光光度法、碘量法、气相分子吸收光谱法、间接火焰原子吸收法、离子选择电极法等。

水样有色，或含悬浮物、某些还原物质（如亚硫酸盐、硫代硫酸钠等）及溶解的有机物均对碘量法或光度法测定有干扰，需进行预处理。常用的预处理方法有乙酸锌沉淀-过滤法、酸化-吹气法或过滤-酸化-吹气法，视水样具体状况选择。

（一）对氨基二甲基苯胺分光光度法

在含高铁离子的酸性溶液中，硫离子与对氨基二甲基苯胺反应，生成蓝色的亚甲蓝染料，颜色深度与水样中硫离子浓度成正比，于波长 665nm 处比色定量。该方法最低检出浓度为 0.02mg/L（S^{2-}），测定上限为 0.8mg/L。若减少取样量，测定上限可达 4mg/L。

（二）碘量法

适用于测定硫化物含量大于 1mg/L 的水样。水样中的硫化物与乙酸锌生成白色硫化锌沉淀，将其用酸溶解后，加入过量碘溶液，则碘与硫化物反应析出硫，用硫代硫酸钠标准溶液滴定剩余的碘，根据硫代硫酸钠溶液消耗量和水样体积，按下式计算测定结果。

$$硫化物含量(S^{2-},mg/L) = \frac{(V_0 - V_1)c \times 16.03 \times 1000}{V}$$

式中　V_0——空白试验硫代硫酸钠标准溶液用量，mL；

$\quad\quad V_1$——滴定水样消耗硫代硫酸钠标准溶液量，mL；

$\quad\quad V$——水样体积，mL；

$\quad\quad c$——硫代硫酸钠标准溶液浓度，mol/L；

16.03——硫离子（$\frac{1}{2}S^{2-}$）的摩尔质量，g/mol。

（三）间接火焰原子吸收法

1. 方法原理

在水样中加入磷酸，将硫化物转化成硫化氢，用氮气带出，通入含有一定量铜离子的吸收液，则生成硫化铜沉淀，分离沉淀后，用火焰原子吸收法测定上清液中剩余铜离子，对硫化物进行间接测定。

2. 测定要点

① 配制系列硫化物标准溶液，依次分别注入反应瓶，加磷酸与硫化物反应，同时通入氮气，将生成的硫化氢分别用硝酸铜溶液吸收。将吸收液定容，取部分进行离心分离，取上清液喷入原子吸收分光光度计的火焰，测量对铜空心阴极灯发射的 324.7nm 特征波长光的吸光度，绘制吸光度-硫浓度标准曲线。

② 取一定体积水样于反应瓶内，按照标准溶液测定步骤，测量水样中铜的吸光度，从标准曲线查得硫的含量，根据水样体积，计算水样中硫的浓度。

该方法适用于各种水样中硫化物的测定。水样基体成分简单时，如地下水、饮用水等，可不用吹气，直接用间接法测定。

（四）气相分子吸收光谱法

在水样中加入磷酸，将硫化物转化为 H_2S 气体，用空气载入气相分子吸收光谱仪的吸光管内，测量对 200nm 附近波长光的吸光度，与标准溶液的吸光度比较，确定水样中硫化物浓度。对于基体复杂，干扰组分多的水样，可采用快速沉淀过滤与吹气分离的双重去除干扰的方法。

本法最低检出浓度为 0.005mg/L，测定上限为 10mg/L。适用于各种水样的硫化物测定。

（五）废水中硫化物的处理方法

不同行业排出的废水中，硫含量及组分相差很大，所以处理方法也有所不同，从处理方法上分，有物化处理和生化处理两大类。实践中，这两类方法常常是联合使用，以克服使用单一方法的局限性，达到较理想的处理效果。含硫废水的处理方法见表 5-1。

表 5-1　含硫废水的处理方法

类别	处理方法	处理效果	建设投资	运行费用	优缺点
物化处理	空气氧化法	较好	较高	较高	需高温、高压或催化剂，技术成熟，能耗较大
	湿空气氧化法	好	高	高	对设备的要求较高，可作为生化处理的预处理
	超临界水氧化法	好	高	较高	设备材质要求(耐腐蚀)较高，反应速率快，处理效率高
	化学药品反应除硫	较差	低	较高	化学药剂添加量大，后续处理较困难
	气提	较好	较好	较高	工艺成熟，在石化工业使用较多
生化处理	生物接触氧化法	较好	较高	较低	处理设备要求不高，但不能处理高浓度含硫废水
	缺氧生物处理	较好	高	高	需要大量辐射能，对设备材料的要求较特殊
	生物固定化技术	较好	高	高	工艺较复杂，长期运行稳定性尚待研究

八、含磷化合物

在天然水和废（污）水中，磷主要以各种磷酸盐和有机磷（如磷脂等）形式存在，也存在于腐殖质粒子和水生生物中。磷是生物生长必需元素之一，但水体中磷（总磷、溶解性磷酸盐和溶解性总磷）含量过高，会导致富营养化，使水质恶化。环境中的磷主要来源于化肥、冶炼、合成洗涤剂等行业的废水和生活污水。

当需要测定总磷、溶解性正磷酸盐和溶解性总磷时，可将其经预处理转变成正磷酸盐并分别测定。正磷酸盐的测定方法有离子色谱法、钼锑抗分光光度法、孔雀绿-磷钼杂多酸分光光度法、气相色谱（FPD）法等。

（一）钼锑抗分光光度法

在酸性条件下，正磷酸盐与钼酸铵、酒石酸锑氧钾 $[K(SbO)C_4H_4O_6 \cdot \frac{1}{2}H_2O]$ 反应，生成磷钼杂多酸，再被抗坏血酸还原，生成蓝色络合物（磷钼蓝），于波长 700nm 处测量吸光度，用标准曲线法定量。

该方法最低检出浓度为 0.01mg/L，测定上限为 0.6mg/L；适用于地表水和废水。

（二）孔雀绿-磷钼杂多酸分光光度法

在酸性条件下，正磷酸盐与钼酸铵-孔雀绿显色剂反应生成绿色离子缔合物，并以聚乙烯醇稳定显色液，于波长 620nm 处测量吸光度，用标准曲线法定量。

该方法最低检出浓度为 1μg/L，适用浓度范围为 0~0.3mg/L；用于江河、湖泊等地表水及地下水中痕量磷的测定。

（三）离子色谱法

见氟化物的测定。

（四）萃取法

甲苯为萃取剂，萃取水样中的元素磷。萃取液中的元素磷经色谱柱分离后，在火焰光度检测器（FPD）中被氧化燃烧生成磷的氧化物，然后被富氢火焰的 H 还原为碎片 PHO（即激发态的 PHO 碎片）。被火焰高温激发的碎片 PHO * 释放出特征光谱的能量，其最大检测波长为 526nm。测量发射光谱的强度，从而检测出元素磷的含量。

（五）含磷废水的处理方法

目前，国内外污水除磷技术主要有生物法、化学法两大类。生物法如 A \ O、A \ A \ O、UCT 工艺，主要适合处理低浓度及有机态含磷废水；化学法主要有混凝沉淀、结晶、离子交换吸附、电渗析、反渗透等工艺，主要适合处理无机态含磷废水，其中混凝沉淀与结晶综合处理技术可以处理高浓度含磷废水，除磷率较高，是一种可靠的磷含量高的废水处理方法。

1. 化学沉淀法

通过投加化学沉淀剂与废水中的磷酸盐生成难溶沉淀物，可把磷分离出去，同时形成的絮凝体对磷也有吸附去除作用。常用的混凝沉淀剂有石灰、明矾、氯化铁、石灰与氯化铁的混合物等。影响此类反应的主要因素是 pH 值、浓度比、反应时间等。

2. 生物法

20 世纪 70 年代，美国的 Spector 发现，微生物在好氧状态下能摄取磷，而在有机物存在的厌氧状态下放出磷，含磷废水的生物处理方法便是在此基础上逐步形成和完善起来的。目前国外常用的生物脱磷技术主要有 3 种：

① 向曝气储水池中添加混凝剂脱磷；

② 利用土壤处理，正磷酸根离子会与土壤中的 Fe 和 Al 的氧化物反应或与黏土中的 OH^- 或 SiO_2 进行置换，生成难溶性磷酸化合物；

③ 活性污泥法，这是目前国内外应用最为广泛的一类生物脱磷技术。

生物除磷法具有良好的处理效果，没有化学沉淀法污泥难处理的缺点，且不需投加沉淀剂。

3. 吸附法

20 世纪 80 年代，多孔隙物质作为吸附剂和离子交换剂就已应用在水的净化和控制污染方面。研究人员以粉煤灰作为吸附剂，对磷含量 50～120mg/L 的模拟废水脱磷的规律特征进行了研究，结果表明粉煤灰中含有较多的活性氧化铝和氧化硅等，具有相当大的吸附作用，粉煤灰对无机磷酸根不是单纯吸附，其中 CaO、FeO、Al_2O_3 等可以和磷酸根生成不溶或直溶性沉淀现象，因而在废水处理方面具有广阔的应用前景。

4. 其他的除磷方法

传统的脱氮除磷工艺多采用单污泥系统，因此存在着硝化和除磷泥龄之间的矛盾，将活性污泥法与生物膜法相结合，可解决这个问题。实验结果表明，这种双污泥脱氮除磷工艺对 PO_4^{3-} 的去除率可达 90%，处理效果稳定，对水质的适应能力很强。

水体类型和功能不同，对水质的要求也不同，对水体的评价还可能要求测定其他非金属化合物，如氯化物、碘化物、硫酸盐、余氯、硼、二氧化硅等。

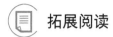 拓展阅读

水质监测助力乡村振兴

云南昌宁县水务局扎实开展水质监测检测工作，进一步保障县域水生态安全，强化农村饮水安全保障，维护广大人民群众健康权益，巩固拓展饮水安全成果，助力乡村振兴。

切实强化农饮工程巡回监测，保障农村饮水安全。制定《昌宁县水务局水质检测中心 2021 年农村饮水安全工程水质巡回监测计划及工程名单》，对全县农村饮水工程进行随机抽取，做到 13 乡镇全覆盖，全年完成 45 件农村饮水工程水质巡回监测，共监测 136 份水样，每份水样监测 32 个项目：微生物指标 2 项、毒理指标 11 项、感官性状和一般化学指标 18 项、消毒剂指标 1 项。严格按照《生活饮用水标准检验方法》《地表水环境质量标准》等要求，选择检测方法和检测频率，检测过程严格遵守《检验鉴定从业人员行为规范》等相关工作条例，按规操作，确保水样检测数据的有效性和准确性，真正做到检测数据客观真实。

持续强化河湖水质监测，助力河湖健康管理，为河（湖）长制工作中水环境综合治理提供数据支撑，努力实现"水清岸美有文化，鱼跳鸟飞人欢畅"的美好愿景，营造人与自然和谐共生的河湖环境。全年共计监测河湖水样 130 份，其中河湖监测 30 份，水库监测 100 份。按照《地表水环境质量标准》进行判定，据结果统计，水样质量达到 Ⅱ～Ⅲ 类要求。

 思考题

请思考当前农村饮水安全存在问题及对策建议。

项目二　水体中非金属无机物分析测定技能训练

 技能训练 1　工业废水中总碱度的测定

1. 方法概要

（1）盐酸溶液的标定　首先配制约 $0.1 mol/L$ 的盐酸溶液，以甲基橙为指示剂，用已知准确浓度的 Na_2CO_3 标准溶液来标定盐酸的准确浓度，溶液由黄色变至橙红色即为滴定终点。

反应式为：

$$Na_2CO_3 + 2HCl \Longrightarrow 2NaCl + H_2O + CO_2 \uparrow$$

（2）水中碱度的测定

① 酚酞碱度。酚酞作指示剂，用盐酸标准溶液滴定至溶液颜色由红色变为无色为止，盐酸滴定体积为 $V_1 mL$。等当点时的 pH 约为 8.3，酚酞的变色范围 pH 为 8～10。

反应式为：

$$OH^- + H^+ \Longrightarrow H_2O$$
$$CO_3^{2-} + H^+ \Longrightarrow HCO_3^-$$

$$\text{酚酞碱度(mol/L)} = \frac{c(\text{HCl})V_1}{V_{\text{水样}}}$$

$$\text{酚酞碱度(以 CaO 计,mg/L)} = \frac{c(\text{HCl})V_1}{V_{\text{水样}}} \times 1000$$

② 总碱度。再加入甲基橙指示剂,用盐酸标准溶液继续滴定至溶液由黄色变为橙红色为止,设盐酸滴定体积为 V_2 mL。等当点时的 pH 约为 4.4,甲基橙的变色范围为 3.1～4.4。

反应式为:

$$HCO_3^- + H^+ =\!=\!= H_2O + CO_2 \uparrow$$

$$\text{总碱度(mol/L)} = \frac{c(\text{HCl})(V_1 + V_2)}{V_{\text{水样}}}$$

$$\text{总碱度(以 CaO 计,mg/L)} = \frac{c(\text{HCl})(V_1 + V_2)}{V_{\text{水样}}} \times 1000$$

2. 仪器及试剂

(1) 仪器　电子天平(0.0001g),称量瓶,烧杯,玻璃棒,250mL 容量瓶,锥形瓶,酸式滴定管(50mL),25mL 移液管,100mL 移液管,吸耳球。

(2) 试剂

① 浓盐酸。

② 0.1%酚酞指示剂:称取 0.5g 酚酞,溶于 50mL 95%乙醇中,再加入 50mL 水。

③ 0.1%甲基橙指示剂:称取 0.1g 甲基橙,溶于 100mL 水。

④ 无二氧化碳蒸馏水:pH 不低于 6.0 的蒸馏水。若蒸馏水的 pH 较低,应煮沸 15min,加盖后冷却至室温。

⑤ 模拟废水的制备:2.4g 的 NaOH、4.24g 的 Na_2CO_3、4.2g 的 $NaHCO_3$ 溶于 1L 水,制备 6000mL。

⑥ 0.1mol/L 盐酸标准溶液。

3. 操作步骤

① 洗净所有玻璃器皿,并试漏。

② Na_2CO_3 标准溶液(0.0500mol/L)的配制:采用差减法准确称取预先干燥过的无水 Na_2CO_3 固体 2.650g(精确到 0.0001g)于小烧杯中,加约 50mL 蒸馏水,用玻璃棒搅拌溶解后,转移至 500mL 容量瓶中,用少量蒸馏水润洗烧杯 3～4 次,全部转移至容量瓶中,定容。

③ 0.1mol/L 盐酸标准溶液的配制和标定:

a. 用量筒取 4mL 的浓盐酸于 500mL 试剂瓶中,加蒸馏水至约 500mL,加塞混匀;

b. 用移液管准确移取 25mL Na_2CO_3 标准溶液于 250mL 锥形瓶中,加 2 滴甲基橙指示剂,混匀,用盐酸标准溶液滴定至黄色刚好变为橙红色,且摇动不消失为止,计算 V_0。平行测定至少三次,计算盐酸标准溶液的浓度。

④ 水样碱度的测定:用 25mL 移液管准确移取水样于 250mL 锥形瓶中,加 3 滴酚酞指示剂,混匀,用盐酸标准溶液滴定至红色变为无色为止,记录并计算 V_1。平行测定至少三次。再加 3 滴甲基橙指示剂,混匀,用盐酸标准溶液滴定至黄色变为橙红色为止,记录并计算 V_2。平行测定至少三次。

4. 结果计算

① Na_2CO_3 标准溶液的浓度。

② 盐酸标准溶液的浓度。

③ 酚酞碱度，总碱度。

④ 氢氧化物、碳酸盐和重碳酸盐的浓度。

5. 注意事项

① 若水样中含有游离 CO_2，则不存在碳酸盐，可直接以甲基橙作指示剂进行滴定。

② 当水样中总碱度小于 20mg/L 时，可改用 0.01mg/L 盐酸标准溶液滴定，或改用 10mL 容量的微量滴定管，以提高滴定精度。

③ 测定时废水取样量取决于滴定时盐酸的用量，盐酸用量控制在 10～25mL 为宜。

技能训练 2 pH 值的测定——玻璃电极法

本法适用于饮用水、地表水及工业废水 pH 值的测定。

1. 方法要求

pH 值由测量电池的电动势而得。该电池通常由饱和甘汞电极为参比电极，玻璃电极为指示电极所组成。在 25℃，溶液中每变化 1 个 pH 单位，电位差改变为 59.16mV，据此在仪器上直接以 pH 的读数表示。温度差异在仪器上有补偿装置。

2. 仪器设备

① 酸度计，精确为 0.1 个 pH 单位，pH 变化范围为 0～14。如有特殊需要，应使用精度更高的仪器。

② 玻璃电极与甘汞电极。

3. 试剂药品

（1）标准缓冲溶液（简称标准溶液）的配制

① 在分析中，除非另作说明，均要求使用分析纯或优级纯试剂，购买经中国计量科学研究院检定合格的袋装 pH 标准物质时，可参照说明书使用。

配制标准溶液所用的蒸馏水应符合下列要求：煮沸并冷却、电导率小于 $2×10^{-6}$S/cm 的蒸馏水，其 pH 以 6.7～7.3 为宜。

② 测量 pH 时，按水样呈酸性、中性和碱性三种可能，常配制以下三种标准溶液：

a. pH 标准溶液甲（pH＝4.008，25℃）。称取先在 110～130℃ 干燥 2～3h 的邻苯二甲酸氢钾（$KHC_8H_4O_4$）10.12g，溶于水并在容量瓶中稀释至 1L。

b. pH 标准溶液乙（pH＝6.865，25℃）。分别称取先在 110～130℃ 干燥 2～3h 的磷酸二氢钾（KH_2PO_4）3.388g 和磷酸氢二钠（Na_2HPO_4）3.533g，溶于水并在容量瓶中稀释至 1L。

c. pH 标准溶液丙（pH＝9.180，25℃）。为了使晶体具有一定的组成，应称取与饱和溴化钠（或氯化钠加蔗糖溶液，室温）共同放置在干燥器中平衡两昼夜的硼砂（$Na_2B_4O_7 \cdot 10H_2O$）3.80g，溶于水并在容量瓶中稀释至 1L。

（2）pH 的校正 当被测样品 pH 值过高或过低时，应参考表 5-2 配制与其 pH 值相近似的标准溶液校正仪器。

表 5-2 pH 标准溶液的制备

标准溶液(溶质的质量 mol,浓度 molkg^{-1})	25℃的 pH	每 1000mL 25℃水溶液所需药品质量/g
酒石酸氢钾(25℃饱和)	3.557	6.4 KHC$_4$H$_4$O$_8$①
0.05M 柠檬酸二氢钾	3.776	11.4 KH$_2$C$_6$H$_5$O$_7$
0.05M 邻苯二甲酸氢钾	4.028	10.1 KHC$_8$H$_4$O$_4$
0.025M 磷酸二氢钾	6.865	3.388 KH$_2$PO$_4$
0.025M 磷酸氢二钠	7.413	3.533 Na$_2$HPO$_4$②③
0.008695M 磷酸二氢钾	9.18	1.179 KH$_2$PO$_4$②③
0.03043M 磷酸氢二钠	10.012	4.392 Na$_2$HPO$_4$
0.025M 碳酸氢钠	1.679	2.092 NaHCO$_3$
0.025 碳酸钠	12.454	2.640 Na$_2$CO$_3$
0.05 四草酸钾		12.61 KH$_2$C$_4$O$_8$·2H$_2$O④
氢氧化钙(25℃饱和)		1.5 Ca(OH)$_2$①

注:①大约溶解度;②在 110～130℃烘 2～3 小时;③必须用新煮沸并冷却的蒸馏水(不含 CO$_2$)配制;④别名草酸三氢钾,使用前在 (54±3)℃干燥 4～5 小时。

(3) 标准溶液的保存

① 标准溶液要在聚乙烯瓶中密闭保存。

② 在室温条件下标准溶液一般以保存 1～2 个月为宜,当发现有浑浊、发霉或沉淀现象时,不能继续使用。

③ 在 4℃冰箱内存放,且用过的标准溶液不允许再倒回去,这样可延长使用期限。

④ 标准溶液的 pH 值随温度变化而稍有差异。一些常用标准溶液的 pH(S) 值见表 5-3。

表 5-3 五种标准溶液的 pH (S) 值

T/℃	A	B	C	D	E
0		4.003	6.984	7.534	9.464
5		3.999	6.951	7.500	9.395
10		3.998	6.923	7.472	9.332
15		3.999	6.900	7.448	9.276
20	3.56	4.002	6.881	7.429	9.225
25	3.55	4.008	6.865	7.413	9.180
30	3.55	4.015	6.853	7.400	9.139
35	3.55	4.024	6.844	7.389	9.102
38	3.55	4.030	6.84	7.384	9.081
40	3.55	4.035	6.838	7.380	9.068
45	3.54	4.047	6.834	7.373	9.038
50	3.55	4.060	6.833	7.367	9.011
55	3.56	4.075	6.834		8.985
60	3.58	4.091	6.836		8.962
70	3.61	4.126	6.845		8.921
80	3.65	4.164	6.859		8.885
90	3.67	4.205	6.877		8.850
95		4.227	6.886		8.833

注:这些标准溶液的组成如下。

A:酒石酸氢钾 (25℃饱和)。B:邻苯二甲酸氢钾,m＝0.05mol·kg^{-1}。C:磷酸二氢钾,m＝0.025mol·kg^{-1}。D:磷酸氢二钠,m＝0.025mol·kg^{-1}。D:磷酸二氢钾,m＝0.008695mol·kg^{-1}。磷酸氢二钠,m＝0.03043mol·kg^{-1}。E:硼砂,m＝0.01mol·kg^{-1}。这里 m 表示溶质的物质的量浓度,溶剂是水。

4. 操作步骤

（1）仪器校准　操作程序按仪器使用说明书进行。先将水样与标准溶液调到同一温度，记录测定温度，并将仪器温度补偿旋钮调至该温度上。

用标准溶液校正仪器，该标准溶液与水样 pH 相差不超过 2 个 pH 单位。从标准溶液中取出电极，彻底冲洗并用滤纸吸干。再将电极浸入第二个标准溶液中，其 pH 大约与第一个标准溶液相差 3 个 pH 单位，如果仪器响应的示值与第二个标准溶液的 pH（S）值之差大于 0.1 个 pH 单位，就要检查仪器、电极或标准溶液是否存在问题。当三者均正常时，方可用于测定样品。

（2）样品测定　测定样品时，先用蒸馏水认真冲洗电极，再用水样冲洗，然后将电极浸入样品中，小心摇动或进行搅拌使其均匀，静置，待读数稳定时记下 pH 值。

5. 精密度

是指在相同条件下 n 次重复测定结果彼此相符的程度。该方法中 pH 对应的精密度见表 5-4。

表 5-4　pH 对应的精密度表

pH	精密度/（pH 单位）	
	重复性[①]	再现性[②]
<6	±0.1	±0.2
6～9	±0.1	±0.3
>9	±0.2	±0.5

[①] 根据一个试验室中对 pH 值在 2.21～13.23 范围内的生活饮用水，轻度、中度、重度污染的地表水及部分类型工业废水样品进行重复测定的结果而定。

[②] 根据北京地区 10 个试验室共使用十种不同型号的酸度计、四种不同型号的电极用本法测定了 pH 值在 1.41～11.66 范围内的 7 个人工合成水样及 1 个地表水样的测定结果而定。

6. 注意事项

① 玻璃电极在使用前先放入蒸馏水中浸泡 24 小时以上。

② 测定 pH 时，玻璃电极的球泡应全部浸入溶液中，并使其稍高于甘汞电极的陶瓷芯端，以免搅拌时碰杯。

③ 必须注意玻璃电极的内电极与球泡之间甘汞电极的内电极和陶瓷芯之间不得有气泡，以防断路。

④ 甘汞电极中的饱和氯化钾溶液的液面必须高出汞体，在室温下应有少许氯化钾晶体存在，以保证氯化钾溶液的饱和，但须注意氯化钾晶体不可过多，以防止堵塞与被测溶液的通路。

⑤ 测定 pH 时，为减少空气和水样中二氧化碳的溶解或挥发，在测水样之前，不应提前打开水样瓶。

⑥ 玻璃电极表面受到污染时，需进行处理。如果是附着无机盐结垢，可用温稀盐酸溶解；对钙镁等难溶性结垢，可用 EDTA 二钠溶液溶解，沾有油污时，可用丙酮清洗。电极按上述方法处理后，应在蒸馏水中浸泡一昼夜再使用。注意忌用无水乙醇、脱水性洗涤剂处理电极。

技能训练 3　水中溶解氧的测定——碘量法

1. 方法概要

水样中加入硫酸锰和碱性碘化钾，水中溶解氧将低价锰氧化成高价锰，生成四价锰的氢氧化物棕色沉淀。加酸后，氢氧化物沉淀溶解形成可溶性四价锰 $Mn(SO_4)_2$，$Mn(SO_4)_2$ 与碘离子反应释出与溶解氧量相当的游离碘，以淀粉作指示剂，用硫代硫酸钠滴定释出碘，可计算溶解氧的含量。

2. 仪器设备

(1) 溶解氧瓶　250~300mL。

(2) 滴定管　25mL、10mL。

3. 试剂药品

(1) 硫酸锰溶液　称取 480g 硫酸锰（$MnSO_4 \cdot 4H_2O$）或 364g $MnSO_4$ 溶于水，用水稀释 1000mL。此溶液加至酸化过的碘化钾溶液中，遇淀粉不得产生蓝色。

(2) 碱性碘化钾溶液　称取 500g 氢氧化钠溶解于 300~400mL 水中，另称取 150g 碘化钾或 135g 碘化钠溶于 200mL 水中，待氢氧化钠溶液冷却后，将两溶液合并，混匀，用水稀释至 1000mL。如有沉淀，则放置过夜后，倾出上清液，贮于棕色瓶中。用橡胶塞塞紧，避光保存。此溶液酸化后，遇淀粉不得产生蓝色。

(3) (1+5) 硫酸溶液　将 20mL 浓硫酸缓缓加入 100mL 水中。

(4) 淀粉溶液（1%）　称取 1g 可溶性淀粉，用少量水调成糊状，再用刚煮沸的水稀释至 100mL，冷却后，加入 0.1g 水杨酸或氯化锌防腐。

(5) 重铬酸钾标准溶液 $[c(\frac{1}{6}K_2Cr_2O_7)=0.02500mol/L]$　称取于 105~110℃烘干 2h 并冷却的重铬酸钾 1.2258g，溶于水，移入 1000mL 容量瓶中，用水稀释至标线，摇匀。

(6) 硫代硫酸钠溶液

① 配制：称取 6.2g 硫代硫酸钠（$Na_2S_2O_3 \cdot 5H_2O$）溶于煮沸放冷的水中，加入 0.2g 碳酸钠，用水稀释至 1000mL，贮于棕色瓶中。在暗处放置 7~14d 后标定。

② 标定：于 250mL 碘量瓶中，加入 100mL 水和 1g 碘化钾，加入 10.00mL 浓度为 0.02500mol/L 的重铬酸钾标准溶液，5mL (1+5) 硫酸溶液，密塞，摇匀。于暗处静置 5min 后，用待标定的硫代硫酸钠溶液滴定至溶液呈淡黄色，加入 1mL 淀粉溶液，继续滴定至蓝色刚好褪去为止，记录用量并按下式计算：

$$c=\frac{10.00\times0.0250}{V}$$

式中　c——硫代硫酸钠溶液的浓度，mol/L；

　　　V——滴定时消耗硫代硫酸钠溶液的体积，mL。

(7) 硫酸　$\rho=1.84g/mL$。

4. 操作步骤

(1) 采样　应采用溶解氧瓶进行采样，采样时要十分小心，避免曝气，注意不使水样与空气相接触。瓶内需完全充满水样，盖紧瓶塞，瓶塞下不要残留任何气泡。若从管道或水龙头采取水样，可用橡皮管或聚乙烯软管，一端紧接龙头，另一端深入瓶底，任水沿瓶壁注满溢出数分钟后加塞盖紧，不留气泡。从装置或容器采样时宜用虹吸法。

水样采集后，为防止溶解氧因生物活动而发生变化，应立即加入必要的药剂，使氧"固定"于样品中，并存于冷暗处，其余操作可携回实验室进行，但也应尽快完成测定程序。

（2）测定

① 溶解氧的固定：用吸管插入溶解氧瓶的液面下，加入 1mL 硫酸锰溶液、2mL 碱性碘化钾溶液，盖好瓶塞，颠倒混合数次，静置。待棕色沉淀物降至瓶内一半时，再颠倒混合一次，待沉淀物下降到瓶底。一般在取样现场固定。

② 析出碘：轻轻打开瓶塞，立即用吸管插入液面下加入 2.0mL 浓硫酸。小心盖好瓶塞，颠倒混合摇匀，至沉淀物全部溶解为止。

③ 样品的测定：吸取 100mL 上述溶液于 250mL 锥形瓶中，用硫代硫酸钠标准溶液滴定至溶液呈淡黄色，加入 1mL 淀粉溶液，继续滴定至蓝色刚好褪去为止，记录硫代硫酸钠标准溶液用量（V_1）。

如果需要精确校正加入试剂后水样原来的体积，则将溶解氧瓶内全部处理过的水样移入 500mL 锥形瓶内，并用纯水洗涤溶解氧瓶 2～3 次，合并溶液于锥形瓶内，再按上述方法用硫代硫酸钠标准溶液滴定，记录用量（V_2）。

5. 结果计算

（1）不需要精确校正加入试剂后水样原体积

$$\rho(O_2) = \frac{cV_1 \times 8 \times 1000}{100}$$

（2）如需要精确校正加入试剂后水样原体积

$$\rho(O_2) = \frac{cV_2 \times 8 \times 1000}{V_3 - 3}$$

式中　$\rho(O_2)$——水中溶解氧的浓度，mg/L；

　　　　c——硫代硫酸钠标准溶液浓度，mol/L；

　　　　V_3——溶解氧瓶的准确体积，mL。

6. 精密度和准确度

经不同海拔高度的 4 个实验室分析于 20℃含饱和溶解氧 6.85～9.09mg/L 的蒸馏水，单个实验室的相对标准偏差不超过 0.3%；分析含 4.73～11.4mg/L 溶解氧的地表水，单个实验室的相对标准偏差不超过 0.5%。

7. 注意事项

如果水样中含有氧化性物质（如游离氯大于 0.1mg/L 时），应预先于水样中加入硫代硫酸钠去除。即用两个溶解氧瓶各取一瓶水样，在其中一瓶加入 5mL（1+5）硫酸溶液和 1g 碘化钾，摇匀，此时游离出碘。以淀粉作指示剂，用硫代硫酸钠标准溶液滴定至蓝色刚褪，记下用量（相当于去除游离氯的量）。在另一瓶水样中，加入同样量的硫代硫酸钠标准溶液，摇匀后，按操作步骤测定。

技能训练 4 氰化物的测定——异烟酸-吡唑啉酮分光光度法

本方法适用于大洋、近岸、河口及工业排污口水体中氰化物的测定。

检出限：0.05μg/L。

1. 方法概要

蒸馏出的氰化物在中性（pH 为 7～8）条件下，与氯胺 T 反应生成氯化氰，后者和异烟酸反应并经水解生成戊烯二醛，与吡唑啉酮缩合，生成稳定的蓝色化合物，在波长 639nm 处测定吸光度。

干扰测定的因素主要有氧化剂、硫化物、高浓度的碳酸盐和糖类等。脂肪酸不影响测定。

2. 仪器设备

① 可见分光光度计。

② 药品冷藏箱。

③ 具塞比色管。

3. 试剂药品

除非另作说明，本法中所用试剂均为分析纯，水为二次蒸馏水或等效纯水。

① 丙酮（CH_3COCH_3）。

② N-二甲基甲酰胺：DMF，分子式为 $HCON(CH_3)_2$。

③ 氢氧化钠溶液（2g/L）：称取 5g 氢氧化钠（NaOH）加水溶解并稀释至 2500mL。转入棕色小口试剂瓶，橡皮塞盖紧。

④ 氢氧化钠溶液（0.01g/L）：取 5mL 氢氧化钠溶液（2g/L）稀释至 1000mL。

⑤ 磷酸盐缓冲溶液（pH=7）：称取 34.0g 磷酸二氢钾（KH_2PO_4）和 89.4g 磷酸氢二钠（$Na_2HPO_4 \cdot 12H_2O$）溶于水中并稀释至 1000mL。

⑥ 氯胺 T 溶液（10g/L）：取 1g 氯胺 T（$CH_3C_6H_4SO_2NClNa \cdot 3H_2O$）加水溶解并稀释至 100mL，盛于 125mL 棕色试剂瓶中，低温避光保存，有效期一周。

须经常检查氯胺 T 是否失效，检查方法为：取配成的氯胺 T 若干毫升，加入邻甲联苯胺，若呈血红色，则游离氯（Cl_2）含量充足，如呈淡黄色，则游离氯（Cl_2）不足，应重新配制。

⑦ 异烟酸-吡唑啉酮溶液：

a. 吡唑啉酮溶液：称取 0.25g 吡唑啉酮（3-甲基-1-苯基-5-吡唑啉酮）溶于 20mL N-二甲基甲酰胺中。

b. 异烟酸溶液：称取 1.5g 异烟酸（$C_6H_6NO_2$）溶于 24mL 氢氧化钠溶液（20g/L）中。

临用前，将吡唑啉酮溶液和异烟酸溶液按 1∶5 混合。

⑧ 乙酸锌溶液（100g/L）：称取 50g 乙酸锌［$(CH_3COO)_2Zn$］加水溶解并稀释至 500mL，摇匀。

⑨ 酒石酸溶液（200g/L）：称取 100g 酒石酸［$HOOC(CHOH)_2COOH$］加水溶液并稀释至 500mL，摇匀。

⑩ 氯化钠标准溶液（0.0192mol/L）：取氯化钠（NaCl，光谱纯）于瓷坩埚中，于450℃高温炉中灼烧至无爆裂声，置干燥器中冷却至室温。准确称取 1.1221g 氯化钠溶于水中，并移入 1000mL 容量瓶中用水稀释至刻度，摇匀。

⑪ 硝酸银标准溶液（0.01mol/L）：

a. 配制。称取 3.76g 硝酸银，溶于水并稀释至 1000mL，贮存于棕色试剂瓶中，此溶液每周标定一次。

b. 标定。取 25.00mL 氯化钠标准溶液于 250mL 锥形瓶中，加入 50mL 水，放入玻璃搅拌子，装好滴定装置，滴加 2～3 滴铬酸钾指示剂，用硝酸银标准溶液滴定至颜色由白色变成橘红色即为终点。平行 3 次，极差小于 0.02mL，取平均值 V_1。

以 75mL 水代替氯化钠溶液，按上述步骤平行测定 2 次，取平均数得空白值 V_0，按下述公式计算硝酸银标准溶液物质的量浓度：

$$c_1 = \frac{10c}{V_1 - V_0}$$

式中　c——氯化钠标准溶液浓度，mol/L；

　　　V_1——滴定氯化钠标准溶液时硝酸银标准溶液用量，mL；

　　　V_0——滴定空白溶液时硝酸银标准溶液用量，mL；

　　　10——吸取氯化钠标准溶液体积，mL。

⑫ 氰化钾标准溶液：

注意：氰化钾剧毒，须小心操作，严禁遇酸。

接触氰化物时务必小心，要防止喷溅在任何物体上，严禁氰化物与酸接触，不可用嘴直接吸取氰化物溶液，若操作者手上有破伤或溃烂，必须戴上胶手套保护。含有氰化钾的废液应收集在装有适量硫代硫酸钠和硫酸亚铁的废液物中，稀释处理。

⑬ 氰化钾标准贮备溶液：

a. 配制。称取 2.5g 氰化钾（KCN），先用少量氢氧化钠溶液（2g/L）溶解，移入 1000mL 容量瓶中，再用氢氧化钠溶液（2g/L）稀释至刻度，摇匀。

b. 标定。量取 25.00mL 氰化钾标准贮备溶液于 250mL 锥形瓶中，加 50mL 氢氧化钠溶液（2g/L），放入玻璃搅拌子，滴入 2～3 滴试银灵指示剂，用硝酸银标准溶液滴定至溶液由白色变红色为终点，平行滴定 3 次极差小于 0.02mL，取平均值得 V_2。以 75mL 氢氧化钠溶液（2g/L）代替氰化钾溶液，按上述步骤平行测定 2 次，取平均值得 V_0。按下述公式计算氰化钾标准贮备溶液的浓度：

$$\rho_2 = \frac{c_1(V_2 - V_0) \times 52.04}{25}$$

式中　ρ_2——氰化钾标准贮备溶液的浓度，mg/L；

　　　c_1——标定过的硝酸银标准溶液的浓度，mol/L。

⑭ 氰化钾标准溶液（10.0μg/mL）：量取 V_3 mL 氰化钾标准贮备溶液放入 200mL 容量瓶中，用氢氢化钠溶液（2g/L）稀释至刻度，摇匀。

$$V_3 = \frac{10 \times 200}{c_2 \times 1000}$$

⑮ 氰化钾标准使用溶液（1.00μg/mL）：量取 10.00mL 氰化钾标准溶液（10.0μg/mL）于 100mL 容量瓶中，用氢氧化钠溶液（0.01g/L）稀释至刻度，摇匀。使用当天配制。

⑯ 铬酸钾指示剂（50g/L）：称取5g铬酸钾（K_2CrO_4）溶于少量水中，滴加硝酸银标准溶液至红色沉淀不溶解，静置过夜，过滤后稀释至100mL，盛于棕色瓶中。

⑰ 对二甲氨基亚苄基罗丹宁（试银灵）-丙酮溶液：溶解20mg试银灵[$(CH_3)_2NC_6H_4CHCCONCHSS(C_{12}H_{12}N_2OS_2)$]于100mL丙酮（$CH_3COCH_3$）中，搅匀，转入125mL棕色滴瓶中。

4. 操作步骤

（1）试样制备　海水样品用玻璃或金属采样器采集。水样要在现场预处理：水样加固体NaOH至pH＝12～13。贮存于棕色玻璃瓶中。密封保存。保存温度4℃，保存时间24h。

（2）工作曲线的绘制

① 分别吸取0、0.20、0.50、1.00、2.00、3.00、4.00、5.00mL氰化钾标准使用溶液（1.00μg/mL）置于8支25mL具塞比色管中，加水至10mL，混匀。

② 加入5mL磷酸盐缓冲溶液，混匀。迅速加入0.2mL氯胺T溶液，立即盖塞子，混匀。放置3～5min。加入5mL异烟酸-吡唑啉酮溶液，混匀。加水至刻度，混匀。在25～35℃水浴中放置40min，取出，冷却至室温。

③ 用10cm吸收皿，以试剂空白（零浓度）为参比，于波长638nm处测定吸光度A_i和A_o，在1h内测完。

④ 以（A_i-A_o）为纵坐标，相应的CN^-量（μg）为横坐标，绘制标准曲线。

（3）水样测定

① 量取500mL混匀水样于1000mL蒸馏瓶中，依次加入7滴甲基橙指示剂（2g/L）、20mL乙酸锌溶液（100g/L）、10mL酒石酸溶液（200g/L），如水样不呈红色则继续加酒石酸溶液直至水样保持红色，再加5mL至过量。

② 放入少许沸石（或几条一端熔封的玻璃毛细管），立即盖上瓶塞，接好蒸馏装置（如图5-3所示）。

③ 移取10mL氢氧化钠溶液（0.01g/L）置于100mL容量瓶中（吸收液），并将冷凝管出口浸没于吸收液中。

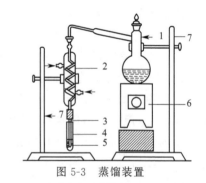

图 5-3　蒸馏装置

1—1000mL全玻璃磨口蒸馏瓶；2—蛇形冷凝管；3—玻璃管；4—50mL具塞比色管；5—氢氧化钠吸收液；6—万用电炉；7—铁架台。

④ 开通冷却水，接通电源进行蒸馏。当馏出液的体积接近100mL时，停止蒸馏。取下量瓶，并加水至标线，混匀。此液为馏出液B。

注：水样进行蒸馏时应防止倒吸，发现倒吸较严重时，可轻敲一下蒸馏器。

⑤ 量取馏出液（B）10.00mL置于25mL具塞比色管中，按操作步测定其吸光度A_w。

注：25mL比色管和1000mL蒸馏器使用完毕后应浸泡在稀硝酸中。

⑥ 量取纯水500mL，按水样测定操作步骤测定试样空白吸光度A_b。

5. 结果计算

由（A_w-A_b）值从标准曲线中查得相应的CN^-的质量。按下述公式计算水样中CN^-的含量：

$$\rho = \frac{mV_1}{VV_2} \times 1000$$

式中　ρ——水样中氰化物的浓度，mg/L；

　　　m——查标准曲线或由回归方程计算得到的氰化物质量，μg；

　　V_1——馏出液定容后的体积，mL；

　　V_2——用于测定的馏出液的体积，mL；

　　V——量取水样的体积，mL。

6. 精密度和准确度

5 个实验室测定同一加标样品，氰化物含量为（以 CN^- 计）43.4μg/L。相对误差为 3.8%；重复性（r）为 2.7μg/L，重复性相对标准偏差为 2.2%；再现性（R）为 4.6μg/L，再现性相对标准偏差为 3.8%。

7. 水样中干扰物质的检验及其消除方法

（1）氧化剂　在水样的保存和处理期间，氧化剂能破坏大部分氰化物。检验方法：点一滴水样于稀盐酸浸过的 KI-淀粉试纸上，如出现蓝色斑点，可在水样中加定量的 $Na_2S_2O_3$ 晶体，搅拌均匀，重复试验，直至无蓝色斑点出现，然后记下用量，另一份样品加上述相同用量的硫代硫酸钠晶体。

（2）硫化物　硫化物能迅速地把 CN^- 转化成 CNS^-，特别是在高 pH 值的情况下，并且 CNS^- 随氰化物一起蒸出，对比色、滴定和电极法产生干扰。检验方法：点一滴水样于预先用醋酸盐缓冲液（pH＝4）浸过的醋酸铅试纸上，如试纸变黑，表示有硫离子，可加醋酸铅或柠檬酸铋除去。重复这一操作，直至醋酸铅试纸不再变黑。

（3）高浓度的碳酸盐　在加酸时，可释放出较多的二氧化碳气体，影响蒸馏。而二氧化碳消耗吸收剂中的氢氧化钠。当采集的水样含有较高浓度的碳酸盐（例如炼焦废水等）时，可向其中加入熟石灰[$Ca(OH)_2$]，使 pH 提高至 12～12.5。在沉淀生成分层后，量取上层清液测定。

 技能训练 5　水样中氟离子含量的测定——离子选择性电极法

1. 方法概要

氟离子选择电极是氟化镧（LaF_3）单晶片敏感膜的电位法指示电极，对溶液中的氟离子具有良好的选择性。

对晶体膜电极的干扰，主要不是由共存离子进入膜相参与响应造成的，而是来自晶体表面的化学反应，即共存离子与晶格离子形成难溶盐或络合物，从而改变了膜表面的性质。对于氟电极而言，主要的干扰物质是 OH^-，这是由于在晶体表面存在下列化学反应：

$$LaF_3（固体）+3OH^- \Longleftrightarrow LaOH（固体）+3F^-$$

实验表明，电极使用时最适宜的溶液 pH 范围为 5～5.5。

2. 仪器与试剂

（1）仪器　离子计或 pH/mV 计（PHS-25 型酸度计），电磁搅拌器，氟离子选择性电极，饱和甘汞电极。

（2）试剂

① 氟化钠标准溶液，0.100mol/mL：称取 4.1988g 氟化钠，用去离子水溶解并稀释至 1000mL，摇匀。储存于聚乙烯瓶中，备用。

② 总离子强度调节缓冲液（TISAB）：取 29g 硝酸钠和 0.2g 二水合柠檬酸钠，溶于 50mL 的醋酸与 50mL 的 5mol/mL 氢氧化钠的混合溶液中，测量该溶液的 pH，若不在 5.0～5.5 内，可用 5mol/mL 氢氧化钠或 6mol/mL 盐酸调解至所需范围。

3. 操作步骤

① 将氟电极和甘汞电极接好，开通电源，预热。

② 清洗电极：取去离子水 50～60mL 至 100mL 的烧杯中，放入搅拌磁子，开启搅拌器，直到读数大于规定值 260mV。

③ 校准：

a. 系列标准溶液的配制：准确移取 10.00mL 的 0.100mol/L 氟化钠标准溶液于 100mL 容量瓶中，加入 10.0mL TISAB 溶液。用去离子水稀释至刻度，摇匀。逐级稀释至 10^{-2}mol/L，10^{-3}mol/L，10^{-4}mol/L，10^{-5}mol/L，10^{-6}mol/L 标准溶液。

b. 标准曲线的绘制：由稀到浓的顺序测定，记录电动势 E，并绘制 $E-\lg c_{F^-}$ 曲线。

④ 水样的测定：用移液管移取 50.0mL 置于 100mL 的干容量瓶中，加入 TISAB 溶液 10.0mL，用去离子水稀释至刻度。清洗氟电极，使其在纯水中测得的电动势大于空白值。再测未知水样。

4. 结果计算

查出未知试样溶液中氟离子浓度 c_{F^-}，由下式计算水中氟含量：

$$W_F = \frac{100 c_{F^-}}{M_F \times 50.0 \times 1000}$$

式中，W_F 为每升水样中氟的质量，M_F 为氟的相对原子质量。

技能训练6　硝酸盐的测定——紫外分光光度法

本方法适用于锅炉用水、冷却水中硝酸根离子分析测定，范围：0～40mg/L（以 NO_3^- 计）。

1. 方法概要

硝酸根与亚硝酸根在波长为 219.0nm 处有吸收，用氨基磺酸除去亚硝酸根的干扰后测定硝酸根含量。水中某些有机物在该波长下可能有吸收，干扰测定。为此，取两份水样，第一份中加入锌-铜还原剂除去其中全部硝酸根与亚硝酸根离子，作为空白对照液；第二份加氨基磺酸破坏其中的亚硝酸根离子，在波长 219.0nm 处测定硝酸根离子的吸光度。

2. 仪器设备

① 紫外-可见分光光度计。

② 石英比色皿，1cm。

③ 具塞比色管，25mL。

④ 0.45μm 滤膜。

3. 试剂药品

（1）氨基磺酸溶液（10g/L） 称取 5g 氨基磺酸，溶于 500mL 三级试剂水中，摇匀，贮存于试剂瓶中（新鲜配制）。

（2）硫酸铜溶液（50g/L） 称取 25g 硫酸铜（$CuSO_4 \cdot 5H_2O$）溶于 500mL 三级试剂水中，摇匀，贮存于试剂瓶中。

（3）2mol/L 盐酸溶液 17mL 浓盐酸和 83mL 三级试剂水混匀。

（4）锌-铜还原剂 取 5g 粒径为 2~3cm 的锌粒用三级试剂水冲洗两次，再用 2mol/L 盐酸溶液洗净，最后用三级试剂水冲洗两次，放入 100mL 烧杯中，加入 100mL 硫酸铜溶液至锌粒表面出现一层黑色的薄膜，弃去溶液，用三级试剂水再洗两次，将处理好的锌-铜粒风干，装瓶备用。

（5）硝酸钾标准溶液（1mL 含 0.1g NO_3^-）

① 硝酸钾贮备液（1mL 含 0.4g NO_3^-）：准确称取 0.6523g 经 105℃ 干燥 2h 的硝酸钾，溶于 20mL 三级试剂水中，移入 1000mL 容量瓶中，用三级试剂水稀释至刻度，摇匀。

② 硝酸钾标准溶液（1mL 含 0.1g NO_3^-）：准确吸取 25mL 硝酸钾贮备液于 100mL 容量瓶中，用三级试剂水稀释至刻度，摇匀。

4. 操作步骤

（1）标准曲线的绘制 按表 5-5 准确吸取硝酸钾标准溶液（1mL 含 0.1g NO_3^-）于 25mL 比色管中，用三级试剂水稀释至刻度，摇匀。

表 5-5 硝酸钾标准溶液的配制

编号	0	1	2	3	4	5
标准溶液/mL	0	1	2	3	5	5
硝酸根量/mg	0	0.1	0.2	0.3	0.4	0.5

在波长 219nm 处，用 1cm 石英比色皿测定其相应的吸光度。并以吸光度为纵坐标，硝酸根离子含量为横坐标绘制标准曲线。

（2）水样的测定 准确吸取两份 10mL 经 0.45μm 滤膜过滤的水样，分别置于 25mL 比色管中，一份水样加入 0.8g（约 3~4 粒）铜-锌还原剂和 1mL 盐酸溶液（2mol/L），放置 5h 后于 25mL 比色管中过滤，用三级试剂水洗涤并稀释至刻度，摇匀，以此溶液作空白对照。

另一份水样中加入 1mL 氨基磺酸溶液，用三级试剂水稀释至刻度，摇匀，在波长 219nm 处，用 1cm 石英比色皿测定其相应的吸光度，从标准曲线上查出相应的硝酸根离子的含量。

5. 结果计算

水中硝酸盐含量 ρ（mg/L）（以 NO_3^- 计）：

$$\rho = \frac{m}{V} \times 1000$$

式中　m——由标准曲线查得相应硝酸根离子的质量，mg；

　　　V——吸取的水样体积，mL。

6. 精密度

硝酸盐测定精密度见表5-6。

表 5-6　硝酸盐测定精密度

范围/(mg/L)	重复性限	在现性限	范围/(mg/L)	重复性限	在现性限
0～10.0	0.44	2.11	25.0～35.0	1.65	16.56
10.0～15.0	0.68	5.00	35.0～40.0	1.89	19.45
15.0～25.0	1.46	2.11			

7. 注意事项

（1）水样

① 水样中含有有机物，且硝酸盐含量较高时，需先进行预处理后再稀释。

方法：于100mL水样中加入4mL氢氧化铝悬浮液，摇动3min，静置澄清后滤去沉淀。

② 氢氧化铝悬浮液配制。溶解125g硫酸铝钾[KAl(SO$_4$)$_2$·12H$_2$O]或硫酸铝铵[NH$_4$Al(SO$_4$)$_2$·12H$_2$O]于1000mL水中，加热至60℃，在不断搅拌下，徐徐加入55mL浓氨水，放置1h后，移入1000mL量筒内，用三级试剂水反复洗涤沉淀，至不含硫酸根为止。澄清后，倾出上清液，将沉淀稀释至100mL，备用。

（2）操作

① 酸的浓度和用量有时影响测定结果。不能用硫酸代替盐酸，否则会产生较大误差。注意空白的酸度对测定的影响。

② 石英比色皿和玻璃比色皿的区别。根据玻璃比色皿不能透过紫外光的特点，将待鉴别的空白比色皿放入仪器比色槽内，按样品测定操作仪器。吸光度为零（或很小）的是石英比色皿，吸光度为仪器测定上限（最大）的是玻璃比色皿。

③ 为减小测定误差，吸光度读数一般在0.2～0.8为宜。可通过调整比色皿厚度，使吸光度进入此范围。

④ 样品溶液含有挥发性有机溶剂、酸碱时，要加盖防止挥发。含有强腐蚀性溶剂时，要尽快测定，测定完后立即清洗比色皿。

（3）仪器试剂

① 制备锌-铜还原剂时，若锌粒表面没有立即变黑，而且5%硫酸铜溶液颜色褪去，可将该溶液弃去后，再加入50mL的5%硫酸铜溶液处理，直至锌粒表面变黑为止。

② 仪器位置确定后，尽量不要挪动。

③ 仪器不工作时不要开灯。一旦停机，则应等待灯冷却后再重新启动，并预热15min。

④ 经常更换单色器内的干燥剂，以防潮。

⑤ 应保持光源及检测系统电压的稳定性，最好配备稳压器。

⑥ 注意保护比色皿的光学窗面，避免擦伤和沾污，用后立即冲洗。不能用毛刷，通常用盐酸-乙醇、合成洗涤剂、铬酸洗液等洗涤后，再用自来水冲洗，然后用去离子水润洗几

次，使用铬酸洗液时需将比色皿中水液去掉，再将比色皿放入铬酸洗液中浸泡几分钟，不可长时间浸泡，否则会使粘合的比色皿"开胶"。用镜头纸擦干。盛有溶液的比色皿不宜在样品室放置过长时间。测定时要防止溶液溅入样品室。

⑦ 比色仪器的维护保养，要做到四防，防震、防腐蚀、防潮、防光。

⑧ 新比色皿在使用前，要进行皿差测试。

 技能训练7　亚硝酸盐的测定——α-萘胺盐酸盐光度法

本方法适用于原水、锅炉水、循环冷却水中亚硝酸根离子分析测定，范围：$0 \sim 0.4 mg/L$（以 NO_2^- 计）。

1. 方法概要

水中亚硝酸根离子与对氨基苯磺酸偶氮化后，再与 α-萘胺盐酸盐偶联，生成紫红色的偶氮化合物用分光光度法测定。

2. 仪器设备

① 分光光度计，波长 $420 \sim 720 nm$。

② 比色管，50mL。

3. 试剂药品

（1）对氨基苯磺酸溶液　称取 0.6g 对氨基苯磺酸溶于 70mL 热三级试剂水中，冷却后，加入 20mL 浓盐酸，用三级试剂水稀释至 100mL，贮于棕色瓶中备用，溶液应为无色。

（2）α-萘胺盐酸盐溶液　称取 0.6g 的 α-萘胺盐酸盐于 250mL 烧杯中，加少许三级试剂水，研磨使之充分湿润，再加 1mL 浓盐酸溶解，最后用三级试剂水稀释至 100mL，溶液应为无色（新鲜配制）。

（3）乙酸钠溶液　称取 28g 乙酸钠（$CH_3COONa \cdot 3H_2O$）溶于 100mL 三级试剂水中。

（4）亚硝酸钠标准溶液（1mL 含 0.002mg NO_2^-）

① 贮备溶液（1mL 含 0.2mg NO_2^-）：准确称取 0.3000g 经 $105 \sim 110℃$ 干燥 4h 后的硝酸钠，溶于三级试剂水中，移入 1000mL 容量瓶中，用三级试剂水稀释至刻度，摇匀。

② 标准溶液（1mL 含 0.002mg NO_2^-）：准确吸取贮备液 10mL 于 1000L 容量瓶中，用三级试剂水稀释至刻度，摇匀（新鲜配制）。

4. 操作步骤

（1）标准曲线的绘制　按表 5-7 准确吸取亚硝酸钠标准溶液，分别加入到 6 支 50mL 比色管中。用三级试剂水稀释至 35mL。

表 5-7　亚硝酸钠标准溶液的配制

编号	0	1	2	3	4	5
标准溶液/mL	0	2	4	6	8	10
亚硝酸钠质量/mg	0	0.004	0.008	0.012	0.016	0.02

加 1mL 对氨基苯磺酸溶液，摇匀，10min 后再加 1mL α-萘胺盐酸盐溶液，并滴加乙酸

钠溶液将 pH 调至 2.0～2.5，再用三级试剂水稀释至 50mL 刻度，摇匀后放置 10min。

在波长 520nm 处，用 1cm 比色皿，以空白试剂为对照，测定其相应的吸光度。并以吸光度为纵坐标，亚硝酸根离子质量（mg）为横坐标绘制标准曲线。

（2）水样的测定　准确吸取经中速滤纸过滤后的水样适量（NO_2^- 质量大于 20μg）于 50mL 比色管中，用三级试剂水稀释至 35mL。加 1mL 对氨基苯磺酸溶液，之后操作按标准曲线绘制的步骤进行。

5. 结果计算

水中亚硝酸盐含量 $\rho(mg/L)$（以 NO_3^- 计）：

$$\rho = \frac{m}{V} \times 1000$$

式中　m——由标准曲线查得相应亚硝酸根离子的质量，mg；

V——吸取的水样体积，mL。

6. 注意事项

① 若水样中有三氯化氮，也能与和 α-萘胺盐酸盐生成红色化合物而可能被认为亚硝酸盐。遇此情况，可先加 α-萘胺盐酸盐，后加对氨基苯磺酸来消除。这样可以减少三氯化氮的影响，但三氯化氮含量过高时仍有干扰。可从测得的亚硝酸盐总量中减去三氯化氮的量，则可得亚硝酸盐的真实含量。

② 氢氧化铝悬浮液的配制。溶解 125g 硫酸铝钾[$KAl(SO_4)_2 \cdot 12H_2O$]于 1000mL 水中，加热至 60℃，在不断搅拌下，徐徐加入 55mL 浓氨水，生成氢氧化铝沉淀，放置 1h 后，倾出上清液，用三级试剂水反复洗涤沉淀，至不含氯离子为止（用硝酸银检验）。最后加入 300mL 三级试剂水，装瓶备用，使用前须震荡均匀。

技能训练 8　硫化物的测定——碘量法

本方法适用于硫化物在 0.04mg/L 以上的水和废水测定。试样体积 200mL，用 0.01mol/L 硫代硫酸钠溶液滴定。

1. 方法概要

在酸性条件下，硫化物与过量的碘作用，剩余的碘用硫代硫酸钠溶液滴定。由硫代硫酸钠溶液所消耗的量，间接求出硫化物的含量。

2. 仪器设备

① 酸化-吹气-吸收装置（如图 5-4）。

② 恒温水浴，0～100℃。

③ 碘量瓶，150mL 或 250mL。

④ 滴定管，棕色，25mL 或 50mL。

3. 试剂药品

①盐酸。②磷酸。③乙酸。④载气，高纯氮，纯度不低于 99.99%。

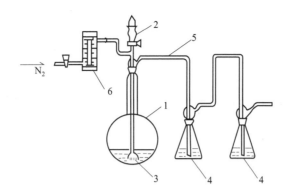

图 5-4　碘量法测定硫化物装置示意图

1—500mL 圆底反应瓶；2—加酸漏斗；3—多孔砂芯片；4—锥形瓶，
亦作碘量瓶，直接用于碘量法滴定；5—玻璃连接管；6—流量计

⑤盐酸溶液（1+1）。⑥磷酸溶液（1+1）。⑦乙酸溶液（1+1）。

⑧ 氢氧化钠溶液 $[c(\text{NaOH})=1\text{mol/L}]$：将 40g 氢氧化钠溶于 500mL 三级试剂水中，冷却至室温，稀释至 1000mL。

⑨ 乙酸锌溶液 $\{c[\text{Zn}(\text{CH}_3\text{COO})_2]=1\text{mol/L}\}$：称取 220g 乙酸锌，溶于三级试剂水中，稀释至 1000mL。

⑩ 标准溶液 $[c(\frac{1}{6}\text{K}_2\text{Cr}_2\text{O}_7)=0.1000\text{mol/L}]$：称取于 105℃ 烘干 2h 的基准或优级纯重铬酸钾 4.9030g，溶于三级试剂水中，稀释至 1000mL。

⑪ 1% 淀粉指示剂：称取 1g 可溶性淀粉用少量三级试剂水调成糊状，再用刚煮沸的三级试剂水冲稀至 100mL。

⑫ 碘化钾。

⑬ 硫代硫酸钠标准溶液 $[c(\text{Na}_2\text{S}_2\text{O}_3)=0.1\text{mol/L}]$：

a. 配制。称取 24.5g 五水合硫代硫酸钠（$\text{Na}_2\text{S}_2\text{O}_3 \cdot 5\text{H}_2\text{O}$）和 0.2g 无水碳酸钠溶于三级试剂水中，转移到 1000mL 棕色容量瓶中，稀释至标线，摇匀。

b. 标定。于 250mL 碘量瓶中，加入 1g 碘化钾及 50mL 三级试剂水，加入重铬酸钾标准溶液 15.00mL，加入盐酸溶液 5mL，密塞混匀，暗处静置 5min，用待标定的硫代硫酸钠标准溶液滴定溶液呈淡黄色时，加入 1mL 淀粉指示剂，继续滴定至蓝色刚好消失，记录标准溶液用量，同时作空白滴定。

硫代硫酸钠浓度 $c(\text{mol/L})$ 由下式求出：

$$c=\frac{15.00}{V_1-V_2}\times 0.1000$$

式中　V_1——滴定重铬酸钾标准溶液时硫代硫酸钠标准溶液用量，mL；

　　　V_2——滴定空白溶液时硫代硫酸钠标准溶液用量，mL；

　15.00——重铬酸钾标准溶液的体积，mL；

　0.1000——重铬酸钾标准溶液的浓度，mol/L。

⑭ 硫代硫酸钠标准溶液 $[c(\text{Na}_2\text{S}_2\text{O}_3)=0.01\text{mol/L}]$：移取 10mL 刚标定过的硫代硫酸钠标准溶液于 100mL 棕色容量瓶中，用三级试剂水稀释至标线，摇匀，使用时配制。

⑮ 碘标准贮备溶液 $[c(\frac{1}{2}I_2)=0.1mol/L]$：移取 12.70g 碘于 500mL 烧杯中，加入 40g 碘化钾，加适量三级试剂水溶解后，转移至 1000mL 棕色容量瓶中，稀释至标线，摇匀。

⑯ 碘标准贮备溶液 $[c(\frac{1}{2}I_2)=0.01mol/L]$：移取 10mL 碘标准贮备溶液于 100 棕色容量瓶中，用三级试剂水稀释至标线，摇匀，使用时配制。

4. 采样和保存

采样时，先在采样瓶中加入一定量的乙酸锌溶液，再加水样，然后滴加适量氢氧化钠溶液，使混合溶液呈碱性并生成硫化锌沉淀。通常情况下，每 100mL 水样加 0.3mL 的乙酸锌溶液（1mol/L）和 0.6mL 的氢氧化钠溶液（1mol/L），使水样的 pH 值在 10～12。遇碱性水样时，应先小心滴加乙酸溶液（1＋1）调至中性，再如上述操作。硫化物含量高时，可酌情多加固定剂，直至沉淀完全。水样充满后立即密塞保存，注意不留气泡，然后倒转，充分混匀，固定硫化物。样品采集后应立即分析，否则应在 4℃避光保存，尽快分析。

5. 操作步骤

（1）试样的预处理

① 连接好酸化-吹气-吸收装置，通过载气检查各部分气密性。

② 分取 2.5mL 乙酸锌溶液于两个吸收瓶中，放入恒温水浴内，装好导气管、加酸漏斗和洗手瓶。开启气源，以 400mL/min 的流速连续吹氮气 5min 去除装置内空气，关闭气源。

③ 向加酸漏斗加入 20mL 磷酸溶液（1＋1），待磷酸接近全部流入反应瓶后，迅速关闭活塞。

④ 开启气源，水浴温度控制在 60～70℃时，以 75～100mL/min 的流速吹气 20min，以 300mL/min 的流速吹气 10min，再以 500mL/min 的流速吹气 5min，赶尽最后残留在装置中的硫化氢气体。关闭气源，按下述碘量法操作步骤分别测定两个吸收瓶中硫化物含量。

（2）测定　将预处理所制备的两试样各加入 10.00mL 碘标准溶液（0.1mol/L），再加入 5mL 盐酸溶液（1＋1），密塞混匀。暗处静置 10min，用硫代硫酸钠标准溶液（0.01mol/L）滴定溶液呈淡黄色时，加入 1mL 淀粉指示剂，继续滴定至蓝色刚好消失为止。

（3）空白试验　以三级试剂水代替试样，加入与测定试样时相同体积的试剂，按试样的预处理和试样测定的步骤进行空白试验。

6. 结果计算

① 试样预处理二级吸收硫化物含量 ρ_i(mg/L) 按下式计算：

$$\rho_i = \frac{c(V_0-V_i)\times 16.03 \times 1000}{V} (i=1,2)$$

式中　V_0——空白试验、硫代硫酸钠标准溶液用量，mL；

V_i——滴定二级吸收硫化物含量时，硫代硫酸钠标准溶液用量，mL；

V——试样体积，mL；

16.03——硫离子 $(\frac{1}{2}S^{2-})$ 摩尔质量，g/mol；

c——硫代硫酸钠标准溶液浓度，mol/L。

② 试样中硫化物含量 ρ（mg/L）按下式计算：

$$\rho = \rho_1 + \rho_2$$

式中　ρ_1——一级吸收硫化物含量，mg/L；

ρ_2——二级吸收硫化物含量，mg/L。

7. 精密度和准确度

4 个实验室分析硫含量（S^{2-}）12.5mg/L 的统一分发的样品，其重复性相对标准偏差为 3.20%，再现性相对标准偏差为 3.92%，加标回收率为 92.4%～96.6%。

8. 注意事项

① 若水样 SO_3^{2-} 浓度较高，需将现场采集且已固定的水样用中速定量滤纸过滤，并将硫化物沉淀连同滤纸转入反应瓶中，用玻璃棒捣碎，加三级试剂水 200mL，其余操作同试样的预处理。

② 因 H_2S 易从水中逸出，采样时应防止曝气。

③ 当加入碘化钾和硫酸后，如溶液无色，说明硫化物含量较高，应适当补加碘标准溶液，使之呈棕黄色为止。空白试样也应补加碘标准溶液。

④ 淀粉指示剂中，每 100g 加 0.1g 水杨酸或 0.4g 氯化锌防腐。

 技能训练 9　工业循环冷却水中总无机磷酸盐的测定——磷钼蓝分光光度法

本方法适用于含磷循环冷却水中总无机磷酸盐（正磷酸盐和聚磷酸盐）50mg/L 以下的测定。

1. 方法概要

在煮沸情况下聚磷酸盐逐步水解，与钼酸钠生成磷钼黄杂多酸，再被硫酸肼还原成磷钼蓝后以分光光度法进行测定。

2. 仪器设备

① 分光光度计：660nm。

② 电炉，800～1000W。

3. 试剂药品

① 钼酸钠-硫酸溶液：配制方法同磷钼蓝分光光度法测定正磷盐。

② 硫酸，0.15% 水溶液，两星期内不会变质。

③ 亚硫酸钠。

④ 磷酸二氢钾（KH_2PO_4）。

4. 操作步骤

(1) 磷酸盐标准溶液的配制（PO_4^{3-} 含量为 0.1mg/mL）

① 贮备液：称取 0.7165g 于 105℃ 干燥过的磷酸二氢钾，溶于水中，转入 1000mL 容量

瓶，稀释至刻度，摇匀，此溶液浓度 $c(PO_4^{3-})=0.5mg/mL$。

② 标准溶液：吸取 100mL 贮备液于 500mL 容量瓶中，稀释至刻度。此溶液浓度 $c(PO_4^{3-})=0.1mg/mL$。

（2）标准曲线的绘制　取 50mL 比色管 7 支，用移液管分别加入 0、0.5、1.0、2.0、3.0、4.0、5.0mL 磷酸盐标准溶液，用水稀释至 15mL。用移液管向各管中加入 4mL 钼酸钠-硫酸溶液及 1mL 硫酸肼溶液，混匀后，放入沸水浴中，煮沸 10min 后取出，冷却，用三级试剂水稀释至刻度。混匀后，用 1cm 比色皿，在波长 660nm 处，以试剂空白为对照，测定其吸光度，并以吸光度为纵坐标，磷酸盐（PO_4^{3-} 计）质量为横坐标，绘制标准曲线。

（3）水样的测定　用移液管取 10mL 经慢速滤纸过滤的水样，（磷-锌预膜液可根据磷酸盐含量适当少取）于 50mL 比色管中，加入 30～60mg 固体亚硫酸钠及 4mL 钼酸钠-硫酸溶液，用三级试剂水稀至 20mL，混匀，在沸水浴中煮沸 10min，取出，加入 1mL 硫酸肼溶液，混匀后继续沸 10min，取出，冷却，用水稀释至刻度，混匀，立即在波长 660nm 处，用 1cm 比色皿，以试剂空白为对照，测量其吸光度。

注：①当水样中硝酸根离子浓度超过 20mg/L，可适当稀释后测定，否则结果偏低。②加入硫酸肼之前，溶液体积必须控制在 20mL 左右，否则结果不稳定。

5. 结果计算

试样中总无机磷含量 $X(PO_4^{3-}$，mg/L$)$ 按下式计算：

$$X=\frac{a}{V}\times 1000$$

式中　a——从标准曲线上查得的磷酸盐的质量（以 PO_4^{3-} 计），mg；

V——吸取水样体积，mL。

6. 允许差

平行测定的允许差见表 5-8。

表 5-8　总无机磷酸盐测定的允许差

含量范围/(mg/L)	允许差
<10	0.3
10～20	0.5
20～40	0.7

取两个平行测定结果的算术平均值，作为水样中总无机磷酸盐的含量。

拓展实践

1. 用离子色谱仪分析水样中的阴离子时，宜选用何种检测器、分离柱、抑制柱和洗提液？

2. 氟离子选择电极测定水样中 F^- 的浓度时，为何在测定溶液中加入总离子强度调节缓冲剂（TISAB）？用何种方法测定可以不加 TISAB，为什么？

3. 下表列出二级污水处理厂含氮化合物废水处理过程中各种形态氮化合物的分析数据，试计算总氮和有机氮的去除率。

形态	进水浓度/(mg/L)	出水浓度/(mg/L)	形态	进水浓度/(mg/L)	出水浓度/(mg/L)
凯氏氮	40	8.2	NO_2^-	0	4
NH_3	30	9	NO_3^-	0	20

4. 简述用气相分子吸收光谱法测定氨氮、亚硝酸盐氮和硝酸盐氮的原理。

5. 分析比较碘量法、分光光度法和间接火焰原子吸收分光光度法测定水中硫化物的优缺点。

第六章

有机污染物的分析测定

知识目标

掌握化学需氧量、高锰酸盐指数、生化需氧量、总有机碳、挥发酚、石油类分析测定的原理及方法；熟悉硝基苯及一些特定有机污染物的分析测定原理及方法；了解挥发酚、苯并芘和有机氯的回收处理方法；熟悉底质污染物的测定方法；熟悉活性污泥的测定方法。

技能目标

能够进行水质化学需氧量、高锰酸盐指数、生化需氧量、总有机碳、挥发酚、石油类分析测定。能够进行底质样品的采集、制备、分解、提取和底质污染物的测定。

素质目标

培养作为环保生力军的职业素养。

项目一　水体中有机污染物的分析测定

案例导入

蕲春县某食品有限责任公司以规避监管的方式排放水污染物案

2022年5月25日，接到湖北省生态环境执法监督局移交的蕲春县某公司存在违法排污行为的交办件后，黄冈市生态环境局蕲春县分局迅速对该公司进行检查，发现该公司存在利用气浮机设置三通管，将未经污水处理站后续生化系统、人工湿地等工段处理的废水通过雨水沟直接排入西北侧池塘，利用私设暗管等逃避监管方式排放水污染物的行为。经取样检测，该公司通过雨水沟外排废水中COD、氨氮等浓度超过《肉类加工工业水污染物排放标准》。

上述行为违反了《中华人民共和国水污染防治法》第八十三条的规定。2022年6月2日，黄冈市生态环境局责令该企业立即改正环境违法行为，并对该公司采取限制生产整治措施。6月28日，黄冈市生态环境局依法对该公司处以罚款，同时将案件移送公安机关。

该公司已全额缴纳罚款，公安机关对企业当事人行政拘留5日，已执行完毕。经核实，该公司已拆除气浮机三通管，完成污水处理站生化系统的改造升级并投入运行。

 案例分析

水中所含有机物种类繁多，除有机综合指标 COD、BOD、TOD、TOC 等，许多痕量有机有毒物的危害性也不容忽视。为了测定有机化合物，常需要采取一些特殊的高效分离、分析手段。本章将学习常见的有机综合指标和类别指标的测定。

 知识链接

水体中除含有无机污染物外，还含有大量的有机污染物，它们有毒性，能使水中溶解氧减少，以此对生态系统产生影响，危害人体健康。已经查明，绝大多数致癌物质是有毒有机物，所以，有机污染物指标是一类评价水体污染状况的极为重要的指标。

目前多以化学需氧量（COD）、生化需氧量（BOD），总有机碳（TOC）等综合指标，或挥发酚类、石油类、硝基苯类等类别有机物指标，来表征有机物质含量。但是，许多痕量有毒有机物质对上述指标影响极小，其危害或潜在威胁却很大，因此，随着分析测试技术和仪器的不断发展和完善，正在加大对危害大、影响面宽的有机污染物的分析监测力度。

一、化学需氧量（COD）

化学需氧量是指在一定条件下，氧化 1L 水样中还原性物质所消耗的氧化剂的量，以 O_2 表示，单位为 mg/L。水中还原性物质包括有机物和亚硝酸盐、硫化物、亚铁盐等无机物。化学需氧量反映了水中受还原性物质污染的程度。该指标也作为有机物相对含量的综合指标之一，但只能反映能被氧化剂氧化的有机污染物。

规定用重铬酸钾法分析测定废（污）水的化学需氧量。其他方法有库仑滴定法、快速密闭催化消解法、氯气校正法等。

（一）重铬酸钾法

在强酸溶液中，用一定量的重铬酸钾氧化水样中的还原性物质，过量的重铬酸钾以试铁灵作指示剂，用硫酸亚铁铵标准溶液回滴，根据其用量计算水样中还原性物质的需氧量。氧化水样中还原性物质使用带 250mL 锥形瓶的全玻璃回流装置，见图 6-1。测定过程如下：

取水样 20mL（原样或经稀释）于锥形瓶中

↓←HgSO$_4$ 0.4g（消除 Cl$^-$ 干扰）

混匀

↓←0.25mol/L（1/6K$_2$Cr$_2$O$_7$）10mL，沸石数粒混匀，接上回流装置

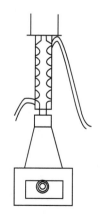

图 6-1 氧化回流装置示意

↓←自冷凝管上口加入 Ag_2SO_4-H_2SO_4 溶液 30mL（催化剂）

混匀

↓

回流加热 2h

↓

冷却

↓自冷凝管上口加入 80mL 水于反应液中

取下锥形瓶

↓←加试铁灵指示剂 3 滴

用 0.1mol/L（NH_4）$_2$Fe（SO_4）$_2$ 标准溶液滴定，终点由蓝绿色变成红棕色，记录标准溶液用量。再以蒸馏水代替水样，按同法测定试剂空白溶液，记录硫酸亚铁铵标准溶液消耗量，按下式计算 COD_{Cr} 值。

$$COD_{Cr}(O_2, mg/L) = \frac{(V_0 - V_1) c \times 8 \times 1000}{V}$$

式中　V_0——滴定空白试样消耗硫酸亚铁铵标准溶液体积，mL；

V_1——滴定水样消耗硫酸亚铁铵标准溶液体积，mL；

V——水样体积，mL；

c——硫酸亚铁铵标准溶液浓度，mol/L；

8——氧（$\frac{1}{2}$O）的摩尔质量，g/mol。

重铬酸钾氧化性很强，可将大部分有机物氧化，但吡啶不被氧化，芳香族有机化合物不易被氧化；挥发性直链脂肪族化合物、苯等以蒸气相存在，不能与氧化剂液体接触，否则氧化不明显；氯离子能被重铬酸钾氧化，并与硫酸银作用生成沉淀，可加入适量硫酸汞与其络合。

用 0.25mol/L 的重铬酸钾溶液可测定大于 50mg/L 的 COD 值；用 0.025mol/L 的重铬酸钾溶液可测定 5～50mg/L 的 COD 值，但准确度较差。

（二）库仑滴定法

恒电流库仑滴定法是一种建立在电解基础上的分析方法。其原理为在试液中加入适当物质，以一定强度的恒定电流进行电解，使之在工作电极（阳极或阴极）上电解产生一种试剂（称滴定剂），该试剂与被测物质进行定量反应，反应终点可通过电化学等方法指示。依据电解消耗的电量和法拉第电解定律可计算被测物质的含量。法拉第电解定律的数学表达式为：

$$W = \frac{It}{96500} \times \frac{M}{n}$$

式中　W——电极反应物的质量，g；

I——电解电流，A；

t——电解时间，s；

96500——法拉第常数；

M——电极反应物的摩尔质量，g/mol；

n——每克分子电极反应物的电子转移数。

库仑滴定式 COD 测定仪的工作原理如图 6-2。由库仑滴定池、电路系统和电磁搅拌器等组成。库仑池由工作电极对、指示电极对及电解液组成，其中，工作电极对为双铂片工作阴极和铂丝辅助阳极，用于电解产生滴定剂；指示电极对为铂片指示电极（正极）和钨棒参比电极（负极，置于充饱和硫酸钾溶液，底部具有液络部的玻璃管中），以其电位的变化指示库仑滴定终点。电解液为 10.2mol/L 硫酸、重铬酸钾和硫酸铁混合液。电路系统由终点微分电路、电解电流变换电路、电解电流频率变换电路、显示逻辑电路等组成，用于控制库仑滴定终点，变换和显示电解电流，将电解电流进行频率转换、积分，并根据电解定律进行逻辑运算，直接显示水样的 COD 值。

使用库仑滴定式 COD 测定仪测定水样 COD 值的要点是：在空白溶液（蒸馏水加硫酸）和样品溶液（水样加硫酸）中加入同量的重铬酸钾溶液，分别进行回流消解 15min，冷却后各加入等量的硫酸铁溶液，于搅拌状态下进行库仑电解滴定，即利用 Fe^{3+} 在工作阴极上还原为 Fe^{2+}（滴定剂）去滴定（还原）$Cr_2O_7^{2-}$。库仑滴定空白溶液中滴定 $Cr_2O_7^{2-}$ 得到的结果为加入重铬酸钾的总氧化量（以 O_2 计）；库仑滴定样品溶液中滴定 $Cr_2O_7^{2-}$ 得到的结果为剩余重铬酸钾的氧化量（以 O_2

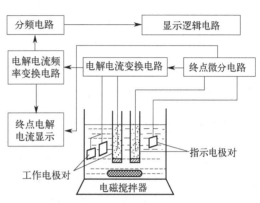

图 6-2　库仑滴定式 COD 测定仪工作原理示意图

计）。设前者需电解时间为 t_0，后者需 t，则据法拉第电解定律可得：

$$W = \frac{I(t_0 - t_1)}{96500} \times \frac{M}{n}$$

式中　W——被测物质的质量，即水样消耗的重铬酸钾相当于氧的质量，mg；

I——电解电流，A；

M——氧的摩尔质量，32g/mol；

n——氧的得失电子数（4）；

96500——法拉第常数。

设水样 COD 值为 c_x（mg/L），水样体积为 V（mL），则 $W = \frac{V}{1000} \cdot c_x$，代入上式，经整理后得：

$$c_x = \frac{I(t_0 - t_1)}{96500} \times \frac{8000}{V}$$

本方法简便、快速、试剂用量少，不需标定滴定溶液，尤其适合于工业废水的控制分析。当用 3mL 的 0.05mol/L 重铬酸钾溶液进行标定值测定时，最低检出浓度为 3mg/L；测定上限为 100mg/L。但是，只有严格控制消解条件一致，并注意经常清洗电极，防止污染，才能获得较好的重现性。

（三）快速密闭消解（滴定法或光度法）

该方法是在经典重铬酸钾-硫酸消解体系中加入助催化剂硫酸铝与钼酸铵，于具塞密封的加热管中，放在 165℃的恒温加热器内快速消解，消解好的试液用硫酸亚铁铵标准溶液滴定，同时做空白试验。计算方法同重铬酸钾法。若消解后的试液清亮，可于波长 600nm 处用分光光度法测定。

（四）氯气校正法

在水样中加入已知量的重铬酸钾标准溶液及硫酸汞溶液、硫酸银-硫酸溶液，于回流吸收装置的插管式锥形瓶中加热至沸并回流 2h，同时从锥形瓶插管通入 N_2 气，将水样中未络合而被氧化的那部分氯离子生成的氯气从回流冷凝管上口导出，用氢氧化钠溶液吸收；消解好的水样按重铬酸钾法测其 COD，为表观 COD；在吸收液中加入碘化钾，调节 pH 约 2～3，以淀粉为指示剂，用硫代硫酸钠标准溶液滴定，将其消耗量换算成消耗氧的质量浓度，即为氯离子对校正值的影响；表观 COD 与氯离子校正值之差，即为被测水样的实际 COD。

本方法适用于氯离子含量大于 1000mg/L，小于 20000mg/L 的高氯废水 COD 的测定，检出限为 30mg/L。

二、高锰酸盐指数

以高锰酸钾溶液为氧化剂测得的化学需氧量，称高锰酸盐指数，以 O_2 表示，单位为 mg/L。水中的亚硝酸盐、亚铁盐、硫化物等还原性无机物和在此条件下可被氧化的有机物，均可消耗高锰酸钾。因此，该指数常被作为地表水受有机物和还原性无机物污染程度的综合指标。为避免 Cr（VI）的二次污染，也用高锰酸盐作为氧化剂测定废水的化学需氧量，但相应的排放标准也偏严。

按测定溶液的介质不同，分为酸性高锰酸钾法和碱性高锰酸钾法。因在碱性条件下高锰酸钾的氧化能力比酸性条件下稍弱，此时不能氧化水中的氯离子，故常用于测定氯离子浓度较高的水样。

酸性高锰酸钾法适用于氯离子含量不超过 300mg/L 的水样。当高锰酸盐指数超过 10mg/L 时，应少取水样并经稀释后再测定。其测定过程如下：

取水样 100mL（原样或经稀释）于锥形瓶中

$\quad\downarrow\leftarrow$ （1+3） H_2SO_4 5mL

混匀

$\quad\downarrow\leftarrow$ 0.01mol/L 高锰酸钾标准溶液 （$\frac{1}{5}$ $KMnO_4$） 10.0mL。

沸水浴 30min

$\quad\downarrow\leftarrow$ 0.0100mol/L 草酸钠标准溶液 （$\frac{1}{2}$ $Na_2C_2O_4$） 10.00mL

褪色

$\quad\downarrow\leftarrow$ 0.01mol/L 高锰酸钾标准溶液回滴

终点微红色

记录高锰酸钾标准溶液消耗量，按下式计算：

水样不稀释时：

$$高锰酸盐指数（O_2, mg/L）=\frac{[(10+V_1)K-10]c\times8\times1000}{100}$$

式中　V_1——滴定水样消耗高锰酸钾标准溶液的体积，mL；

K——校正系数（每毫升高锰酸钾标准溶液相当于草酸钠标准溶液的体积）；

c——草酸钠标准溶液（$\frac{1}{2}Na_2C_2O_4$）物质的量浓度，mol/L；

8——氧（$\frac{1}{2}O$）的摩尔质量，g/mol；

100——取水样体积，mL。

水样经稀释时，

$$高锰酸盐指数(O_2,mg/L)=\frac{\{[(10+V_1)K-10]-[(10+V_0)K-10]f\}M\times8\times1000}{V_2}$$

式中　V_0——空白试验中高锰酸钾标准溶液消耗的体积，mL；

V_2——取原水样体积，mL；

f——稀释水样中含稀释水的比值（如 10.0mL 水样稀释至 100mL，则 $f=$ 0.90）；

其他项同水样不经稀释的计算式。

化学需氧量（COD_{Cr}）和高锰酸盐指数是采用不同的氧化剂在各自的氧化条件下测定的，难以找出明显的相关关系。一般来说，重铬酸钾法的氧化率可达 90%，而高锰酸钾法的氧化率为 50%左右，两者均未完全氧化，因而都只是一个相对参考数据。

三、生化需氧量（BOD）

生化需氧量是指在有溶解氧的条件下，好氧微生物在分解水中有机物的生物化学氧化过程中所消耗的溶解氧量。同时亦包括如硫化物、亚铁等还原性无机物质氧化所消耗的氧量，但这部分通常占很小比例。

有机物在微生物作用下，好氧分解大体分两个阶段。第一阶段为含碳物质氧化阶段，主要是含碳有机物氧化为二氧化碳和水；第二阶段为硝化阶段，主要是含氮有机化合物在硝化菌的作用下分解为亚硝酸盐和硝酸盐。然而这两个阶段并非截然分开，而是各有主次。对生活污水及性质与其接近的工业废水，硝化阶段大约持续 5～7 日，甚至 10 日以后才显著进行，故目前国内外广泛采用的 20℃五天培养法（BOD_5 法）测定的 BOD 值一般不包括硝化阶段。测定 BOD 的方法还有微生物电极法、库仑法、测压法等。

BOD 是反映水体被有机物污染程度的综合指标，也是研究废水的可生化降解性和生化处理效果，以及生化处理废水工艺设计和动力学研究中的重要参数。

（一）五天培养法

也称标准稀释法或稀释接种法。其测定原理是：水样经稀释后，在(20 ± 1)℃条件下培养 5 天，求出培养前后水样中溶解氧含量，二者的差值为 BOD_5。如果水样五日生化需氧量未超过 7mg/L，则不必进行稀释，可直接测定。很多较清洁的河水就属于这一类水。溶解氧测定方法一般用叠氮化钠修正法。

对于不含或少含微生物的工业废水，如酸性废水、碱性废水、高温废水或经过氯化处理的废水，在测定 BOD_5 时应进行接种，以引入能降解废水中有机物的微生物。当废水中存在着难被一般生活污水中的微生物以正常速率降解的有机物或有剧毒物质时，应将驯化后的微生物引入水样中进行接种。

对于污染的地表水和大多数工业废水，因含较多的有机物，需要稀释后再培养测定，以保证在培养过程中有充足的溶解氧。其稀释程度应使培养中所消耗的溶解氧大于 2mg/L，而剩余溶解氧在 1mg/L 以上。

稀释水一般用蒸馏水配制，先通入经活性炭吸附及水洗处理的空气，曝气 2～8h，使水中溶解氧接近饱和，然后再在 20℃ 下放置数小时。临用前加入少量氯化钙、氯化铁、硫酸镁等营养盐溶液及磷酸盐缓冲溶液，混匀备用。稀释水的 pH 值应为 7.2，BOD_5 应小于 0.2mg/L。

如水样中无微生物，则应于稀释水中接种微生物，即在每升稀释水中加入生活污水上层清液 1～10mL，或表层土壤浸出液 20～30mL，或河水、湖水 10～100mL。这种水称为接种稀释水。为检查接种稀释水的质量及分析人员的操作水平，可将每升含葡萄糖和谷氨酸各 150mg 的标准溶液，用接种稀释水按 1∶50 的稀释比稀释，与水样同步测定 BOD_5，测得值应在 180～230mg/L 之间，否则，应检查原因，予以纠正。

水样稀释倍数可根据实践经验估算。对地表水，由高锰酸盐指数与一定系数的乘积求得（见表 6-1）。工业废水的稀释倍数由 COD_{Cr} 值分别乘以系数 0.075、0.15、0.25 获得。通常同时作三个稀释比的水样。

表 6-1 由高锰酸盐指数估算稀释倍数所乘的系数

高锰酸盐指数/(mg/L)	系数
<5	—
5～10	0.2、0.3
10～20	0.4、0.6
>20	0.5、0.7、1.0

测定结果分别按以下两式计算：

① 对不经稀释直接培养的水样：

$$BOD_5(mg/L) = \rho_1 - \rho_2$$

式中 ρ_1——水样在培养前溶解氧的浓度，mg/L；

ρ_2——水样经 5 天培养后，剩余溶解氧浓度，mg/L。

② 对稀释后培养的水样：

$$BOD_5(mg/L) = \frac{(\rho_1 - \rho_2) - (B_1 - B_2)f_1}{f_2}$$

式中 B_1——稀释水（或接种稀释水）在培养前的溶解氧的浓度，mg/L；

B_2——稀释水（或接种稀释水）在培养后的溶解氧的浓度，mg/L；

f_1——稀释水（或接种稀释水）在培养液中所占比例；

f_2——水样在培养液中所占比例。

水样含有铜、铅、镉、铬、砷、氰等有毒物质时，对微生物活性有抑制，可使用经驯化微生物接种的稀释水，或提高稀释倍数，以减小毒物的影响。如含少量氯，一般放置 1～2h 可自行消散；对游离氯短时间不能消散的水样，可加入亚硫酸钠除去之，加入量由实验确定。

本方法适用于测定 BOD_5 大于或等于 2mg/L，最大不超过 6000mg/L 的水样；大于 6000mg/L，会因稀释带来更大误差。

（二）微生物电极法

微生物电极是一种将微生物技术与电化学检测技术相结合的传感器，主要由溶解氧电极和紧贴其透气膜表面的固定化微生物膜组成。响应 BOD 物质的原理是：当将其插入恒温、溶解氧浓度一定的不含 BOD 物质的底液时，由于微生物的呼吸活性一定，底液中的溶解氧分子通过微生物膜扩散进入氧电极的速率一定，微生物电极输出一稳态电流；如果将 BOD 物质加入底液中，则该物质的分子与氧分子一起扩散进入微生物膜，因为膜中的微生物对 BOD 物质发生同化作用而耗氧，导致进入氧电极的氧分子减少，即扩散进入的速率降低，使电极输出电流减小，并在几分钟内降至新的稳态值。在适宜的 BOD 物质浓度范围内，电极输出电流降低值与 BOD 物质浓度之间呈线性关系，而 BOD 物质浓度又和 BOD 值之间有定量关系。

（三）其他方法

测定 BOD 的方法还有库仑法、测压法、活性污泥曝气降解法等。

库仑法是将密闭培养瓶内的水样在恒温条件下用电磁搅拌器搅拌。当水样中的溶解氧因微生物降解有机物被消耗时，培养瓶内空间的氧溶解进入水样，生成的二氧化碳从水中逸出，并被置于瓶内上部的吸附剂吸收，使瓶内的氧分压和总气压下降。用电极式压力计检出下降量，并转换成电信号，经放大送入继电器电路接通恒流电源及同步电机，电解瓶内（装有中性硫酸铜溶液和电解电极）便自动电解产生氧气供给培养瓶，待瓶内气压回升至原压力时，继电器断开，电解电极和同步电机停止工作。此过程反复进行，使培养瓶内空间始终保持恒压状态。根据法拉第定律，由恒电流电解所消耗的电量便可计算耗氧量。仪器能自动显示测定结果，记录生化需氧量曲线。

测压法的原理是：在密闭培养瓶中，水样中溶解氧由于微生物降解有机物而被消耗，产生与耗氧量相当的 CO_2 被吸收后，使密闭系统的压力降低，用压力计测出此压降，即可求出水样的 BOD 值。在实际测定中，先以标准葡萄糖-谷氨酸溶液的 BOD 值和相应的压差作关系曲线，然后以此曲线校准仪器刻度，便可直接读出水样的 BOD 值。

四、总有机碳（TOC）

总有机碳是以碳的含量表示水体中有机物质总量的综合指标。由于 TOC 的测定采用燃烧法，因此能将有机物全部氧化，它比 BOD_5 或 COD 更能反映有机物的总量。

目前广泛应用的测定 TOC 的方法是燃烧氧化-非色散红外吸收法。其测定原理是：将一定量的水样注入高温炉内的石英管，在 $900\sim950℃$ 温度下，以铂和三氧化钴或三氧化二铬为催化剂，使有机物燃烧裂解转化为二氧化碳，然后用红外线气体分析仪测定 CO_2 含量，从而确定水样中碳的含量。因为在高温下，水样中的碳酸盐也分解产生二氧化碳，故上面测得的为水样中的总碳（TC）。

为获得有机碳含量，可采用两种方法。一是将水样预先酸化，通入氮气曝气，驱除各种碳酸盐分解生成的二氧化碳后再注入仪器测定。另一种方法是使用高温炉和低温炉皆有的 TOC 测定仪。将同一水样等量分别注入高温炉（900℃）和低温炉（150℃），则水样中的有机碳和无机碳均转化为 CO_2，而低温炉的石英管中装有磷酸浸渍的玻璃棉，能使无机碳酸盐在 150℃ 分解为 CO_2，有机物却不能被分解氧化。将高、低温炉中生成的 CO_2 依次导入非色散红外气体分析仪，分别测得总碳（TC）和无机碳（IC），二者之差即为总有机碳

（TOC）。测定流程见图 6-3。该方法最低检出浓度为 0.5mg/L。

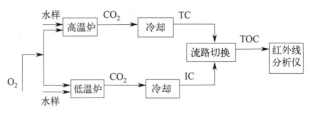

图 6-3　TOC 分析仪流程

反映水中有机物含量的综合指标还有总需氧量（TOD）、活性炭吸附-氯仿萃取物（CCE）和紫外吸收值（UVA）等。其中，TOD 值能反映几乎全部有机物燃烧需要的氧量，其测定方法是：将一定量水样注入燃烧管，通入含已知氧浓度的载气（氮气），则水样中的还原性物质在高温下瞬间燃烧氧化，用氧量测定仪测定燃烧前后载气中氧浓度的减少量，计算水样的需氧量。

五、挥发酚类

根据酚类物质能否与水蒸气一起蒸出，将其分为挥发酚与不挥发酚。通常认为沸点在 230℃以下的为挥发酚（属一元酚），而沸点在 230℃以上的为不挥发酚。

酚属高毒物质，人体摄入一定量会出现急性中毒症状；长期饮用被酚污染的水，可引起头昏、瘙痒、贫血及神经系统障碍。当水中酚含量大于 5mg/L 时，就会使鱼类等生物中毒死亡。

酚的主要污染源是炼油、焦化、煤气发生站、木材防腐及某些化工（如酚醛树脂）等工业废水。

酚的主要分析方法有容量法、分光光度法、色谱法等。目前各国普遍采用的是 4-氨基安替比林分光光度法，高浓度含酚废水可采用溴化容量法。无论溴化容量法还是分光光度法，当水样中存在氧化剂、还原剂、油类及某些金属离子时，均应设法消除并进行预蒸馏。如对游离氯加入硫酸亚铁使之还原；对硫化物加入硫酸铜使之沉淀，或者在酸性条件下使其以硫化氢形式逸出；对油类用有机溶剂萃取除去等。蒸馏的作用一是分离出挥发酚，二是消除颜色、浑浊和金属离子等的干扰。

（一）　4-氨基安替比林分光光度法

酚类化合物于 pH 为（10.0±0.2）的介质中，在铁氰化钾的存在下，与 4-氨基安替比林（4-AAP）反应，生成橙红色的吲哚酚安替比林染料，在波长 510nm 处有最大吸收，用比色法定量。显色反应受酚环上取代基的种类、位置、数目等影响，如对位被烷基、芳香基、酯基、硝基、苯酰基、亚硝基或醛基取代，而邻位未被取代的酚类，与 4-氨基安替比林不产生显色反应。这是因为上述基团阻止酚类氧化成醌型结构所致，但对位被卤素、磺酸、羟基或甲氧基所取代的酚类与 4-氨基安替比林发生显色反应。邻位硝基酚和间位硝基酚与 4-氨基安替比林发生的反应又不相同，前者反应无色，后者反应有点颜色。所以本法测定的酚类不是总酚，而仅仅是与 4-氨基安替比林反应显色的酚，并以苯酚为标准，结果以苯酚计算挥发酚含量。

用 20mm 比色皿测定，方法最低检出浓度为 0.1mg/L。如果显色后用三氯甲烷萃取，于波长 460nm 处测定，其最低检出浓度可达 0.002mg/L，测定上限为 0.12mg/L。此外，在直接光度法中，有色络合物不够稳定，应立即测定；氯仿萃取法有色络合物可稳定 3 小时。

（二）溴化容量法

在含过量溴（由溴酸钾和溴化钾产生）的溶液中，酚与溴反应生成三溴酚，并进一步生成溴代三溴酚。剩余的溴与碘化钾作用释放出游离碘。与此同时，溴代三溴酚也与碘化钾反应置换出游离碘。用硫代硫酸钠标准溶液滴定释出的游离碘，并根据其消耗量，计算出以苯酚计的挥发酚含量。反应如下：

$$KBrO_3 + 5KBr + 6HCl \rightarrow 3Br_2 + 6KCl + 3H_2O$$
$$C_6H_5OH + 3Br_2 \rightarrow C_6H_2Br_3OH + 3HBr$$
$$C_6H_2Br_3OH + Br_2 \rightarrow C_6H_2Br_3OBr + HBr$$
$$Br_2 + 2KI \rightarrow 2KBr + I_2$$
$$C_6H_2Br_3OBr + 2KI + 2HCl \rightarrow C_6H_2Br_3OH + 2KCl + HBr + I_2$$
$$2Na_2S_2O_3 + I_2 \rightarrow 2NaI + Na_2S_4O_6$$

结果按下式计算：

$$挥发酚（以苯酚计，mg/L）= \frac{(V_1 - V_2)c \times 15.68 \times 1000}{V}$$

式中 V_1——空白（以蒸馏水代替水样，加同体积溴酸钾-溴化钾溶液）试验滴定时硫代硫酸钠标准溶液的体积，mL；

V_2——水样滴定时硫代硫酸钠标准溶液的体积，mL；

c——硫代硫酸钠标准溶液的物质的量浓度，mol/L；

V——水样体积，mL；

15.68——苯酚（$\frac{1}{6}C_6H_5OH$）摩尔质量，g/mol。

（三）废水中酚的回收方法

含酚废水的处理应首先考虑酚的回收利用。高浓度含酚废水（浓度大于 1000mg/L）可以采用溶剂萃取、蒸汽吹脱等方法回收酚，低浓度含酚废水（浓度小于 1000mg/L）也可将酚浓缩后再进行回收以循环利用。多年来，国内外学者对含酚废水的治理与回收作了大量的研究工作，并且研究出多种方法。

1. 溶剂萃取法

溶剂萃取法是利用难溶于水的萃取剂与废水进行接触，使废水中酚类物质与萃取剂进行物理或化学的结合，实现酚类物质的相转移。其优点是设备投资少、占地面积小、操作方便、能耗低，同时能有效回收废水中的酚类物质，适用于高浓度含酚废水。缺点是萃取过程中返混现象严重，易造成溶剂损失和二次污染。

2. 高级氧化技术

高级氧化技术包括湿式催化氧化技术、光化学氧化技术、电催化技术、超声化学氧化技术和超临界水氧化技术等。

（1）湿式催化氧化技术　研究发现，在潮湿的环境中，黄磷等可以通过与氧进行歧链反应，产生大量活性氧化物，它们能降解和破坏酚类污染物，在合适的反应条件下，此法可使苯酚的去除率达95％以上。

（2）光化学氧化技术　近年来，利用半导体粉末（如 TiO_2 等）作为光催化剂催化氧化、降解各类废水中的有机污染物的研究日益引起人们的重视。O_3 和 H_2O_2 为主要的氧化剂，TiO_2 粉末为催化剂，在辅以人工紫外光的照射下对含酚废水进行光催化氧化处理，水样中酚的去除率可达100％。故光催化氧化在含酚废水的深度处理方面有很好的应用前景。

（3）电催化技术　近年来，电催化技术因其处理效率高、操作简便、易实现自动化、环境兼容性好等优点而引起了研究者的关注。电催化技术是在适当的控制条件下通过电极催化产生很强的自由基，从而有效降解有机物的方法，它克服了均相光氧化法需要投加氧化剂的缺陷。该方法用于处理酚浓度大、酸性高且有一定含量的废水，可以不经稀释或中和调节等预处理而直接处理，具有很好的前景。

（4）超声化学氧化法　超声化学氧化法是20世纪80年代后期新发展起来的有机污染物的高效处理技术。与其他水处理技术相比，这种方法存在处理量少、费用高的问题，目前仍属探索阶段，其工业化应用还有许多问题尚需解决。

3. 生物处理技术

生物处理技术包括活性污泥法、生物硫化床法和酶处理技术等。

4. 膜分离技术

膜蒸馏是20世纪60年代出现的一种新型膜分离技术。当时由于受到膜材料及技术上的限制，蒸馏通量非常有限，一般仅 $1kg/(m^2 \cdot h)$ 左右。进入80年代以后，由于高分子材料及制膜工业的迅速发展，人们可以获得空隙率达80％而厚度仅 $50\mu m$ 的膜，同时由于对膜蒸馏机理模型的了解更加深入，人们对膜分离技术的兴趣越来越大。在特定的条件下，可使污水中的酚降至 $50\mu g/mL$ 以下。

5. 其他技术

① 溶剂萃取法中固定相络合萃取法具有操作范围广、再生容易、处理效果好等特点，是一个具有价格竞争优势、高效、可靠的新技术。

② 考虑到含酚废水的复杂性与多样性，单纯采用一种方法往往难以达到预期目的，因此，要考虑几种技术的联用。如将氧化技术作为预处理方法与生物法联用，以实现高效、经济的目的。这也是国内外对难降解有机物处理技术的一个研究发展方向。

六、硝基苯类

常见的硝基苯类化合物有硝基苯、二硝基苯、二硝基甲苯、三硝基甲苯、二硝基氯苯等。它们难溶于水。

硝基苯类化合物主要来源于染料、炸药和制革等工业废水。通过呼吸道吸入或皮肤吸收而对人体产生毒性作用；硝基苯可引起神经系统症状、贫血和肝脏疾患。

废水中一硝基和二硝基苯类化合物常采用还原-偶氮分光光度法，三硝基苯类化合物采用氯代十六烷基吡啶分光光度法。

1. 还原-偶氮分光光度法

在含硫酸铜的酸性介质中，由锌粉与酸反应产生初生态氢，将水样中的硝基苯类物质还原成苯胺；苯胺与亚硝酸盐发生重氮化反应，再与盐酸萘乙二胺偶合，生成紫红色染料，用分光光度法于波长 545nm 处测其吸光度，用标准曲线法定量。

当测定含有苯胺类化合物的废水时，需测定两份水样，一份不经还原测定苯胺类经重氮偶合反应生成染料的吸光度；另一份将硝基苯类还原成苯胺类，测其经重氮偶合反应生成染料的总吸光度。根据二者之差计算硝基苯类化合物的含量（以硝基苯计）。

本法最低检测出浓度为 0.2mg/L，适用于测定染料、制药、皮革及印染等工业废水中硝基苯类化合物。

2. 氯代十六烷基吡啶分光光度法

基于水样中的 2，4，6-三硝基甲苯（α-TNT）、三硝基苯（TNB）、2，4，6-三硝基苯甲酸（α-TNBA）等三硝基苯化合物在亚硫酸钠-氯代十六烷基吡啶-二乙氨基乙醇溶液中发生加成反应，生成黄色化合物，于波长 465nm 处测其吸光度，用标准曲线法定量。显色反应 pH 为 6.5～9.5。测定范围为 0.1～70mg/L。

七、石油类

废水中油类污染物的种类按成分可以分为由动物和植物的脂肪形成的油脂类和石油类。油脂类不是一种特定的化合物，它是一类半液体物质的总称，包括脂肪酸、皂类等。石油类通常指原油和矿物油的液体部分，包括汽油、煤油、机油等。

水中的石油类污染物质来自工业废水和生活污水。工业废水中石油类（各种烃类的混合物）污染物主要来自原油开采、加工及各种炼制油的使用等工艺。石油类化合物漂浮在水体表面，影响空气与水体界面间的氧交换；分散于水中的油可被微生物氧化分解，消耗水中的溶解氧，使水质恶化。石油类化合物含芳烃类虽较烷烃类少，但其毒性要大得多。

测定水中石油类物质的方法有重量法、红外分光光度法、非色散红外吸收法、紫外分光光度法、荧光法等。重量法不受油品种限制，是常用的方法，但操作繁琐，灵敏度低；红外分光光度法也不受石油类品种的影响，测定结果能较好地反映水被石油类物质污染的状况；非色散红外吸收法适用于所含油品比吸光系数较接近的水样，油品相差较大，尤其含有芳烃化合物时，测定误差较大；其他方法受油品品种影响较大。

（一）重量法

以硫酸酸化水样，用石油醚萃取矿物油，然后蒸发除去石油醚，称量残渣质量，计算矿物油含量。

该方法是测定水中可被石油醚萃取的物质总量，石油的较重组分中可能含有不被石油醚萃取的物质。另外，蒸发除去溶剂时，轻质油有明显损失。若废水中动、植物性油脂含量大，需用层析柱分离。适用于测定含油 10mg/L 以上的水样。

（二）红外分光光度法

用四氯化碳萃取水样中的油类物质，测定总萃取物，然后用硅酸镁吸附除去萃取液中的动、植物油等极性物质，测定吸附后滤出液中非极性石油类物质。总萃取物和石油类物质的含量均由波数分别为 2930cm^{-1}（CH$_2$ 基团中 C—H 键的伸缩振动）、2960cm^{-1}（CH$_3$ 基团中 C—H 键的伸缩振动）和 3030cm^{-1}（芳香环中 C—H 键的伸缩振动）谱带处的吸光度 A_{2930}、A_{2960} 和 A_{3030} 进行计算。动、植物油含量为总萃取物含量与石油类含量之差。

方法测定要点是：首先用四氯化碳直接萃取或絮凝富集萃取（对石油类物质含量低的水样）水样中的总萃取物，并将萃取液定容后分成两份，一份用于测定总萃取物，另一份经硅酸镁吸附后，用于测定石油类物质。然后，以四氯化碳为溶剂，分别配制一定浓度的正十六烷、2，6，10，14-四甲基十五烷和甲苯溶液，用红外分光光度计分别测量它们在 2930cm^{-1}、2960cm^{-1}、3030cm^{-1} 处的吸光度 A_{2930}、A_{2960} 和 A_{3030}，由以下通式列联立方程求解，分别求出相应的校正系数 X、Y、Z 和 F：

$$\rho = XA_{2930} + YA_{2960} + Z\left(A_{3030} - \frac{A_{2930}}{F}\right)$$

式中　　　　　　　　　　ρ——所配溶液中某一物质浓度，mg/L；

A_{2930}、A_{2960} 和 A_{3030}——三种物质溶液各对应波数下的吸光度；

X、Y、Z——吸光度校正系数；

F——脂肪烃对芳香烃影响的校正系数，即正十六烷在 2930cm^{-1} 和 3030cm^{-1} 处的吸光度之比。

最后，测量水样总萃取物萃取液的吸光度 $A_{1,2930}$、$A_{1,2960}$、$A_{1,3030}$ 和除去动、植物油后的萃取液吸光度 $A_{2,2930}$、$A_{2,2960}$、$A_{2,3030}$ 按照下列三式分别计算水样中的总萃取物含量 ρ_1（mg/L），石油类物质含量 ρ_2（mg/L）和动、植油含量 ρ_3（mg/L）：

$$\rho_1 = \left[XA_{1,2930} + YA_{1,2960} + Z\left(A_{1,3030} - \frac{A_{1,2930}}{F}\right)\right] \times \frac{V_0 Dl}{V_W L}$$

$$\rho_2 = \left[XA_{2,2930} + YA_{2,2960} + Z\left(A_{2,3030} - \frac{A_{2,2930}}{F}\right)\right] \times \frac{V_0 Dl}{V_W L}$$

$$\rho_3 = C_1 - C_2$$

式中　V_0——萃取水样溶剂定容体积，mL；

V_W——水样体积，mL；

D——萃取液稀释倍数；

L——测定校正系数时所用比色皿光程，cm；

l——测定水样时所用比色皿光程 cm。

本方法适用于各类水中石油类和动、植物油的测定。样品体积为 500mL，使用光程为 4cm 的比色皿时，检出限为 0.1mg/L。

（三）非色散红外吸收法

石油类物质的甲基（—CH$_3$）、亚甲基（—CH$_2$—）对近红外区 2930cm^{-1} 光有特征吸收，用非色散红外吸收测油仪测定。标准油可采用受污染地点水样的溶剂萃取物。根据我国原油组分特点，也可采用混合石油烃作为标准油，其组成为：十六烷：异辛烷：苯＝65：25：10（V/V）。

测定时，先用硫酸将水样酸化，加氯化钠破乳化，再用四氯化碳萃取，萃取液经无水硫酸钠层过滤，滤液定容后测定。

所有含甲基、亚甲基的有机物质都将产生干扰。如水样中有动、植物性油脂以及脂肪酸物质应预先将其分离。此外，石油中有些较重的组分不溶于四氯化碳，致使测定结果偏低。

八、特定有机污染物

特定有机污染物是指那些毒性大、蓄积性强、难降解、被列为优先污染物的有机化合物，其品种多，下面介绍几种这类物质的测定。

（一）苯系物

苯系物通常包括苯，甲苯，乙苯，邻、间、对位的二甲苯，异丙苯，苯乙烯八种化合物。已查明苯是致癌物质，其他七种化合物对人体和生物均有不同程度的毒害作用。

苯系物的污染源主要是石油、化工、焦化、油漆、农药、医药等行业排放的废水。

根据水样中苯系物含量的多少，可选用气相色谱法（GC 法）或气相色谱-质谱法（GC-MS 法）测定。

1. 气相色谱法的原理和仪器

色谱分析法又称层析分析法，是一种分离测定多组分混合物的极其有效的分析方法。它基于不同物质在相对运动的两相中具有不同的分配系数，当这些物质随流动相移动时，就在两相之间进行反复多次分配，使原来分配系数只有微小差异的各组分得到很好的分离，依次送入检测器测定，达到分离、分析各组分的目的。

色谱法的分类方法很多，常按两相所处的状态来分。用气体作为流动相时，称为气相色谱，用液体作为流动相时，称为液相色谱或液体色谱。

（1）气相色谱流程　气相色谱法是使用气相色谱仪对多组分混合物分离和分析的。载气由高压钢瓶供给，经减压、干燥、净化和测量流量后进入气化室，携带由气化室进样口注入并迅速气化为蒸气的试样进入色谱柱（内装固定相），经分离后的各组分依次进入检测器，将浓度或质量信号转换成电信号，经阻抗转化和放大，送入记录仪记录色谱峰。

（2）色谱流出曲线　当载气载带着各组分依次通过检测器时，检测器响应信号随时间的变化曲线称为色谱流出曲线，也称色图。如果分离完全，每个色谱峰代表一种组分。根据色谱峰出峰时间可进行定性分析，根据色谱峰峰高或峰面积可进行定量分析。

（3）色谱分离条件的选择　包括色谱柱内径及柱长、固定相、气化温度及柱温、载气及其流速、进样时间和进样量等条件的选择。

色谱柱内径越小，柱效越高，一般为 2～6mm。增加柱长可提高柱效，但分析时间增长，一般在 0.5～6m 之间选择。

固定相是色谱柱的填充剂，可分为气固色谱固定相和气液色谱固定相。前者为活性吸附剂，如活性炭、硅胶、分子筛、高分子微球等，主要用于分离 CH_4、CO、SO_2、H_2S 及四个碳以下的气态烃。气液色谱固定相是在担体（或称载体）的表面涂一层固定液制成。担体是一种化学惰性的多孔固体颗粒，分为硅藻土担体（如 6201、101 担体）和非硅藻土担体（如玻璃微球）两大类。固定液为高沸点有机化合物，分为极性、中等极性、非极性及氢键型四类，常依据相似相溶规律选择，即固定液与被分离组分的化学结构及极性相似，分子间的作用力强，选择性高。非极性物质一般选用非极性固定液，二者之间的作用力主要是色散力，各组分按照沸点由低到高的顺序流出；如极性与非极性组分共存，则具有相同沸点的极性组分先流出。强极性物质选用强极性固定液，两种分子间以定向力为主，各组分按极性由小到大的顺序流出。能形成氢键的物质选用氢键型固定液，各组分按照与固定液分子形成氢键能力大小的顺序流出，形成氢键能力小的组分先流出。对于复杂混合物，可选用混合型固定液。

提高色谱柱温度，可加速气相和液相的传质过程，缩短分离时间，但过高将会降低固定液的选择性，增加其挥发流失，一般选择近似等于试样中各组分的平均沸点或稍低温度。

气化温度应以能将试样迅速气化而不分解为准，一般高于色谱柱温度 $30\sim70\,^\circ\mathrm{C}$。

载气应根据所用检测器类型，对柱效能的影响等因素选择。如对热导检测器，应选氢气或氦气；对氢火焰离子化检测器，一般选氮气。载气流速小，宜选用分子量较大和扩散系数小的载气，如氮气和氩气，反之，应选用分子量小，扩散系数大的载气，如氢气，以提高柱效。载气最佳流速需要通过实验确定。

色谱分析要求进样时间在 1s 内完成。否则，将造成色谱峰扩张，甚至改变峰形。进样量应控制在峰高或峰面积与进样量成正比的范围内。液体试样一般为 $0.5\sim5\mu\mathrm{L}$，气样一般为 $0.1\sim10\mathrm{mL}$。

（4）检测器　气相色谱分析常用的检测器有热导检测器、氢火焰离子化检测器、电子捕获检测器和火焰光度检测器。对检测器的要求是：灵敏度高、检测限（反映噪音大小和检测灵敏度的综合指标）低，响应快、线性范围宽。

① 热导检测器（TCD）：这种检测器是一个热导池，基于不同组分具有不同的热导系数来实现对各组分的测定。热导池是在不锈钢块上钻四个对称的孔，各孔中均装一根长短和阻值相等的热敏丝（与池体绝缘）。让一对通孔流过纯载气，另一对通孔流过携带试样蒸气的载气。将四根阻丝接成桥路，通纯载气的一对称参比臂，另一对称测量臂。电桥置于恒温室中并通以恒定电流。当两臂都通入纯载气并保持桥路电流、池体温度、载气流速等操作条件恒定时，则电流流经四臂阻丝所产生的热量恒定，由热传导方式从热丝上带走的热量也恒定，两臂中热丝温度和电阻相等，电桥处于平衡状态（$R_1R_4=R_2R_3$），无信号输出。当进样后，试样中组分在色谱柱中分离后进入测量臂，由于组分和载气组成的二元气体的热导系数和纯载气的热导系数不同，引起通过测量臂气体导热能力的改变，致使热丝温度发生变化，从而引起 R_1 和 R_4 变化，电桥失去平衡（$R_1R_4\neq R_2R_3$），有信号输出，其大小与组分浓度成正比。

② 氢火焰离子化检测器（FID）：这种检测器是使被测组分离子化，离解成正、负离子，经收集汇成离子流，通过对离子流的测量进行定量分析。该检测器由氢氧火焰和置于火焰上、下方的圆筒状收集极及圆环发射极，测量电路等组成。两电极间加 $200\sim300\mathrm{V}$ 电压。未进样时，氢氧焰中生成 H、O、OH、H_2O 及一些被激发的变体，但它们在电场中不被收集，故不产生电信号。当试样组分随载气进入火焰时，就被离子化成正离子和电子，在直流电场的作用下，各自向极性相反的电极移动形成电流，该电流强度为 $10^{-8}\sim10^{-13}\mathrm{A}$，需流经高电阻（$R$）产生电压降，再放大后送入记录仪记录。

③ 电子捕获检测器（ECD）：这是一种分析痕量电负性（亲电子）有机化合物很有效的检测器。它对卤素、硫、氧、硝基、羰基、氰基、共轭双键体系、有机金属化合物等有高响应值，对烷烃、烯烃、炔烃等的响应值很小。它的内腔中有不锈钢棒阳极、阴极和贴在阴极壁上的 β 放射源（$^3\mathrm{H}$ 或 $^{63}\mathrm{Ni}$），在两极间施加直流或脉冲电压。当载气（氩或氮）进入内腔时，受到放射源发射的 β 粒子（初级电子）的轰击被离子化，形成次级电子和正离子：

$$N_2+\beta\rightarrow N_2^++e$$

在电场作用下，正离子和电子分别向阴极和阳极移动形成基流（背景电流）。当电负性物质（AB）进入检测器时，立即捕获自由电子，而生成稳定的负离子，负离子再与载气正离子复合成中性化合物：

$$AB^- + N_2^+ \Leftrightarrow AB + N_2$$

其结果使基流下降，产生负信号而形成负峰。电负性组分的浓度越大，负峰越大；组分中电负性元素的电负性越强，捕获电子的能力越大，负峰也越大。

④ 火焰光度检测器（FPD）：是一种对硫、磷化合物有高响应值的选择性检测器，适于分析含硫、磷的有机化合物和气体硫化物，在空气污染和农药残留分析中应用广泛，检测限可达 10^{-13} g/s（p）、10^{-11} g/s（s）。其原理为：硫、磷化合物在富氢火焰中燃烧时，硫化合物能发射最大波长为 394nm 的特征波长光；磷化合物能发射最大波长为 526nm 的特征波长光；用光电倍增管转换成电信号，经微电流放大器放大后，送至记录系统测量。

（5）定量分析方法　常用的定量方法有标准曲线法、内标法和归一化法。

① 标准曲线法（外标法）：用被测组分纯物质配制系列标准溶液，分别定量进样，记录不同浓度溶液的色谱图，测出峰面积，用峰面积对相应的浓度作图，应得到一条直线，即标准曲线。有时也可用峰高代替峰面积，作峰高-浓度标准曲线。在同样条件下，进同量被测试样，测出峰面积或峰高，从标准曲线上查知试样中待测组分的含量。

② 内标法：选择一种试样中不存在，其色谱峰位于被测组分色谱峰附近的纯物质作为内标物，以固定量（接近被测组分量）加入标准溶液和试样溶液中，分别定量进样，记录色谱峰，以被测组分峰面积与内标物峰面积的比值对相应浓度作图，得到标准曲线。根据试样中被测与内标两种物质峰面积的比值，从标准曲线上查知被测组分浓度。这种方法可抵消因实验条件和进样量变化带来的误差。

③ 归一化法：外标法和内标法适用于试样中各组分不能全部出峰，或多组分中只测量一种或几种组分的情况。如果试样中各组分都能出峰，并要求定量，则使用归一化方法比较简单。设试样中各组分的重量分别为 W_1、W_2、$\cdots$、W_n，则各组分的百分含量（P_i）按照下式计算：

$$P_i(\%) = \frac{W_i}{W_1 + W_2 + \cdots + W_n} \times 100$$

各组分的质量（W_i）可由质量校正因子（f_w）和峰面积（A_i）求得，即

$$P_i(\%) = \frac{A_i f_{w(i)}}{A_1 f_{w(1)} + A_2 f_{w(2)} + \cdots + A_n f_{w(n)}} \times 100$$

f_w 可由文献查知，也可通过实验测定。校正因子分为绝对校正因子和相对校正因子。绝对校正因子是用单位峰面积代表某组分的量，既不易准确测定，又无法直接应用，故常用相对校正因子，它是被测组分与某种标准物质绝对校正因子的比值。常用的标准物质是苯（用于 TCD）和正庚烷（用于（FID）。当物质以质量作单位时，称为重量校正因子（f_w），据其含义，按下式计算：

$$f_w = \frac{f'_{w(i)}}{f'_{w(s)}} = \frac{A_s W_i}{A_i W_s}$$

式中：$f'_{w(i)}$、$f'_{w(s)}$——被测物质和标准物质的绝对校正因子；

W_s、A_s——试样中标准物质的质量和峰面积。

2. 顶空气相色谱法

用顶空法对水样进行预处理，取适量液上气相试样，由色谱仪气化室进样口进样，气化后随载气（N_2）进入色谱柱，将苯系物各组分分离，再导入氢火焰离子化检测器（FID）依次测定，根据各组分的峰高，用标准曲线法定量。

当按下列色谱工作条件操作时，最低检出浓度为 0.005mg/L；测定上限为 0.1mg/L。

一些色谱操作条件如下所示：

① 色谱柱：长 3m，内径 4mm 螺旋型不锈钢管或玻璃色谱柱；内装（3％有机皂土-101 白色担体）与（2.5％邻苯二甲酸二壬酯-101 白色担体）之比为 35：65 的填料。

② 温度：柱温 65℃；气化室温度 200℃；检测器温度 150℃。

③ 气体流量：根据仪器型号选用最佳气体流量（N_2、H_2 和空气）。

该方法适用于废水和被污染的地表水中苯系物的测定。

如果取 100mL 水样，用 5mL 二硫化碳萃取，取 5μL 萃取液按上法工作条件测定，最低检出浓度为 0.05mg/L，检测上限为 1.2mg/L。

测定苯系物还可用顶空毛细管柱气相色谱-质谱法。

（二）挥发性卤代烃

挥发性卤代烃主要指三卤代烃、四氯化碳等。各种卤代烃均有特殊气味和毒性，可通过皮肤接触、呼吸或饮水进入人体。挥发性卤代烃广泛应用于化工、医药及实验室，其废水会排入环境而污染水体；饮用水氯化消毒过程也产生三氯甲烷。

测定水样中卤代烃的方法有顶空气相色谱法、吹脱捕集气相色谱法和顶空气相色谱-质谱法。

顶空气相色谱法的原理是：用顶空气相色谱法预处理水样，取适量液上空间气样，用带有电子捕获检测器的气相色谱仪测定，标准曲线法定量。

按照下列色谱条件测定，五种卤代烃的最低检出浓度（μg/L）分别为：$CHCl_3$，0.1；CCl_4，0.01；$CHBrCl_2$，0.01；$CHBr_2Cl$，0.050；$CHBr_3$，0.3。

一些色谱操作条件如下所示：

① 色谱柱：长 2m，内径 3mm 玻璃柱，内装 10％ OV-101 涂渍在 80～100 目 chromosorb W HP 担体上的固定相。

② 温度：柱温 70℃；气化室 160℃；检测器 160℃。

③ 载气（高纯 N_2）流速：25mL/min。

该方法适用于江、河、湖等地表水和自来水中沸点低于 150℃的卤代烃测定。

（三）氯苯类化合物

氯苯类化合物有 12 种异构体，其化学性质稳定，在水中溶解度小，具有强烈气味，对人体的皮肤和呼吸器官产生刺激，进入人体后，可在脂肪和某些器官中蓄积，抑制神经中枢，损害肝脏和肾脏。氯苯类化合物主要来源于染料、制药、农药、油漆和有机合成等工业废水。

采用气相色谱法可对水样中各种氯苯化合物分别进行定性和定量分析。

1. 氯苯的测定

水样中氯苯的测定原理是：用二硫化碳萃取水样中的氯苯，萃取液经脱水后，于 K-D

浓缩器中浓缩并定容，取适量注入气相色谱仪分离，用氢火焰离子化检测器测定，根据色谱峰高或峰面积与标准峰高或峰面积比较，按下式计算氯苯含量：

$$\rho = \frac{A\rho_s V_1}{A_s V_2}$$

式中　ρ——水样中氯苯的浓度，mg/L；

　　　ρ_s——标样中氯苯的浓度，mg/L；

　　　A_s——标样中测得氯苯的峰高或峰面积；

　　　A——萃取液中测得氯苯的峰高或峰面积；

　　　V_1——萃取液体积，mL；

　　　V_2——萃取水样的体积，mL。

在下列色谱操作条件下，方法最低检出浓度为 0.01mg/L，可用于地表水、地下水及废水中氯苯的测定。

① 色谱柱：长 2.5m，内径 3mm 玻璃柱，内装用 10％SE 涂渍在 60～80 目 chromosorb W 担体上的固定相。

② 温度：柱温 100℃；气化室及检测器温度 200℃。

③ 气体流量：载气（N$_2$），40mL/min；氢气，50mL/min；空气，500mL/min。

2. 氯苯类化合物的测定

准确量取一定体积水样，用石油醚萃取水中的氯苯类化合物。因为萃取氯苯类化合物的同时，水中的一些脂肪类、油类、酯质类和有机磷、有机氯农药等也被萃取出来，故需加入硫酸与之发生磺化反应而被分离。分离干扰组分后的萃取液，经用硫酸钠溶液洗涤残存硫酸和用无水硫酸钠脱水、石油醚定容后，取适量注入具有电子捕获检测器的气相色谱仪测定，根据其色谱峰高与标准溶液相应氯苯化合物峰高比较，按下式计算含量。

$$\rho = \frac{A A_i V_t}{V_i V_w}$$

式中　ρ——水样中某氯苯化合物浓度，μg/L；

　　　A——标准溶液中某氯苯化合物含量除以标准溶液中某氯苯化合物的峰高；

　　　A_i——样品溶液中某氯苯化合物的峰高；

　　　V_i——注入色谱仪的样品溶液体积，mL；

　　　V_t——萃取液体积，μL；

　　　V_w——萃取水样体积，mL。

按下列色谱操作条件测定时，各氯苯化合物的检测限（μg/L）为：二氯苯，2～5；三氯苯，1；四氯苯，1～2；五氯苯和六氯苯，0.5。该方法适用于各类水中二、三、四、五、六氯苯的测定。

一些色谱操作条件如下所示：

① 色谱柱：长 2m，内径 2～3mm 玻璃管，内装用（2％有机硅皂土和 2％DC-200）固定液涂渍在 80～100 目 101 白色硅烷化担体上的固定相。

② 温度：色谱柱 120℃；气化室及检测器 150℃。

③ 载气（高纯 N$_2$）流速：60mL/min。

（四）挥发性有机污染物

按世界卫生组织（WHO）定义，凡在标准状态（273K，101.3kPa）下，蒸气压大于0.13kPa的有机物（不包括金属有机化合物和有机酸类）为挥发性有机化合物。这类有机物数量多，大多具有毒性，广泛分布于环境中，其主要测定方法有气相色谱法和气相色谱-质谱法。

1. 气相色谱法（GC）

将水样于吹脱管中通入氮气（或氦气），把挥发性有机物（VOCs）连续吹脱出来，随气流进入捕集管并被吸附；待水样中 VOCs 全部吹脱出来后，停止吹脱，迅速加热捕集管，将吸附的 VOCs 热脱附出来，并用氮气反吹，载带入气相色谱仪色谱柱，各组分经程序升温色谱分离后，依次进入氢火焰离子化检测器测定。根据各种挥发性有机化合物的峰高（或峰面积）与标准溶液对应组分的峰高（或峰面积）比较定量。

2. 气相色谱-质谱法（GC-MS）

气相色谱法对多组分混合物具有高效分离性能，质谱法具有优越的结构鉴定和灵敏、准确的定量能力，并用计算机控制操作条件，处理和解析获得的信息，使之成为复杂环境样品中微量和痕量组分强有力的定性、定量方法。

（1）色谱-质谱联用仪工作原理 联用仪器由色谱仪、分子分离器、质谱仪和计算机四部分组成。色谱仪用于分离样品中的组分，一般采用毛细管柱和程序升温方式，以提高分离效果。分子分离器也称接口，是连接色谱仪和质谱仪的重要部件，其作用是将气相色谱出口气流压力（约100Pa）与质谱要求的真空态压力相匹配，并分离除去气相色谱载气和浓集被分离的组分，然后各组分依次进入质谱分析测定。质谱仪一般由进样系统、离子源、离子质量分析器及质量扫描部件、离子流检测器及记录系统和离子运动空间所需的真空系统组成。由接口送来的样品气体分子，通过进样系统进入一定真空度下的离子化室，在离子源的作用下，转化为分子离子，并有相当数量分子离子进一步碎裂成为碎片离子，所形成的离子流约有10%被总离子流检测器接受后，在 GC 记录仪上记录下来，每一组分的总离子流信号就相当于色谱图中的一个峰，是定量分析的依据。离子化室射出的大部分（约90%）离子流进入质量分析器；质量分析器是某种类型的电、磁场装置，离子在电磁场作用下，按离子的质量与电荷比（m/e）大小，依次先后被电子倍增器接受，经放大器放大，用记录仪记录质谱图，作为对化合物分子进行定性分析的依据。主要离子源有电子轰击型（EI）、化学电离型（CI）、场致电离型（FI）等，以 EI 型最常用。

（2）挥发性有机污染物的测定 用顶空法在恒温条件下处理水样，取液上气相样品送入气相色谱-质谱联用仪分析。根据测得的总离子流色谱图，用标准曲线法定量。分析条件如下：

① 顶空法处理水样：加热温度60℃，加热平衡时间30min。

② 色谱柱：DB-624 石英毛细管，长60m，内径0.32mm，膜厚1.8μm；采用程序升温，柱温50℃（2min）→7℃/min→120℃→12℃/min→200℃（5min）。

③ 质谱条件：离子源 EI；接口温度230℃。

该方法测定各种挥发性有机污染物的检测限大多在0.1～0.4ng/L范围，适用于饮用水、地表水、地下水和废水。

（五）废水中的苯并芘的处理方法

苯并芘（BaP）是多环芳烃中具有代表性的强致癌稠环芳烃。它对于人体的严重危害引起了世界各国卫生组织及环境组织的高度重视，所以它已被列为环境污染致癌物监测工作中的常规检测项目之一。

自然水中 BaP 的来源可以分为人为源和天然源两种，前者主要来自于有机物的不完全燃烧，后者主要来自于自然规律的生物合成。因此，在有机物不完全燃烧的行业，比如炼油、沥青、塑料等工业废水及氨厂、机砖厂等排放的废水中都有不同程度的 BaP 存在。

BaP 虽然毒性较大，但去除相对简单和容易，臭氧、液氯、三氧化铝的氧化作用和活性炭吸附、絮凝沉淀及活性污泥法处理均能有效去除废水中的 BaP。

（六）废水中有机氯化合物的处理方法

有机氯化合物包括氯代烷烃、氯代烯烃、氯代芳香烃及有机氯杀虫剂等，其中对环境影响较大的是有机氯杀虫剂和多氯联苯等，主要存在于农药、染料、塑料、合成橡胶、化工、化纤等工业废水中。

有机氯废水主要用焚烧法处理，焚烧产物为氯化氢和二氧化碳，氯化氢可以回收利用。回收利用氯化氢的具体方法有烟气碱中和法、回收无水氯化氢法和烟气回收盐酸法。此外，有机氯农药废水还可用树脂或活性炭吸附法处理。

 拓展阅读

山西：196 条农村黑臭水体将实现"长治久清"

2023 年 11 月 20 日，记者从山西省生态环境厅获悉，《山西省农村黑臭水体治理三年行动计划（2023～2025 年）》印发。山西省要求，以黄河流域为主战场，以基本消除面积较大和群众反映强烈的农村黑臭水体为重点，加快推动农村黑臭水体清零。到 2025 年年底，山西省纳入国家监管范畴的 196 条农村黑臭水体将全部实现"长治久清"，纳入省级监管范畴的现有 344 条农村黑臭水体基本完成整治。

《计划》要求：以推动解决老百姓房前屋后的恶臭问题为刚性要求，聚焦黑臭污染成因，一水一策、精准发力，不断巩固治理成效。坚持标本兼治，统筹岸上-岸边-水里，以控源截污为根本，系统推进生活污水、垃圾、养殖、种植、工业、内源等污染治理工程建设，以及农村水体长效监管机制建设，监管并重，在解决黑臭污染问题的同时确保水体"长治久清"。

对于垃圾坑、粪污塘、废弃鱼塘等淤积严重或存在翻泥、冒泡现象的黑臭水体，或已采取控源截污措施消除外源污染后仍存在黑臭的水体，各市县要督促指导项目单位合理制定清淤疏浚方案，采用机械或人工方式开展清淤，禁止向农用地排放可能造成土壤污染的清淤底泥。对于实施并完成控源截污、清淤疏浚措施后，确因无水源而导致水体消亡的，应进一步核实原水体是否具有防洪、排涝、灌溉等功能，若无相关功能，在取得水利、自然资源等相关部门同意后，可采取覆土填埋方式用于其他建设。

在外源污染控制和内源污染消除的基础上，根据水体的集雨、防洪、排涝、纳污、净化、生态、景观等功能，鼓励采用退耕还林还湿、生态护坡、生态缓冲带、适当硬质护岸等生态护岸手段，以及搭配本土水生动植物、自然跌水等水生态系统恢复与构建手段，恢复河道、池塘、沟渠等农村水体的自然岸线和水岸生态空间，提高污染拦截和自然净化功能，改善水体水质，提高水生态系统的稳定性，促进农村水生态系统健康良性发展。

 思考题

请查找并说一说有哪些水质监测相关网络平台。

项目二　水体中非金属无机物分析测定技能训练

 技能训练 1　工业循环冷却水中化学需氧量的测定方法——重铬酸钾法

1. 方法概要

本方法是指在强酸性溶液中，用一定量的重铬酸钾氧化水样中还原性物质，过量的重铬酸钾以试亚铁灵作指示剂，用硫酸亚铁铵溶液回滴。根据用量算出水样中还原性物质消耗氧的量，即为化学需氧量。

2. 仪器设备

① 回流装置：带 500mL 锥形瓶的全玻璃回流装置；

② 电炉：300W；

③ 滴定管：酸式滴定管，50mL，棕色。

3. 试剂药品

①重铬酸钾：基准物质或优级纯。②邻菲罗啉。③硫酸亚铁。
④硫酸亚铁铵。⑤硫酸。⑥硫酸银。⑦硫酸汞：结晶或粉末。

⑧ 重铬酸钾标准溶液（$\frac{1}{6}K_2Cr_2O_7 = 0.2500mol/L$）：称取预先在 120℃烘干 2 小时的基准或优级纯重铬酸钾 12.258g 溶于水中，移入 1000mL 容量瓶，稀释至标线，摇匀。

⑨ 试亚铁灵指示液：称取 1.485g 邻菲罗啉（$C_{12}H_8N_2 \cdot H_2O$）、0.695g 硫酸亚铁（$FeSO_4 \cdot 7H_2O$）溶于水中，稀释至 100mL，贮于棕色瓶内。

⑩ 硫酸亚铁铵标准溶液：$[(NH_4)_2Fe(SO_4)_2 \cdot 6H_2O \approx 0.1mol/L]$：称取 39.5g 硫酸亚铁铵溶于水中，边搅拌边缓慢加入 20mL 浓硫酸，冷却后移入 1000mL 容量瓶中，加水稀释至标线，摇匀。临用前，用重铬酸钾标准溶液标定。

标定方法：准确吸取 10.00mL 重铬酸钾溶液于 500mL 锥形瓶中，加水稀释至 110mL 左右，缓慢加入 30mL 浓硫酸，摇匀。冷却后，加 3 滴试亚铁灵指示液，用硫酸亚铁铵溶液滴定，溶液的颜色由黄色经蓝绿色至红褐色即为终点。

$$c = \frac{0.2500 \times 10.00}{V}$$

式中　c——硫酸亚铁铵标准溶液的浓度，mol/L；

　　　V——硫酸亚铁铵标准滴定溶液的体积，mL。

⑪ 硫酸—硫酸银溶液：于 500mL 浓硫酸中加入 5g 硫酸银，放置 1~2 天，不时摇动使

其溶解。

4. 操作步骤

① 取 20.00mL 混合均匀的水样（或适量水样稀释至 20.00mL）置 500mL 磨口的回流锥形瓶中，准确加入 10.00mL 重铬酸钾标准溶液，并缓慢加入 30mL 硫酸－硫酸银及数粒小玻璃珠或沸石，轻轻摇动锥形瓶使溶液混匀，连接磨口回流冷凝管，加热回流 2 小时（自开始沸腾时计时）。

② 冷却后，用 90mL 蒸馏水冲洗冷凝管壁，取下锥形瓶。溶液总体积不得少于 140mL，否则因酸度太大，滴定终点不明显。

③ 溶液再度冷却后，加 3 滴试亚铁灵指示液，用硫酸亚铁铵标准溶液滴定，溶液的颜色由黄色经蓝绿色至红褐色即为终点，记录硫酸亚铁铵标准溶液的用量。

④ 测定水样的同时，以 20.00mL 蒸馏水，按同样操作步骤作空白试验，记录滴定空白时硫酸亚铁铵标准溶液的用量。

5. 结果计算

$$\mathrm{COD_{Cr}}(\mathrm{O_2, mg/L}) = \frac{(V_0 - V_1) \times c \times 8 \times 1000}{V}$$

式中　c——硫酸亚铁铵标准溶液的浓度，mol/L；

$\quad\quad V_0$——滴定空白时硫酸亚铁铵标准溶液的体积，mL；

$\quad\quad V_1$——滴定水样时硫酸亚铁铵标准溶液的体积，mL；

$\quad\quad V$——水样的体积，mL；

$\quad\quad 8$——氧摩尔质量，g/mol。

6. 注意事项

① 氯离子能被重铬酸盐氧化，并能与硫酸银作用产生沉淀，影响测定结果，故在回流前向水样中加入硫酸汞，使其生成络合物以消除干扰。若水样中氯离子含量高于 30mg/L 时，应先把 0.4g 硫酸汞加入回流锥形瓶中，再加水样。

② 若氯离子浓度较低，亦可少加硫酸汞，使其保持硫酸汞：氯离子＝10：1(W/W)。若出现少量氯化汞沉淀，并不影响测定。

③ 水样取用体积可在 10.00～50.00mL 范围之间，但试剂用量及浓度需按表 6-2 进行相应调整，也可得到满意的结果。

表 6-2　水样取用量和试剂用量表

水样体积/mL	0.2500mol/L K_2Cr_2O_7 溶液/mL	H_2SO_4- Ag_2SO_4/mL	HgSO_4/g	FeSO_4(NH_4)_2SO_4/ (mol/L)	滴定前总体积/mL
10.0	5.0	15	0.2	0.050	70
20.0	10.0	30	0.4	0.100	140
30.0	15.0	45	0.6	0.150	210
40.0	20.0	60	0.8	0.200	280
50.0	25.0	75	1.0	0.250	350

④ 对于化学需氧量小于 50mg/L 的水样，应改用 0.0250mol/L 重铬酸钾标准溶液。回滴时用 0.01mol/L 硫酸亚铁铵标准溶液。

⑤ 每次实验时，应对硫酸亚铁铵标准溶液进行标定，室温较高时尤其应该注意其浓度的变化。

 技能训练 2　工业循环冷却水中高锰酸盐指数的测定方法

1. 方法概要

高锰酸钾在酸性溶液中呈较强的氧化性，加入过量的草酸钠标准溶液还原未反应的高锰酸钾，再以高锰酸钾标准溶液回滴过量的草酸钠，通过计算求得水样中所有还原性物质消耗的高锰酸钾。

2. 仪器设备

玻璃烧结漏斗，100mL，G4。

3. 试剂药品

① 硫酸：配成(1+3)溶液。② 草酸钠：优级纯。③ 高锰酸钾。

④ 1N 草酸钠标准溶液：将草酸钠于 150～200℃下烘 40～60min，经干燥器冷却后，准确称取 3.350g，溶于水中，再移到 500mL 容量瓶中，用水稀释到刻度。

⑤ 0.01N 草酸钠标准溶液：用移液管吸取 50mL 0.1N 草酸钠标准溶液于 500mL 容量瓶中，用水稀释到刻度。

⑥ 0.1N 高锰酸钾标准溶液：称取高锰酸钾 3.2g 溶于 1000mL 水中，在沸腾水浴上煮沸 2 小时以上，放置过夜，用玻璃砂芯漏斗过滤，于棕色瓶中保存。

⑦ 0.01N 高锰酸钾标准溶液：

a. 配制：用移液管吸取 0.1N 高锰酸钾标准溶液 50mL 于 500mL 容量瓶中，用水稀释到刻度，摇匀。

b. 标定：向 250mL 烧杯中加水 50mL，再加（1+3）硫酸 5mL，然后用移液管加入 10mL　0.01N 草酸钠标准溶液，加热至 60～80℃，以 0.01N 高锰酸钾标准溶液滴定，溶液由无色至刚刚出现淡红色为滴定终点。记下高锰酸钾标准溶液的体积 V_1，则高锰酸钾标准溶液的浓度可由下式求出：

$$N = \frac{10}{0.01V_1}$$

4. 操作步骤

① 用移液管吸取适量水样（补充水 100mL，循环冷却水取 10～25mL）于 250mL 烧杯中，加水约 50mL，硫酸（1+3）5mL，然后用滴定管加入 0.01N 高锰酸钾标准溶液 10mL，在石棉网上慢慢加热煮沸 5 分钟，如水样仍保持浅红色，立即用移液管加入 0.01N 草酸钠标准溶液 10mL，此时溶液应为无色。

② 保持 60～80℃，用 0.01N 高锰酸钾标准溶液滴定，当溶液由无色变为淡红色即为滴定终点，用去高锰酸钾标准溶液 V_1 mL。

③ 另取水 50mL 代替水样，按上述方法操作，求空白试验的滴定值，用去高锰酸钾标准溶液 V_2 mL。

5. 结果计算

水样中高锰酸盐指数 X 按下式计算：

$$X(mg/L) = \frac{1000}{V} \times N \times (V_1 - V_2)$$

$$X(O_2, mg/L) = \frac{1000}{V} \times N \times 8 \times (V_1 - V_2)$$

式中　V——吸取水样的体积，mL；

　　　V_1——0.01N 高锰酸钾标准溶液滴定水样时消耗的体积，mL；

　　　V_2——0.01N 高锰酸钾标准溶液滴定空白溶液时消耗的体积，mL；

　　　N——高锰酸钾标准溶液的浓度；

　　　8——氧的摩尔质量，g/mol。

6. 精密度

精密度视水样中组成的种类和含量而定，一般只以一次测定的结果报告。

7. 注意事项

① 吸取水样量以加热后残留的高锰酸钾溶液投加量的 $\frac{1}{2} \sim \frac{3}{4}$ 为限。煮沸时溶液变为无色，这意味着加入高锰酸钾溶液的量不足，须重新测定。重新吸取水样，其吸取量为最初吸取量的 $\frac{1}{2} \sim \frac{1}{5}$。然后加水至 50mL，以下步骤同前操作。

② 溶液温度低于 60℃时，反应速率减慢，因此必须趁热迅速滴定，必要的话，将其加热至 60～80℃进行滴定。

技能训练 3　五日生化需氧量（BOD$_5$）的测定——稀释与接种法

1. 方法概要

生化需氧量是指在规定条件下，微生物分解存在于水中的可氧化物质，主要是有机物质所进行的生物化学过程中消耗溶解氧的量。分别测定水样培养前的溶解氧的含量和在 (20±1)℃培养五天后的溶解氧的含量，二者之差即为五天生化过程所消耗的氧量（BOD$_5$）。

对于某些地表水及大多数工业废水、生活污水，因含较多的有机物，需要稀释后再培养测定，以降低其浓度，保证降解过程在有足够溶解氧的条件下进行。

对于不含或少含微生物的工业废水，在测定 BOD$_5$ 时应进行接种，以引入能分解废水中有机物的微生物。当废水中存在难被一般生活污水中的微生物以正常速率降解的有机物或含有剧毒物质时，应接种经过驯化的微生物。

2. 仪器设备

① 恒温培养箱。② 5～20L 细口玻璃瓶。③ 1000～2000mL 量筒。

④ 玻璃搅棒：棒长应比所用量筒高度长 20cm。在棒的底端固定一个直径比量筒直径略小，并带有几个小孔的硬橡胶板。

⑤ 溶解氧瓶：200～300mL，带有磨口玻璃塞并具有供水封口用的钟型口。

⑥ 虹吸管：供分取水样和添加稀释水用。

3. 试剂药品

① 磷酸盐缓冲溶液：将 8.5g 磷酸二氢钾（KH_2PO_4），21.75g 磷酸氢二钾（k_2HPO_4），33.4g 磷酸氢二钠（$Na_2HPO_4 \cdot 7H_2O$）和 1.7g 氯化铵（NH_4Cl）溶于水中，稀释至 1000mL。此溶液的 pH 应为 7.2。

② 硫酸镁溶液：将 22.5g 硫酸镁（$MgSO_4 \cdot 7H_2O$）溶于水中，稀释至 1000mL。

③ 氯化钙溶液：将 27.5g 无水氯化钙溶于水，稀释至 1000mL。

④ 氯化铁溶液：将 0.25g 氯化铁（$FeCl_3 \cdot 6H_2O$），稀释至 1000mL。

⑤ 盐酸溶液：（0.5mol/L）：将 40mL（$\rho = 1.18g/mL$）盐酸溶于水，稀释至 1000mL。

⑥ 氢氧化钠溶液（0.5mol/L）：将 20g 氢氧化钠溶于水，稀释至 1000mL。

⑦ 亚硫酸钠溶液 [$c(1/2Na_2SO_3) = 0.025mol/L$]：将 1.575g 亚硫酸钠溶于水，稀释至 1000mL。此溶液不稳定，需每天配制。

⑧ 葡萄糖-谷氨酸标准溶液：将葡萄糖（$C_6H_{12}O_6$）和谷氨酸（$HOOC-CH_2-CH_2-CHNH_2-COOH$）在 103℃ 干燥 1h 后，各称取 150mg 溶于水，移入 1000mL 容量瓶中。

⑨ 稀释水：在 5～20L 玻璃瓶内装入一定量的水，控制水温在 20℃ 左右。然后用无油空气压缩机或薄膜，将此水曝气 2～8h，使水中的溶解氧接近于饱和，也可以鼓入适量纯氧。瓶口盖以两层经洗涤晾干的纱布，置于 20℃ 培养箱中放置数小时，使水中溶解氧含量达 8mg/L 左右。临用前于每升水中加入氯化钙溶液、氯化铁溶液、硫酸镁溶液、磷酸盐缓冲溶液各 1mL，并混合均匀。

⑩ 接种液：可选用以下任一方法，以获得适用的接种液。

a. 城市污水，一般采用生活污水，在室温下放置一昼夜，取上层清液供用。

b. 表层土壤浸出液，取 100g 花园土壤或植物生长土壤，加入 1000mL 水，混合并静置 10min，取上清液供用。

c. 用含城市污水的河水或湖水。

d. 污水处理厂的出水。

e. 当分析难降解物质的废水时，在排污口下游 3～8km 处取水样作为废水的驯化接种液。如无此种水源，可取中和或经适当稀释后的废水进行连续曝气、每天加入少量该种废水，同时加入适量表层土壤或生活污水，使能适应该种废水的微生物大量繁殖。当水中出现大量絮状物，或检查其化学需氧量的降低值出现突变时，表明适用的微生物已进行繁殖，可用作接种液。一般驯化过程需要 3～8d。

⑪ 接种稀释水：取适量接种液，加于稀释水中，混匀。每升稀释水中接种液加入量如下：生活污水为 1～10mL；表层土壤浸出液为 20～30mL；河水、湖水为 10～100mL。接种稀释水的 pH 值应为 7.2，BOD_5 值以在 0.3～1.0mg/L 之间为宜。接种稀释水配制后应立即使用。

4. 操作步骤

（1）水样的预处理　水样的 pH 值若超出 6.5～7.5 时，可用盐酸或氢氧化钠稀溶液调节至 7 左右，但量不要超过水样体积的 0.5%。若水样的酸度或碱度太高，可改用高浓度的碱或酸液进行中和。

水样中含有铜、铅、锌、铬、砷、氰等有毒物质时，可使用经驯化的微生物接种液的稀释水进行稀释或增大稀释倍数，以降低毒物的浓度。

含有少量游离氯的水样一般放置1～2h，游离氯即可消失。对于游离氯在短时间不能消散的水样，可加入亚硫酸钠溶液以除去。其加入量的计算方法是：取中和好的水样100mL，加入(1+1)乙酸10mL，10%碘化钾溶液1mL，混匀。以淀粉溶液为指示剂，用亚硫酸钠标准溶液消耗的体积及其浓度，计算水样中所需加入亚硫酸钠溶液的量。

从水温较低的水浴中采集的水样，可遇到含有过饱和溶液氧，此时应将水样迅速升温至20℃左右，充分振摇，以赶出过饱和的溶解氧。从水温较高的水浴或废水排放取得的水样，应迅速冷却至20℃左右，并充分振摇，使其与空气中氧分压接近平衡。

（2）水样的测定

① 不经稀释水样的测定：溶解氧含量较高、有机物含量较少的地面水，可不经稀释，而直接以虹吸法将约20℃的混匀水样转移至两个溶解氧瓶内，转移过程中注意不使其产生气泡。以同样的操作使两个溶解氧瓶充满水样，加塞水封。立即测定其中一瓶溶解氧。将另一瓶放入培养箱中，在(20±1)℃培养5d后，测其溶解氧。

② 经稀释水样的测定。

a. 稀释倍数的确定：地表水可由测得的高锰酸盐指数乘以适当的系数求出稀释倍数，见表6-1。

工业废水可由重铬酸钾法测得的COD值确定。通常需作三个稀释比，即使用稀释水时，由COD值分别乘以系数0.075、0.15、0.225，即获得三个稀释倍数；使用接种稀释水时，则分别乘以0.075、0.15、0.25，获得三个稀释倍数。

稀释倍数确定后按下法之一测定水样。

b. 一般稀释法：按照确定的稀释比例，用虹吸法沿筒壁先引入部分稀释水（或接种稀释水）于1000mL量筒中，加入需要称量的均匀水样，再引入稀释水（或接种稀释水）至800mL，用带胶板的玻璃棒小心上下搅匀。搅拌时勿使胶棒的搅拌露出水面，防止产生气泡。按不经稀释水样的测定步骤进行装瓶，测定当天溶解氧和培养5d后的溶解氧含量。另取两个溶解氧瓶，用虹吸法装满稀释水（或接种稀释水）作为空白，分别测定5d前、后的溶解氧含量。

c. 直接稀释法：直接稀释法是在溶解氧瓶内直接稀释。在已知两个容积相同（其差小于1mL）的溶解氧瓶内，用虹吸法吸入部分稀释水（或接种稀释水），再加入根据瓶容积和稀释比例计算出的水样量，然后引入稀释水（或接种稀释水）至刚好充满，加塞，勿留气泡于瓶内。其余操作与上述稀释法相同。

在BOD$_5$测定中，一般采用叠氮化钠改良法测定溶解氧。如遇干扰物质，应根据具体情况采用其他测定法。溶解氧的测定方法附后。

5. 结果计算

① 不经稀释直接培养的水样按下式计算：

$$BOD_5(mg/L)=\rho_1-\rho_2$$

式中　ρ_1——水样在培养前的溶解氧浓度，mg/L；

ρ_2——水样经5d培养后剩余溶解氧浓度，mg/L。

② 经稀释后培养的水样按下式计算：

$$BOD_5(mg/L) = \frac{(\rho_1 - \rho_2) - (B_1 - B_2)f_1}{f_2}$$

式中　B_1——稀释水（或接种稀释水）在培养前的溶解氧浓度，mg/L；

　　　B_2——稀释水（或接种稀释水）在培养后的溶解氧浓度，mg/L；

　　　f_1——稀释水（或接种稀释水）在培养液中所占比例。

6. 注意事项

① 测定一般水样的 BOD_5 时，硝化作用很不明显或根本不发生。但生物处理池出水含有大量消化细菌。因此，在测定 BOD_5 时也包括了部分含氮化合物的需氧量。对于这种水样，如只需测定有机物的需氧量，应加入硝化抑制剂，如丙烯基硫脲（ATU，$C_4H_8N_2S$）等。

② 在两个或三个稀释比的样品中，凡消耗溶解氧大于 2mg/L 和剩余溶解氧大于 1mg/L 都有效，计算结果时，应取平均值。

③ 为检查稀释水和接种液的质量，以及化验人员的操作技术，可将 20mL 葡萄糖-谷氨酸标准溶液用接种稀释水稀释至 1000mL，测其 BOD_5，其结果应在 180～230mg/L 之间。否则，应检查接种液、稀释水或操作技术是否存在问题。

技能训练 4　挥发酚的测定——4-氨基安替比林分光光度法

本方法适用于饮用水、地表水、地下水和工业废水中挥发酚的测定。其测定范围为 0.002～6mg/L。

本方法是指能随水蒸气蒸馏出的、并和 4-氨基安替比林反应生成有色化合物的挥发性酚类化合物，结果以苯酚计。

1. 方法概要

用蒸馏法使挥发酚类化合物蒸馏出，并与干扰物质和固定剂分离。由于酚类化合物的挥发速率是随着馏出液体积的变化而变化，因此，馏出液体积必须与试样体积相等。

酚类化合物于 pH＝(10.00±0.2) 的介质中，在铁氰化钾存在下，与 4-氨基安替比林反应，生成橙红色的吲哚酚安替比林染料，其水溶液在波长 510nm 处有最大吸收。

2. 仪器设备

① 全玻璃蒸馏器，500mL。

② 锥形分液漏斗，500mL。

③ 分光光度计，配有光程为 10mm、20mm 的比色皿。

④ 药品冷藏箱。

3. 试剂药品

① 苯酚标准贮备液：称取 1.00g 无色苯酚（C_6H_5OH）溶于水，移入 1000mL 容量瓶中，稀释至标线，置于 4℃冰箱内保存，其至少稳定存在一个月。

② 苯酚贮备液的标定（标定原理：溴酸钾-溴化钾，在酸性条件下生成溴单质，和苯酚发生定量反应，过量的溴酸钾氧化碘化钾析出碘，用硫代硫酸钠滴定。硫代硫酸钠用碘酸

钾-碘化钾标定）

③ 苯酚标准中间液：将苯酚贮备液用水稀释至浓度为 $10\mu g/mL$ 苯酚标准中间液。当天使用时配制。

④ 缓冲溶液（pH＝10）：称取 20g 氯化铵溶于 100mL 氨水中，加塞，置于冰箱中保存。

⑤ 2‰的 4-氨基安替比林溶液：称取 2g 的 4-氨基安替比林溶于水，稀释至 100mL，置于冰箱中保存，可使用一周。

注：固体试剂易潮解、氧化，宜保存于干燥器中。

⑥ 8‰的铁氰化钾溶液：称取 8g 铁氰化钾溶于水，稀释至 100mL，置于冰箱中保存，可使用一周。

⑦ 硫酸铜（1g/L）。⑧ 磷酸。

⑨ 5‰硫酸亚铁：称取 5g 硫酸亚铁固体，溶入 100mL 水中。

4. 操作步骤

（1）校准曲线的绘制　于 8 支 50mL 比色管中，分别加入 0.00、0.50、1.00、3.00、5.00、7.00、10.00、12.50mL、浓度为 $10\mu g/mL$ 的苯酚标准中间液，加水至 50mL 标线。加 0.5mL 缓冲溶液，混匀，此时 pH 值为 10.00±0.2，加 4-氨基安替比林溶液 1.0mL 混匀。再加 1.0mL 铁氰化钾溶液，充分混匀，放置 10min 后，立即于波长 510nm 下，以光程为 20mm 的比色皿，并以水为参比测定吸光度。

以水代替水样，经蒸馏后，按水样测定相同步骤进行测定，以其结果作为水样测定的空白校正值。

（2）水样的测定　分取适量的馏出液放入 50mL 比色管中，稀释至 50mL 标线。用与绘制标准曲线相同步骤测定吸光度，最后减去空白试验得到所求吸光度。

5. 结果计算

吸光度经空白校正后，求出吸光度对苯酚含量（μg）的回归方程；将水样测定吸光度减去空白值后，代入回归方程，得出水样中挥发酚含量，并根据水样体积，计算出水样中挥发酚含量（苯酚，mg/L）；最后，绘制吸光度对苯酚含量（μg）的校准曲线，并在图中标出测量点及其水样测定结果。

挥发酚含量 ρ（mg/L）按下式计算：

$$\rho=\frac{m}{V}=\frac{(A_s-A_b)K}{V}$$

式中　m——挥发酚质量，由 (A_s-A_b) 值从相应的挥发酚标准曲线查得，μg；

A_s——试样的吸光度；

A_b——空白试验的吸光度；

V——试样体积，mL；

K——酚校准曲线常数。

6. 精密度和准确度

由三个实验室参加的分析方法协作试验结果如下。

（1）实验室内：浓度范围 0.008～0.012mg/L 的加标地面水，最大总变异系数 8.9%，回收率平均值 99.9%；浓度范围 0.045~0.052mg/L 的加标地面水，最大总变异系数 3.6%，回收率平均值 101.1%。

（2）实验室间：分析浓度为 0.030mg/L 的统一标准样，实验室间总相对标准偏差 3.7%，相对误差 0.0。

 技能训练 5　工业循环冷却水中的矿物油的测定——重量法

重量法是常用的分析方法。它不受油品种类限制，适用于测定 10mg/L 以上的含油水样。

1. 方法概要

以硫酸酸化水样，用石油醚萃取矿物油，蒸除石油醚后，称其质量。

2. 仪器设备

① 分析天平。② 恒温箱。③ 恒温水浴锅。④ 1000mL 分液漏斗。
⑤ 干燥器。⑥ 直径 11cm 的中速定性滤纸。

3. 试剂药品

① 石油醚：将石油醚（沸程 30~60℃）重蒸馏后使用。100mL 石油醚的蒸干残渣不应大于 0.2mg。
② 无水硫酸钠：在 300℃马福炉中烘 1 小时，冷却后装瓶备用。
③ 硫酸。④ 氯化钠。

4. 操作步骤

① 将定容采取的 500mL 水样于 1000mL 分液漏斗中，加入 10g 氯化钠及 5mL 浓硫酸。用 25mL 石油醚洗涤采样瓶并转入分液漏斗中，充分振摇 3min，静置分层并将水层放入原采样瓶内，石油醚层转入 150mL 锥形瓶中。用石油醚重复萃取水样两次，每次用量 25mL，合并三次萃取液于锥形瓶中。

② 向石油醚萃取液中加入适量无水硫酸钠（加入至不再结块为止），加盖后，放置 30min 以上，以便脱水。

③ 用预先以石油醚洗涤过的定性滤纸过滤，收集滤液于 100mL 已烘干至恒重的三角锥形瓶中，用少量石油醚洗涤锥形瓶、硫酸钠和滤纸，洗液并入三角瓶中。

④ 将锥形瓶置于(65±5)℃水浴上，蒸出石油醚，近干后再置于(65±5)℃恒温烘箱内烘 1 小时，然后放入干燥器中冷却 30min，称量。

5. 结果计算

$$矿物油含量(\text{mg/L}) = \frac{(m_1 - m_2) \times 106}{V}$$

式中　m_1——三角锥形瓶和矿物油总质量，g；
　　　m_2——三角锥形瓶质量，g；
　　　V——水样体积，mL。

6. 注意事项

① 分液漏斗的活塞不要涂凡士林。

② 采样瓶应为清洁玻璃瓶,用洗涤剂清洗干净(不要用肥皂)。应定容采样,并将水样全部移入分液漏斗测定,以减少油类附着于容器壁上引起的误差。

③ 一般在水表面以下 20～50cm 处取水样。

④ 测定矿物油要单独采样,水样于当天采集当天分析。

项目三　底质及活性污泥性质的分析测定

 案例导入

活性污泥法

　　1914 年 4 月 3 日,英国两个年轻卫生工程师爱德华·阿登和威廉·洛克特首次提出"活性污泥"的概念,标志着活性污泥法正式诞生。活性污泥法诞生后,世界各地迅速开始研究,并着手实际建设污水处理厂。1923 年,中国第一座活性污泥法污水处理厂在上海北区建成,日处理能力为 3500m³。此后几年,上海东区和西区污水处理厂也相继建成,日处理量分别为 1.7 万 m³ 和 1.5 万 m³。

　　活性污泥法是以活性污泥为主体的废水生物处理的主要方法。活性污泥法是向废水中连续通入空气,经一定时间后因好氧性微生物繁殖而形成的污泥状絮凝物。其上栖息着以菌胶团为主的微生物群,具有很强的吸附与氧化有机物的能力。

　　活性污泥法中,污水和回流的活性污泥一起进入曝气池形成混合液。从空气压缩机站送来的压缩空气,通过铺设在曝气池底部的空气扩散装置,以细小气泡的形式进入污水中,目的是增加污水中的溶解氧含量,还使混合液处于剧烈搅动的状态。溶解氧、活性污泥与污水互相混合、充分接触,使活性污泥反应得以正常进行。

　　活性污泥法的原理形象地说就是微生物"吃掉"了污水中的有机物,这样污水就变成了干净的水。它本质上与自然界水体自净过程相似,只是经过人工强化,污水净化的效果更好。

 案例分析

　　通过活性污泥性质的测定及底质分析监测,可以了解水体中污染物的存在状况及其对水体可能产生的危害,了解水体污染历史以便预测未来水质的变化趋势,了解水体中易沉降、难降解污染物的累积情况。

 知识链接

一、底质分析监测

　　底质是指江、河、湖、库、海等水体底部表层沉积物质。它是矿物、岩石、土壤的自然侵蚀和废（污）水排出物沉积及生物活动，物质之间物理、化学反应等过程的产物。

（一）底质分析监测的意义

水、底质和生物组成了完整的水环境体系。通过底质监测，可以了解水环境污染现状，追溯水环境污染历史，研究污染物的沉积、迁移转化规律和对水生生物特别是底栖生物的影响，并为评价水体质量，预测水质变化趋势和沉积污染物对水体的潜在危险提供依据。

（二）样品采集

底质分析监测断面的位置应与水质分析监测断面重合，采样点在水质采样点垂线的正下方，以便于与水质监测情况进行比较；当正下方无法采样时，可略作移动。湖（库）底质采样点一般应设在主要河流及污染源水进入后与湖（库）水混合均匀处。采样点应避开底质沉积不稳定、易受搅动和水表层水草茂盛之处。

由于底质受水文、气象条件影响较小，比较稳定，一般每年枯水期采样测定一次，必要时可在丰水期增采一次。

底质采样量视监测项目、目的而定，通常为 1～2kg，一次采样量不够时，可在采样点周围采集，并将样品混匀。样品中的砾石、贝壳、动植物残体等杂质应予以剔除。

在较深水域采集表层底质，一般用掘式采泥器。采集供测定污染物垂直分布情况的底质样品，用管式泥芯采样器采集柱状样品。在浅水或干涸河段，用长柄塑料勺或金属铲采集即可。样品尽量沥去水分后，装入玻璃瓶或塑料袋内，贴好标签，填写好采样记录表。

底质采样一般与水质采样同时或紧接进行，样品的保存与运输方法与水样相同。

（三）样品的制备、分解和提取

底质样品送交实验室后，应尽快处理和分析，如放置时间较长，应放于 -20～-40℃ 的冷冻柜中保存。在处理过程中应尽量避免玷污和污染物损失。

1. 制备

（1）脱水　底质中含有大量水分，必须用适当的方法除去，不可直接在日光下暴晒或高温烘干。常用脱水方法有在阴凉、通风处自然风干（适于待测组分稳定的样品），离心分离（适于待测组分易挥发或易发生变化的样品），真空冷冻干燥（适用于各种类型样品，特别是测定对光、热、空气不稳定组分的样品），无水硫酸钠脱水（适于测定油类等有机污染物的样品）。

（2）筛分　将脱水干燥后的底质样品平铺于硬质白纸板上，用玻璃棒等压散（勿破坏自然粒径）。剔除砾石及动植物残体等杂物，使其通过 20 目筛。筛下样品用四分法缩分至所需量。用玛瑙研钵（或玛瑙碎样机）研磨至全部通过 80～200 目筛，装入棕色广口瓶中，贴上标签备用。但测定汞、砷等易挥发元素及低价铁、硫化物等时，不能用碎样机粉碎，且仅通过 80 目筛。测定金属元素的试样，使用尼龙材质网筛；测定有机物的试样，使用铜材质网筛。

对于用管式泥芯采样器采集的柱状样品，尽量不要使分层状态被破坏，经干燥后，用不锈钢小刀刮去样柱表层，然后按上述表层底质方法处理。如欲了解各沉积阶段污染物质的成分和含量变化，可沿横断面截取不同部位样品分别处理和测定。

2. 分解或浸取

底质样品的分解方法随监测目的和监测项目不同而异，常用的分解方法有以下几种。

（1）硝酸-氢氟酸-高氯酸（或王水-氢氟酸-高氯酸）分解法　该方法也称全量分解法，其分解过程是：称取一定量样品于聚四氟乙烯烧杯中，加硝酸（或王水）在低温电热板上加热分解有机质；取下稍冷，加适量氢氟酸煮沸（或加高氯酸继续加热分解并蒸发至约剩0.5mL 残液）；再取下冷却，加入适量高氯酸，继续加热分解并蒸发至近干（或加氢氟酸加热挥发除硅后，再加少量高氯酸蒸发至近干）。最后，用 1％硝酸煮沸溶解残渣，定容、备用。这样处理得到的试液可测定全量 Cu、Pb、Zn、Cd、Ni、Cr 等。

（2）硝酸分解法　该方法能溶解出由于水解和悬浮物吸附而沉淀的大部分重金属，适用于了解底质受污染的状况。其分解过程是：称取一定量样品于50mL 硼硅玻璃管中，加几粒沸石和适量浓硝酸，徐徐加热至沸并回流 15 分钟，取下冷却，定容，静置过夜，取上清液分析测定。

还可以用硫酸-硝酸-高锰酸钾法、硝酸-硫酸-五氧化二钒法、微波酸分解法等分解底质试样。

（3）水浸取法　称取适量样品，置于磨口锥形瓶中，加水，密塞，放在振荡器上振摇 4小时，静置，用干滤纸过滤，滤液供分析测定。该方法适用于了解底质中重金属向水体释放情况的样品分解。

3. 有机污染物的提取

（1）索氏提取器提取法　该方法用有机溶剂提取底质、污泥、土壤等固体样品中的非挥发性和半挥发性有机化合物。

（2）超声波提取法　该方法以超声波为能源，利用其在液体介质中产生大量看不到的微泡，微泡迅速膨胀、破裂，促使萃取剂与样品基体密切接触，并渗入内部，将欲分离组分迅速提取出来。适用于从底质、污泥、土壤等固体样品中提取非挥发性和半挥发性有机化合物。

（3）超临界流体提取法　该方法与通常的液-液萃取或液-固提取的原理相同，所不同的是以超临界流体为萃取剂，从组分复杂的样品中把需要的物质分离出来。超临界流体是介于气液之间的一种既非气态又非液态的介质，是在物质的温度和压力超过其临界点时的状态，其特点是：密度与液体相近，故与溶质分子的作用力强，易溶解其他物质；黏度小，接近于气体，故传质速率高；表面张力小，容易渗透进入固体颗粒，能保持较大的流速，并可通过调节其压力、温度、流速和加入溶剂来控制萃取能力。这些特点能够使萃取过程高效、快速地完成，已用于底质、污泥、土壤、空气颗粒物、生物组织等固体样品中农药、多环芳烃、多氯联苯、石油烃、酚类、有机胺等有机污染物的提取。

超临界流体萃取剂的选择随萃取对象不同而异。萃取低极性和非极性化合物，多选用临界值相对较低、化学性质不活泼和无毒的二氧化碳作萃取剂。对于极性较大的化合物，通常选用氨或氧化亚氮作为超临界流体萃取剂。目前市场上已有不同类型的超临界流体萃取仪供选用。同时，这种方法能与其他仪器分析方法联用，如超临界流体萃取-气相色谱法（SFE-GC）、超临界流体萃取-超临界流体色谱法（SFE-SFC）、超临界流体萃取-高效液相色谱法（SFE-HPLC）等。

（4）微波辅助提取法（MAE）　该方法是利用微波能量，快速和有选择地提取环境、生物等固体或半固体中欲分离组分的方法。其原理是：将粉碎的样品与合适的溶剂充分混合，放入微波炉的样品穴内进行微波照射，利用溶剂和样品中组分吸收微波能量的特点，加速组分的溶出和溶剂对他们进行选择性的提取。提取溶剂的选择很重要，提取极性组分用甲醇、水等极性溶剂；提取非极性组分用正己烷等非极性溶剂；有时用混合溶剂比单一溶剂可获得更理想的效果。该方法具有快速、高效、可同时处理多个样品等优点。

从底质、污泥等提取出来的样品溶液，有时还需要净化或浓缩才能满足分析方法的要求。

（四）污染物质的测定

底质中的污染物也分为金属化合物、非金属化合物和有机化合物，其具体测定项目应与相应水质分析项目相对应。通常测定镉、铅、锌、铜、铬、砷、无机汞、有机汞、硫化物、氰化物、氟化物等金属、非金属无机污染物和酚、多氯联苯、有机氯农药、有机磷农药等有机污染物。

当测定金属和非金属无机污染物时，根据监测项目选择分解或酸溶方法处理样品，所得试样溶液选用水质分析中同样项目的监测方法测定。

当测定有机污染物时，选择适宜的方法提取样品中待测组分后，用废（污）水分析中同样项目的分析方法测定。

二、活性污泥的测定

活性污泥法处理废（污）水是一种好氧生物处理方法。由于这种方法具有高净化能力，是目前工作效率最高的人工生物处理法，因而得到广泛应用。

处理废（污）水效果好的活性污泥应具有颗粒松散、易于吸附和氧化有机物的性能，且经曝气后澄清时，泥水能迅速分离，这就要求活性污泥有良好的混凝和沉降性能。在污水处理过程中，常通过控制污泥沉降比和污泥体积指数两项指标来获取最佳效果。

（一）活性污泥中的微生物

活性污泥是微生物群体及它们所吸附的有机物质和无机物质的总称。微生物群体主要包括细菌、原生动物和藻类等。其中，细菌和原生动物是主要的两大类。

1. 细菌

细菌是单细胞生物，如球菌、杆菌和螺旋菌等。它们在活性污泥中种类多、数量大、体积微小，具有强的吸附和分解有机物的能力，在污水处理中起着关键作用。

在活性污泥培养的初期，细菌大量游离在污水中，但随着污泥的逐步形成，逐渐集合成较大的群体，如菌胶团、丝状菌等。

（1）菌胶团　菌胶团是由细菌及其分泌的胶质物质组成的细小颗粒，是活性污泥的主体，污泥的吸附性能、氧化分解能力及凝聚沉降等性能均与菌胶团有关。菌胶团有球形、分枝状、蘑菇形、垂丝形等。

（2）球衣细菌　这种细菌对碳素营养需求量较大，分解有机物的能力强，常因有大量碳水化合物的存在，使它们过快地繁殖引起污泥膨胀。

（3）其他细菌　白硫细菌能分解含硫化合物；硫丝细菌是一种常见丝状细菌，大量繁殖时可使污泥松散，甚至引起污泥膨胀。

2. 原生动物

原生动物为单细胞动物，体积小，结构复杂。在污水处理中，一般将有机物摄入食胞器官加以分解。活性污泥中常见的原生动物有钟虫类、轮虫类、鞭毛虫类、游动纤毛虫类等，它们都具有净化污水的能力。

3. 藻类

藻类是一种具有单细胞和多细胞的微小植物，细胞内的叶绿素能进行光合作用，利用光能将从空气中吸收的 CO_2 合成细胞物质，并放出氧气，增加了水中的溶解氧，对污水中有机物质的分解氧化有重要意义。

（二）活性污泥性质的测定

1. 污泥沉降比

将混匀的曝气池活性污泥混合液迅速倒进 1000mL 量筒中至满刻度，静置 30min，则沉降污泥与所取混合液的体积比为污泥沉降比（%），又称污泥沉降体积（SV_{30}），以 mL/L 表示。因为污泥沉降 30min 后，一般可达到或接近最大密度，所以普遍以此时间作为该指标测定的标准时间。也可以 15min 为准。

2. 污泥浓度

1升曝气池污泥混合液所含干污泥的质量称为污泥浓度。用重量法测定，以 g/L 或 mg/L 表示。该指标也称为悬浮物浓度（MLSS）。

3. 污泥体积指数（SVI）

污泥体积指数简称污泥指数（SI），是指曝气池污泥混合液经 30min 沉降后，1g 干污泥所占的体积（以 mL 计）。计算式如下：

$$SVI = \frac{混合液经 30min 污泥沉降后的体积（mL/L）}{混合液污泥浓度（g/L）}$$

污泥指数反映活性污泥的松散程度和凝聚、沉降性能。污泥指数过低，说明泥粒细小、紧密，无机物多，缺乏活性和吸附能力；指数过高，说明污泥将要膨胀，或已膨胀，污泥不易沉降，影响对污水的处理效果。对于一般城市污水，在正常情况下，污泥指数控制在 50～150 为宜。对有机物含量高的废（污）水，污泥指数可能远超过上述数值。

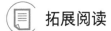 拓展阅读

百年活性污泥法面临革新

100 多年前，活性污泥法正式诞生。诞生百年的技术不计其数，但百年来一直占据行业支配地位的技术却是屈指可数，活性污泥法就是这样一个屈指可数的技术。利用活性污泥法实现污水处理功能是以高能耗为代价，这些能耗被用于为微生物供氧并以此分解污水中的有机物，而这些有机物本身却是能量载体。因此，活性污泥法被形象地表述为"以能量摧毁能量"的技术，也是"减排水污染物、增排温室气体"的技术。基于以上分析，虽然活性污泥法还会惯性地为人类继续服务，但有理由认为，它不会持续成为下个 100 年的主流技术。

如果存在低能耗和低碳源需求的脱氮技术，污水处理过程将发生重大变化，例如采用产能的厌氧处理替代高能耗的好氧处理，首先将有机物去除并回收能量，进而再将无机氮进行低能耗去除。厌氧氨氧化现象的发现、研究以及实践有可能让这一设想变为现实。

欧美几个大型课题组近几年开展了厌氧氨氧化主流应用的大量小试和中试研究，提出一些解决对策，初步证明了厌氧氨氧化主流应用的可行性。随着各地研究与实践的不断深入，人们必将克服主流厌氧氨氧化技术瓶颈，主流厌氧氨氧化技术的规模化应用可以预期。

 思考题

利用微生物还可以清除哪些环境污染？

 拓展实践

1. 简述 COD、BOD、TOD、TOC 的含义；对一种水来说，它们之间在数量上是否有一定的关系？为什么？

2. 根据重铬酸钾法和库仑滴定法测定 COD 的原理，分析两种方法的联系、区别和影响测定准确度的因素。

3. 高锰酸盐指数和化学需氧量在应用上有何区别？二者在数量上有何关系？为什么？

4. 简述微生物电极法测定 BOD 的原理，评述其优缺点。

5. 表 6-3 所列数据为某水样 BOD_5 测定结果，试计算每种稀释倍数水样的耗氧率和 BOD_5 值。

表 6-3　某水样 BOD_5 测定结果

编号	稀释倍数	取水样体积/mL	$Na_2S_2O_3$ 标准溶液浓度/(mol/L)	$Na_2S_2O_3$ 标液用量/mL	
				当天	五天
A	50	100	0.0125	9.16	4.33
B	40	100	0.0125	9.12	3.10
空白	0	100	0.0125	9.25	8.76

6. 比较重量法、红外分光光度法和非色散红外吸收法三种测定水中石油类物质的原理和优缺点。

7. 简述 GC-MS 法分析含多组分有机污染物水样的原理。

8. 测定底质有何意义？采样后怎样进行制备？常用哪些分解样品的方法？各适用于什么情况？

9. 怎样测定污泥沉降比和污泥体积指数？测定它们对控制活性污泥的性能有何意义？

参考文献

[1] 奚旦立，孙裕生，刘秀英．环境监测［M］．北京：高等教育出版社，1995．

[2] 国家环境保护局，《水和废水监测分析方法》编委会编．《水和废水监测分析方法》（第四版）．北京：中国环境科学出版社，2012．

[3] 朱良漪．分析仪器手册［M］．北京：化学工业出版社，1997．

[4] 王敏．《分析化学手册》．2．化学分析［M］．3版．北京：化学工业出版社，2022．

[5] 余经海．工业水处理技术［M］．2版．北京：化学工业出版社，2023．

[6] 雷仲存，钱凯，刘念华，等．工业水处理原理及应用［M］．北京：化学工业出版社，2003．

[7] 纪轩．废水处理技术问答［M］．北京：中国石化出版社，2008．

[8] 宋业林．化学水处理技术问答［M］．北京：中国石化出版社，2008．

[9] 汪大翚，雷乐成．水处理新技术及工程设计［M］．北京：化学工业出版社，2002．

[10] 余途申，郭茂新，黄进勇，等．工业废水处理及再生利用［M］．北京：化学工业出版社，2019．

[11] 吴婉娥，葛红光，张克峰，等．废水生物处理技术［M］．北京：化学工业出版社，2003．

[12] 汪大翚，徐新华，宋爽．工业废水中专项污染物处理手册［M］．北京：化学工业出版社，2001．

[13] 聂梅生，许泽美，唐建国，等．水工业工程设计手册——废水处理及再用［M］．北京：中国建筑工业出版社，2002．

[14] 丁亚兰．国内外废水处理工程设计实例［M］．北京：化学工业出版社，2000．

[15] 周本省．工业水处理技术［M］．2版．北京：化学工业出版社，2019．

[16] 张自杰．排水工程下册［M］．5版．北京：中国建筑工业出版社，2015．

[17] 王凯军，贾立敏．城市污水生物处理新技术开发与应用［M］．北京：化学工业出版社，2001．

[18] 孔繁翔．环境生物学［M］．北京：高等教育出版社，2000．

[19] 郑淳之．水处理剂和工业循环冷却水系统分析方法［M］．北京：化学工业出版社，2000．

[20] 钱易，唐孝炎．环境保护与可持续发展［M］．2版．北京：高等教育出版社，2018．

[21] 潘岳．环境保护ABC［M］．北京：中国环境科学出版社，2004．

[22] 任效乾，王荣祥．环境保护及其法规［M］．北京：冶金工业出版社，2002．

[23] 杨光忠．环境保护实用知识手册［M］．北京：中国环境科学出版社，2003．

[24] 王忠尧．工业用水及污水水质分析［M］．北京：化学工业出版社，2010．

[25] 姜虎生，李长波．工业水处理技术［M］．北京：中国石化出版社，2019．

[26] 王英键，杨永红．环境监测［M］．3版．北京：化学工业出版社，2023．

[27] 李志霞．环境监测［M］．3版．大连：大连理工大学出版社，2017．

[28] 杨岳平，徐新华，刘传富．废水处理工程及实例分析［M］．北京：化学工业出版社，2009．